JIANSHE GONGCHENG JIANLI YU XIANGGUAN FUWU
SHOUFEI BIAOZHUN SHIYONG SHOUCE

建设工程监理与相关服务
收费标准使用手册

- 国家发展改革委价格司
- 建设部建筑市场管理司 编写
- 国家发展改革委投资司

中国市场出版社
China Market Press

图书在版编目（CIP）数据

建设工程监理与相关服务收费标准使用手册/国家发展改革委价格司，建设部建筑市场管理司，国家发展改革委投资司编写．—北京：中国市场出版社，2007.7

ISBN 978-7-5092-0209-8

Ⅰ．建… Ⅱ．①建…②国… Ⅲ．建筑工程－监督管理－费用－标准－中国－手册 Ⅳ．TU712－65

中国版本图书馆 CIP 数据核字（2007）第 065750 号

书　　名：建设工程监理与相关服务收费标准使用手册

作　　者：国家发展改革委价格司 建设部建筑市场管理司 国家发展改革委投资司　编写

责任编辑：许　慧

出版发行：中国市场出版社

地　　址：北京市西城区月坛北小街 2 号院 3 号楼（100837）

电　　话：编辑部（010）68012468　读者服务部（010）68022950

发行部（010）68021338　68020340　68053489

68024335　68033577　68033539

经　　销：新华书店

印　　刷：河北省高碑店市鑫宏源印刷厂

规　　格：787×1092 毫米　1/16　15.50 印张　320 千字

版　　本：2007 年 7 月第 1 版

印　　次：2007 年 7 月第 1 次印刷

书　　号：ISBN 978-7-5092-0209-8

定　　价：48.00 元

前　言

2007年3月，国家发展和改革委员会、建设部联合下发了《建设工程监理与相关服务收费管理规定》及《建设工程监理与相关服务收费标准》，对建设工程监理与相关服务收费行为、收费管理、收费标准和计算方法等作出了规定，对各类建设工程具有普遍适用性。由于各类建设工程差别较大，工程监理与相关服务的服务内容、深度要求也各不相同。在实际工作中，发包人和监理人需要有一本工具书，指导其如何根据《建设工程监理与相关服务收费管理规定》和《建设工程监理与相关服务收费标准》，结合实际项目的工程监理与相关服务工作内容、复杂程度等，具体计算建设工程监理与相关服务收费。为此，我们组织各个行业的专家编写了《建设工程监理与相关服务收费标准使用手册》。

《建设工程监理与相关服务收费标准使用手册》对《建设工程监理与相关服务收费管理规定》及《建设工程监理与相关服务收费标准》作了比较详尽的解释，并根据工程监理实例，列举了大量的计算建设工程监理与相关服务收费的参考案例，力求满足发包人和监理人具体计算、确定工程监理与相关服务收费的实际需要。

需要说明的是，《建设工程监理与相关服务收费标准使用手册》中如有与《建设工程监理与相关服务收费管理规定》及《建设工程监理与相关服务收费标准》不一致的地方，以上述管理规定和收费标准为准。

编　者

2007年4月

《建设工程监理与相关服务收费管理规定》解释

建设工程监理与相关服务收费在价格体系中属于服务价格的范畴。《建设工程监理与相关服务收费管理规定》是国务院价格主管部门依据《价格法》制定的规范性文件，是价格管理体系的组成部分。本规定共有十四条，对建设工程监理与相关服务收费的适用范围、价格形式、收费原则、收费行为、权利义务、价格违法行为处罚等分别作出了规定。

【原文】 第一条 为规范建设工程监理与相关服务收费行为，维护发包人和监理人的合法权益，根据《中华人民共和国价格法》及有关法律、法规，制定本规定。

【解释】 本条明确了制定建设工程监理与相关服务收费管理规定的目的、依据。制定本规定的目的是规范建设工程监理与相关服务收费行为，维护工程发包人和监理人双方的合法权益。制定本规定的依据是《价格法》。《价格法》规定："国家支持和促进公平、公开、合法的市场竞争，维护正常的价格秩序，对价格活动实行管理、监督和必要的调控"；"国务院价格主管部门统一负责全国的价格工作"。

本规定对建设工程监理与相关服务收费的管理作出一般性规定，收费标准对实行政府指导价的建设工程监理与相关服务收费的服务内容、收费标准、计算方法、基准价格、调整系数等操作性问题作出具体规定；收费管理规定和收费标准构成建设工程监理与相关服务收费管理的整体。

【原文】 第二条 建设工程监理与相关服务，应当遵循公开、公平、公正、自愿和诚实信用的原则。依法须招标的建设工程，应通过招标方式确定监理人。监理服务招标应优先考虑监理单位的资信程度、监理方案的优劣等技术因素。

【解释】 本条规定了建设工程监理与相关服务的发包与承接所应遵循的基本原则。《招标投标法》第十五条规定："招标投标活动应当遵循公开、公平、公正和诚实信用的原则。"本条强调建设工程监理与相关服务的发包人依据有关法律、法规的规定，依法须招标的建设工程，应通过招标方式确定监理人。发包人在进行监理服务招标时，不能仅以监理服务收费的高低作为评标依据，而应充分体现监理服务的特点，优先对监理单位的资信程度、监理方案的优劣等技术因素进行评定。

【原文】 第三条 发包人和监理人应当遵守国家有关价格法律法规的规定，接受政府价格主管部门的监督、管理。

【解释】 本条规定了发包人和监理人在建设工程监理与相关服务收费中应当履行的基本义务。国家颁布的价格法律、法规是为了规范市场价格行为，维护市场竞争秩序，促进经济发展和社会稳定。遵守国家价格法律、法规是发包人和监理人进行价格活动应履行的基本义务，即发包人和监理人必须把价格行为规范在国家价格法律、法规之内。发包人和监理人有义务服从、接受政府价格主管部门的价格管理监督，如实提供有关交易合同、协议、账簿、单据、凭证、文件以及其他相关资料。

【原文】 第四条 建设工程监理与相关服务收费根据建设项目性质不同情况，分别实行政府指导价或市场调节价。依法必须实行监理的建设工程施工阶段的监理收费实行政府指导价；其他建设工程施工阶段的监理收费和其他阶段的监理与相关服务收费实行市场调节价。

【解释】 本条规定了建设工程监理与相关服务收费的价格形式。《价格法》明确规定我国的基本价格制度是“实行并逐步完善宏观经济调控下主要由市场形成价格的机制”。经营者自主定价是实现市场形成价格的前提，除了不适宜竞争的、垄断性的以及对社会稳定、经济长期发展有重大影响的极少数商品和服务实行政府指导价或者政府定价外，其他绝大多数商品和服务都应实行市场调节价，通过市场竞争形成价格。

由于依法必须实行监理的建设工程对社会经济发展有较大的影响，大量基础设施建设项目的投资来源主要是各级政府财政性资金，为了保证施工监理工作质量，确保建设工程的质量和安全生产，并合理控制工程投资，对这些建设项目的建设工程施工监理服务收费实行政府指导价是必要的。非强制监理的建设工程，一般是非国有投资建设项目，且投资额较小，市场竞争充分，投资主体多元化；建设工程其他阶段的监理与相关服务，服务的内容和深度各不相同。因此，本规定明确规定：依法必须实行监理的建设工程施工阶段的监理收费实行政府指导价；其他建设工程施工阶段的监理收费和其他阶段的监理与相关服务收费实行市场调节价。即由发包人与监理人自主确定并通过竞争形成价格。

【原文】 第五条 实行政府指导价的建设工程施工阶段监理收费，其基准价根据《建设工程监理与相关服务收费标准》计算，浮动幅度为上下20%。发包人和监理人应当根据建设工程的实际情况在规定的浮动幅度内协商确定收费额。实行市场调节价的建设工程监理与相关服务收费，由发包人和监理人协商确定收费额。

【解释】 本条规定了实行政府指导价的建设工程施工阶段监理服务收费基准价的计算依据以及浮动幅度。按照《价格法》规定，政府指导价是指“由政府价格主管部门或者其他有关部门，按照定价权限和范围规定基准价及其浮动幅度，指导经营者制定的价格”；市场调节价是指“由经营者自主制定，通过市场竞争形成的价格”。政府指导价是一种具有双重定价主体的价格形式，由政府规定基准价及其浮动幅度，引导经营者据以制定具体价格。基准价也称为中准价，是确定最终成交价格的计价基础。政府通过制定基准价和浮动幅度，达到控制价格水平的目的。经营者可以在政府规定的基准价和浮动幅度内灵活地制定、调整价格。政府指导价体现了国家行政定价强制性的一面，又体现了经营者定价相对灵活性的一面。合同双方可以在规定的浮动幅度内协商确定收费额，但上下浮动幅度超出了规定的范围，则属于价格违法行为。

本规定确定实行政府指导价的建设工程施工阶段监理收费，其基准价分别按照收费标准的规定计算，上下最高浮动幅度为20%，即发包人和监理人可以在规定基准价的上下20%的幅度内协商确定收费合同额。实行市场调节价的建设工程监理与相关服务收费，不受上述基准价及其浮动幅度的限制，由发包人和监理人根据建设工程的实际情况和市场因素等自行协商确定收费合同额，但不应采取低于成本价的竞争方式。

【原文】 第六条 建设工程监理与相关服务收费，应当体现优质优价的原则。在保证工程质量的前提下，由于监理人提供的监理与相关服务节省投资，缩短工期，取得显著经济效益的，发包人可根据合同约定奖励监理人。

【解释】 本条规定了建设工程监理与相关服务收费应当遵循优质优价的原则。市场经济的基本规律是价值规律，优质优价是价值规律的具体表现形式之一。工程监理与相关服务应遵循的基本原则是按照监理合同约定，遵照国家有关法律法规和工程建设强制性标准，采用先进的技术和管理方法，在保证工程质量的前提下，力求取得较好的经济效益。本条规定体现了国家通过价格政策支持，在保证工程质量的前提下，实行政府指导价的监理与相关服务中，由于监理人提供的监理与相关服务节省投资，缩短工期，取得显著经济效益的，发包人可根据合同约定奖励监理人。

【原文】 第七条 监理人应当按照《关于商品和服务实行明码标价的规定》，告知发包人有关服务项目、服务内容、服务质量、收费依据，以及收费标准。

【解释】 本条规定了监理人必须履行明码标价的义务。明码标价是价格管理的一项行政性强制措施，也是价格管理最基本的要求之一。明码是指与收费有关的基本指标和资料必须明白表示。明码标价要求监理人以明示方式将服务项目、服务内容、收费标准等公开告知发包人。明码标价必须是监理人在提供服务之前明示告知，而不是事后告知，其目的是让发包人对服务项目、服务内容和收费标准在事前有一个完整的了解。这是监理人应当履行的义务。这样规定有利于规范监理人行为，有利于发包人选择服务对象，有利于社会监督和防止不正当价格竞争。

【原文】 第八条 建设工程监理与相关服务的内容、质量要求和相应的收费金额以及支付方式，由发包人和监理人在监理与相关服务合同中约定。

【解释】 本条规定建设工程监理与相关服务的内容、质量要求和相应收费金额及支付方式应在有关合同中作出明确约定。在合同中约定收费金额和费用支付方式，目的是依法保护发包人和监理人的合法权益。

【原文】 第九条 监理人提供的监理与相关服务，应当符合国家有关法律、法规和标准规范，满足合同约定的服务内容和质量等要求。监理人不得违反标准规范规定或合同约定，通过降低服务质量、减少服务内容等手段进行恶性竞争，扰乱正常市场秩序。

【解释】 本条规定了监理人提供的服务应达到的标准和要求。监理与相关服务所应达到的标准和要求分为两个层次：第一，必须符合国家有关法律、法规和标准规范的规定，这是对监理人提供服务的基本要求；第二，必须达到发包人提出并经监理人同意，明确载明合同的有关内容、质量等要求，这是对监理人提供服务的具体要求。监理人与发包人签订合同后，即应切实履行合同，遵循我国《合同法》第六十条的规定："当事人应当按照约定全面履行自己的义务。"

本条也规定了监理人的市场禁止行为，监理人在提供监理与相关服务时，不得违反标准规范规定要求，不得违背合同约定的承诺，如实际监理服务时提供的监理技术人员数量和素质等方面与合同约定不符；监理人也不得通过降低服务质量、减少服务内容等手段进行恶性竞争，扰乱正常市场秩序。

【原文】 第十条 由于非监理人原因造成建设工程监理与相关服务工作量增加或减少的，发包人应当按合同约定与监理人协商另行支付或扣减相应的监理与相关服务费用。

【解释】 本条是对因非监理人原因给监理人造成损失的处理规定。按照权利与义务对等的原则，监理人按照标准和要求为发包人提供工程监理和相关服务，发包人为监理所提供的服务支付费用。由于收费金额在双方签订合同时已经约定，因非监理人原因造成建设工程监理与相关服务工作量增加或减少的，应当给予监理人相应的费用补偿或减少。补偿或减少费用的支付标准，国家有规定的，按照规定执行；国家没有规定的，由双方协商确定。

【原文】 第十一条 由于监理人原因造成监理与相关服务工作量增加的，发包人不另行支付监理与相关服务费用。

监理人提供的监理与相关服务不符合国家有关法律、法规和标准规范的，提供的监理服务人员、执业水平和服务时间未达到监理工作要求的，不能满足合同约定的服务内容和质量等要求的，发包人可按合同约定扣减相应的监理与相关服务费用。

由于监理人工作失误给发包人造成经济损失的，监理人应当按照合同约定依法承担相应赔偿责任。

【解释】 本条是对因监理人原因给发包人造成损失的处理规定。本条规定与第十条规定相对应。监理人有义务按照标准和要求为发包人提供质价相符的服务，因监理人原因提供的监理与相关服务不符合国家有关法律、法规和标准规范，提供的监理服务人员、执业水平和服务时间未达到监理工作要求的，不满足合同约定的服务内容和质量等要求，发包人可按合同约定扣减相应的监理与相关服务费。由于监理人工作失误给发包人造成经济损失的，监理人应当按照合同约定依法承担相应赔偿责任。

【原文】 第十二条 违反本规定和国家有关价格法律、法规规定的，由政府价格主管部门依据《中华人民共和国价格法》、《价格违法行为行政处罚规定》予以处罚。

【解释】 本条是对当事人价格违法行为的处罚规定。价格违法行为是指公民、法人以及其他组织违反价格法律、法规的规定，给社会造成某种危害的过错行为。根据《价格法》规定，政府价格主管部门是价格活动监督检查和行政执法的主体。对价格违法行为实施处罚，是保证价格法律、法规正确贯彻实施的重要手段。

【原文】 第十三条 本规定及所附《建设工程监理与相关服务收费标准》，由国家发展改革委会同建设部负责解释。

【解释】 本条明确了对本规定及所附收费标准的解释权。国家发展改革委是国务院价格主管部门，统一负责全国的价格工作。建设部是国务院建设行政主管部门，负责全国建设工程监理活动的监督管理工作。因此涉及建设工程监理与相关服务收费的有关解释权由国家发展改革委会同建设部负责。

【原文】 第十四条 本规定自2007年5月1日起施行，规定生效之日前已签订服务合同及在建项目的相关收费不再调整。原国家物价局与建设部联合发布的《关于发布工程建设监理费有关规定的通知》（〔1992〕价费字479号）同时废止。国务院有关部门及各地制定的相关规定与本规定相抵触的，以本规定为准。

【解释】 本条规定了本规定的实施时间，明确了对已签订监理服务合同及在建项目的相关监理服务收费不再调整，并对先前的监理收费标准等作了废止规定。本规定的实施时间是2007年5月1日，即从2007年5月1日起，本规定开始生效。规定生效之日前已签订服务合同及在建项目的相关收费不再调整。此前由原国家物价局与建设部联合发布的《关于发布工程建设监理费有关规定的通知》（〔1992〕价费字479号）和国务院有关部门以及各地制定的相关规定，凡与本规定相抵触的，自本规定生效之日起废止，以本规定为准。

目　　录

建设工程监理与相关服务收费标准解释

附　录

建设工程监理与相关服务收费标准解释

【解释】 本收费标准制定工作的指导思想，一是适应市场经济要求，体现市场价格机制的基础性作用；二是对传统管理模式进行改革，统一按照工程性质综合分类编制收费标准；三是维护发包人和监理人双方的权益；四是力求简扼准确、方便使用。在制定本收费标准过程中，按照公开、科学、求实的要求，组织专家测算、论证，提出草案意见稿，以书面方式征求国务院各部门和各省、自治区、直辖市发展改革委、物价局和建设厅（委）等有关管理部门的意见。对草案意见稿修改后，又多次召开座谈会，广泛征求了建设单位和监理企业的意见，在充分吸收各方面意见的基础上，经过多次修改形成的。本收费标准的制定工作历时两年多。

本收费标准在测算监理收费中，以监理及相关服务工作的社会平均成本及相应的税费和合理利润为基础，充分考虑社会承受及接受能力和目前监理市场运行状况确定，并与工程勘察设计、前期咨询等收费标准适当衔接，体现优质优价的原则，有利于提高工程监理与咨询服务的质量水平。

本收费标准在表述施工监理服务收费时，对收费计算的公式以及收费涉及的有关问题，逐一作出具体规定并阐明逻辑关系和具体方法，力求清晰准确。

本收费标准共分 8 章，各章分为若干条，每条分为一款或若干款。各章、条、款用 3 位阿拉伯数字表示，如标注 2.3.5，即表示为第 2 章第 3 条第 5 款。

1 总 则

【解释】 总则共有 12 条，分别阐述了工程监理与相关服务收费的适用范围、计算方法、计费额，收费公式各项计算内容之间的逻辑关系，以及相关问题。总则的主要内容包括以下方面：一是明确了计算施工监理服务收费的公式，为解决如何应用计算公式计费，将公式中涉及的概念及计费额分别定义；二是不同专业类型的工程由于施工监理工作量不同，设定了专业调整系数，同一类型的工程由于复杂程度（或施工监理工作量）不同，设定了复杂程度调整系数；三是对分别发包和总体协调的建设工程的施工监理服务收费规定了计费方法等。

根据总则，结合有关章节，发包人和监理人可以计算出各类建设工程的施工监理服务收费的基准价，在此基础上由双方协商确定具体的施工监理服务收费，并签订具有法律效力的合同文件，约束双方行为。

【原文】 **1.0.1** 建设工程监理与相关服务是指监理人接受发包人的委托，提供建设工程施工阶段的质量、进度、费用控制管理和安全生产监督管理、合同、信息等方面协调管理服务，以及勘察、设计、保修等阶段的相关服务。各阶段的工作内容见《建设工程监理与相关服务的主要工作内容》（附表一）。

【解释】 本条对建设工程监理与相关服务的工作内容和范围作了规定。

建设工程监理与相关服务包括监理人提供的在建设工程施工阶段的工程监理服务和勘察、设计、保修等阶段的相关服务。

施工阶段的监理工作是建设工程监理与相关服务工作的重点，其主要工作内容包括对施工过程中的质量、进度、费用控制管理和安全生产监督管理、合同、信息等方面协调管理服务。对施工阶段的监理服务，有明确的法律地位和法律责任。《建筑法》、《建设工程质量管理条例》和《建设工程安全生产管理条例》均明确了工程监理单位的职责、工作内容和法律责任。如《建筑法》第三十二条规定，工程监理单位应当依照法律、行政法规及有关的技术标准、设计文件和建筑工程承包合同，对承包单位在施工质量、建设工期和建设资金使用等方面，代表建设单位实施监督。《建设工程质量管理条例》第三十六条规定，工程监理单位应当依照法律、法规以及有关技术标准、设计文件和建设工程承包合同，代表建设单位对施工质量实施监理，并对施工质量承担监理责任。《建设工程安全生产管理条例》第十四条也明确了工程监理在安全生产监督管理方面的职责。因此，法律法规对监理人提供施工阶段的监理工作有明确的职责和法律责任。《建设工程监理规范》按照法律法规规定，对建设工程监理在施工、设备采购监造等阶段的具体工作内容作了详细规定。有关施工阶段监理工作必须要执行并满足国家和相关行业规范的要求。

为了便于发包人了解监理人在建设工程各阶段中能够提供哪些服务，也便于监理人能够清楚各阶段的工作内容，在本标准附表一分别列出了监理人在建设工程各阶段的工程监理与相关服务的主要工作内容。如在勘察阶段，协助发包人编制勘察要求、选择勘察单位，核查勘察方案并监督实施和进行相应的控制，参与验收勘察成果；在设计阶段，协助发包人编制设计要求、选择设计单位，组织评选设计方案，对各设计单位进行协调管理，监督合同履行，审查设计进度计划并监督实施，核查设计大纲和设计深度、使用技术规范合理性，提出设计评估报告（包括各阶段设计的核查意见和优化建议），协助审核设计概算；在施工阶段，施工过程中的质量、进度、费用控制，安全生产监督管理、合同、信息等方面的协调管理；在保修阶段，检查和记录工程质量缺陷，对缺陷原因进行调查分析并确定责任归属，审核修复方案，监督修复过程并验收，审核修复费用。

国标《建设工程监理规范》（GB50319—2000）将设备采购监造纳入了建设工程监理与相关服务的范畴。国家发展改革委颁布的《石油化工建设工程项目监理规范》分别对建设工程的勘察、设计、施工、设备采购监造、招投标、试运行等阶段工作内容进行了相应的规定；铁道、水电等专业工程监理规范也分别对勘察、设计、设备采购监造等阶段工作内容进行了相应的规定。因此，监理人在建设工程勘察、设计、保修等阶段监理与相关服务的具体工作内容还要执行国家、行业有关规范、规定。

【原文】 **1.0.2** 建设工程监理与相关服务收费包括建设工程施工阶段的工程监理（以下简称“施工监理”）服务收费和勘察、设计、保修等阶段的相关服务（以下简称“其他阶段的相关服务”）收费。

【解释】 本条对建设工程监理与相关服务收费的组成作了规定。

由于建设工程监理与相关服务包括监理人提供的在建设工程施工阶段的工程监理服务和勘察、设计、保修等阶段的相关服务，因此建设工程监理与相关服务收费也是由施工监理服务收费和勘察、设计、保修等阶段的相关服务收费组成。

【原文】 **1.0.3** 铁路、水运、公路、水电、水库工程的施工监理服务收费按建筑安装工程费分档定额计费方式计算收费。其他工程的施工监理服务收费按照建设项目工程概算投资额分档定额计费方式计算收费。

【解释】 本条规定了施工监理服务收费的计费方式。

本条按照各专业工程的施工监理特点，划分为两种计费方式。对铁路、水运、公路、水电、水库五类专业工程，其施工监理服务收费按建筑安装工程费分档定额计费方式计算收费，其计费基数是建筑安装工程费。对其他专业工程的施工监理服务收费按照建设项目工程概算投资额分档定额计费方式计算收费，其计费基数为工程概算投资额。如建筑工程、城市道路、城市桥梁、轨道交通、索道工程等专业工程应按建设项目工程概算投资额分档定额计费方式计算施工监理服务收费，而不是按建筑安装工程费分档定额计费方式计算施工监理服务收费。

一个建设工程项目的全部建设费用既包括工程建设的本体费用，还包括其他费用。由于施工监理工作一般只与建设工程本体有关，因此计算施工监理服务收费只涉及建设工程的本体费用部分；建设工程项目的其他费用，如征地拆迁补偿费用、建设单位管理费、预备费等，由于施工阶段的监理工作不涉及这些部分，因此计算施工监理服务收费不将其作为计费内容。

建筑安装工程费用的组成，按照建设部、财政部联合颁发的《关于印发〈建筑安装工程费用项目组成〉的通知》（建标〔2003〕206号）计算，建筑安装工程费用组成详见“建筑安装工程费用组成表”。

计算施工监理服务收费的分档定额具体见本收费标准的附表二“施工监理服务收费基价表”。

本收费标准采取按照建筑安装工程费或建设项目工程概算投资额分档定额计费

方法计算施工监理服务收费，一是突出专业工程的施工监理特点，二是便于计算，三是监理收费与价格变动相关，四是与建设项目前期咨询和工程设计的收费方式相衔接。

建筑安装工程费用项目组成表

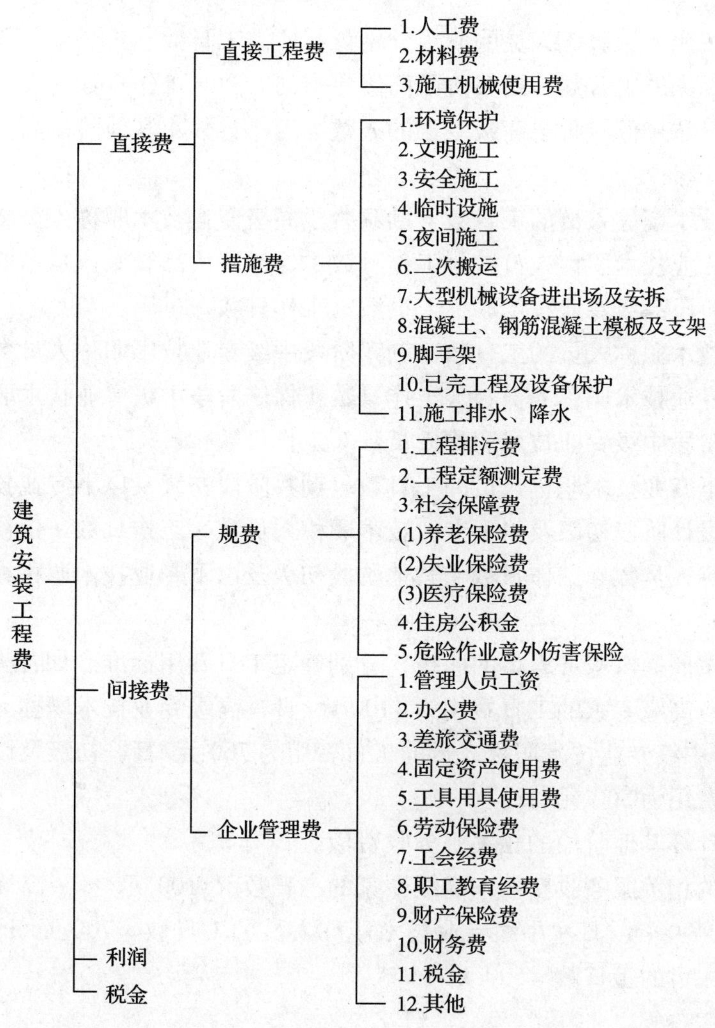

【原文】 **1.0.4** 其他阶段的相关服务收费一般按相关服务工作所需工日和《建设工程监理与相关服务人员人工日费用标准》（附表四）收费。

【解释】 本条规定了勘察、设计、保修等其他阶段的相关服务收费方法。

在建设工程的勘察、设计、保修以及设备采购监造、招投标等其他阶段，每个项目的发包人所需要的服务是不一样的，监理人提供的服务内容和服务深度也是不同的，因此，监理人在勘察、设计、保修等其他阶段的相关服务收费是按照提供服务的工日数和每个工日的费用来计算服务收费的。本阶段所需服务人员的人员数、工日数和工日费用标准由双方协商确定。人工日费用标准见附表四《建设工程监理与相关服务人员人工日费用标准》。对人工日费用标准，发包人和监理人可在规定的标准范围内协商确定。计算步骤如下：

第一步，按照提供服务人员的职级分别计算所需工日数。

如：高级专家的工日数＝勘察阶段高级专家的人数×工作日数＋设计阶段高级专家的人数×工作日数＋保修阶段高级专家的人数×工作日数＋其他阶段高级专家的人数×工作日数

高级专业技术职称人员的工日数＝勘察阶段高级专业技术职称人员数×工作日数＋设计阶段高级专业技术职称人员数×工作日数＋保修阶段高级专业技术职称人员数×工作日数＋其他阶段高级专业技术职称人员数×工作日数

中级专业技术职称人员的工日数＝勘察阶段中级专业技术职称人员数×工作日数＋设计阶段中级专业技术职称人员数×工作日数＋保修阶段中级专业技术职称人员数×工作日数＋其他阶段中级专业技术职称人员数×工作日数

初级及以下专业技术职称人员的工日数＝勘察阶段初级及以下专业技术职称人员数×工作日数＋设计阶段初级及以下专业技术职称人员数×工作日数＋保修阶段初级及以下专业技术职称人员数×工作日数＋其他阶段初级及以下专业技术职称人员数×工作日数

第二步，按照提供服务人员的职级，分别确定工日费用标准。如各类专业技术人员的工日费用为：高级专家的工日费用为1100元/日，高级专业技术职称人员的工日费用为900元/日，中级专业技术职称人员的工日费用为700元/日，初级及以下专业技术职称人员的工日费用为500元/日。

第三步，计算其他阶段的相关服务收费额。

其他阶段的相关服务收费额＝高级专家的工日数×1100元/日＋高级专业技术职称人员的工日数×900元/日＋中级专业技术职称人员的工日数×700元/日＋初级及以下专业技术职称人员的工日数×500元/日

【原文】 **1.0.5** 施工监理服务收费按照下列公式计算：

（1）施工监理服务收费＝施工监理服务收费基准价×（1±浮动幅度值）

（2）施工监理服务收费基准价＝施工监理服务收费基价×专业调整系数×工程复杂程度调整系数×高程调整系数

【解释】 本条是关于施工监理服务收费计算方法的规定。

施工监理服务收费，根据本条所列公式，按照（2）、（1）的顺序进行。具体计算过程如下：

第一步，按照公式（2）计算施工监理服务收费基准价。

1. 计算施工监理服务收费的计费额。按照本标准 1. 0. 3 条和 1. 0. 8 条规定，对于铁路、水运、公路、水电、水库工程的施工监理服务收费计费额为建筑安装工程费；对于其他建设工程项目，计算施工监理服务收费计费额的步骤如下：

①确定工程概算投资额；

②确定设备购置费和联合试运转费占工程概算投资额的比例；

③确定施工监理服务收费的计费额。对设备购置费和联合试运转费占工程概算投资额的比例在 40% 及以下的工程项目，其施工监理服务收费计费额 = 建筑安装工程费 + 设备购置费 + 联合试运转费。对设备购置费和联合试运转费占工程概算投资额的比例大于 40% 时的工程项目，要将计算出的施工监理服务收费计费额，与建筑安装费与其相同且设备购置费和联合试运转费等于工程概算投资额 40% 的工程项目的计费额进行比较，使其符合本标准 1. 0. 8 条的规定要求，从而可以确定出施工监理服务收费的计费额。

2. 计算施工监理服务收费基价。运用直线内插法，从附表二《施工监理服务收费基价表》中查找或计算出该建设工程施工监理服务收费计费额所对应的收费基价。

3. 确定专业调整系数。从附表三《施工监理服务收费专业调整系数表》中查找出该专业建设工程的专业调整系数。在表中未列明专业调整系数的，可以视其为 1. 0；也可以比照相近工程，由发包人与监理人协商确定专业调整系数。

4. 确定工程复杂程度调整系数。工程复杂程度调整系数分为三级：Ⅰ级为 0. 85，Ⅱ级为 1. 0，Ⅲ级为 1. 15。根据专业工程的类别和特征，从本收费标准的相关章节中的工程复杂程度表中查找确定该专业工程的工程复杂程度调整系数。表中所列工程复杂程度均为举例，表中未列明复杂程度调整系数的，应当比照相近工程或由发包人与监理人协商确定复杂程度调整系数。

5. 确定高程调整系数。根据该专业建设工程所处的海拔高程情况，从本收费标准 1. 0. 9 中查找确定高程调整系数。

6. 计算施工监理服务收费基准价。将上述数据按照公式（2）连乘，计算出该建设工程的施工监理服务收费基准价。

第二步，按照公式（1）计算施工监理服务收费。

若该建设工程项目属于依法必须实行监理的，监理人和发包人应在计算出施工监理服务收费基准价的基础上，遵循《建设工程监理与相关服务收费管理规定》的有关原则，并结合该建设工程施工监理的实际情况，在上下 20% 浮动范围内，协商确定该建设工程项目的施工监理服务收费合同额。

计算由若干单项工程构成的建设项目的施工监理服务收费，可以先分别计算各单项工程施工监理服务收费，或者将工程性质、功能、复杂程度相近的单项工程合并计算施工监理设计费后，再相加计算总施工监理服务收费。具体计算方式由发包人与设计人协商确定。

【原文】 **1.0.6** 施工监理服务收费基价

施工监理服务收费基价是完成国家法律法规、规范规定的施工阶段监理基本服务内容的价格。施工监理服务收费基价按"施工监理服务收费基价表"（附表二）确定，计费额处于两个数值区间的，采用直线内插法确定施工监理服务收费基价。

【解释】 本条是关于计算施工监理服务收费基价的规定。

施工监理服务收费基价是监理人完成国家法律法规、规范规定的施工阶段监理的基本服务内容，但未考虑施工监理的专业工程、复杂程度、海拔高程等方面差异的基本收费价格。

计算施工监理服务收费基价的具体方法是：

1. 确定施工监理服务收费的计费额。按照本标准 1.0.3 条和 1.0.8 条规定，计算该建设工程施工监理收费计费额。

2. 确定施工监理服务收费基价。运用直线内插法，从附表二"施工监理服务收费基价表"中查找或计算出该建设工程施工监理服务收费基价。

当施工监理服务收费计费额处于两个数值区间时，按照直线内插法计算确定该建设工程施工监理服务收费的计费额，以及所对应的施工监理服务收费基价。直线内插法计算公式如下：

$$Y = Y_1 + \frac{Y_2 - Y_1}{X_2 - X_1} \times (X - X_1)$$

式中：X：已知计费额；

X_1：计费额 X 所在区间的下限值；

X_2：计费额 X 所在区间的上限值；

Y：所要计算的施工监理服务收费基价；

Y_1：收费基价 Y 所在区间的下限值；

Y_2：收费基价 Y 所在区间的上限值。

举例：

已知某建设工程施工监理收费的计费额 $X = 35000$ 万元，求收费基价 Y 值？

查表得到在该区间所对应的 $X_1 = 20000$ 万元，$X_2 = 40000$ 万元，$Y_1 = 393.4$ 万元，$Y_2 = 708.2$ 万元

$$收费基价\ Y = \frac{708.2 - 393.4}{40000 - 20000} \times (35000 - 20000) + 393.4 = 629.50(万元)$$

本收费标准规定，当计费额 > 1000000 万元时，以计费额乘以 1.039% 的收费率计算施工监理收费基价。

【原文】 **1.0.7** 施工监理服务收费基准价

施工监理服务收费基准价是按照本收费标准规定的基价和 1.0.5（2）计算出的施工监理服务基准收费额。发包人与监理人根据项目的实际情况，在规定的浮动幅度范围内协商确定施工监理服务收费合同额。

【解释】 本条是关于施工监理服务收费基准价的规定。

施工监理服务收费基准价是指根据本收费标准规定确定的基价，并按照 1.0.5（2）公式计算出的施工监理服务收费的基准收费额。

在计算出施工监理服务收费基准价（即"基准收费额"）的基础上，由发包人与监理人本着公平、公正、自愿和诚实信用的原则，在《建设工程监理与相关服务收费管理规定》规定的 ±20% 浮动幅度内，协商确定该建设工程的施工监理服务收费的合同额。

【原文】 **1.0.8** 施工监理服务收费的计费额

施工监理服务收费以建设项目工程概算投资额分档定额计费方式收费的，其计费额为工程概算中的建筑安装工程费、设备购置费和联合试运转费之和，即工程概算投资额。对设备购置费和联合试运转费占工程概算投资额 40% 以上的工程项目，其建筑安装工程费全部计入计费额，设备购置费和联合试运转费按 40% 的比例计入计费额。但其计费额不应小于建筑安装工程费与其相同且设备购置费和联合试运转费等于工程概算投资额 40% 的工程项目的计费额。

工程中有利用原有设备并进行安装调试服务的，以签订工程监理合同时同类设备的当期价格作为施工监理服务收费的计费额；工程中有缓配设备的，应扣除签订工程监理合同时同类设备的当期价格作为施工监理服务收费的计费额；工程中有引进设备的，按照购进设备的离岸价格折换成人民币作为施工监理服务收费的计费额。

施工监理服务收费以建筑安装工程费分档定额计费方式收费的，其计费额为工程概算中的建筑安装工程费。

作为施工监理服务收费计费额的建设项目工程概算投资额或建筑安装工程费均指每个监理合同中约定的工程项目范围的计费额。

【解释】 本条是关于施工监理服务收费计费额的规定。

施工监理服务收费的计费额是计算施工监理服务收费的基础。本条规定以建设项目工程概算投资额分档定额计费方式收费的，其计费额为："工程概算中的建筑安装工程费、设备购置费和联合试运转费之和。"因此，施工监理服务收费的计费额即为建设项目工程概算投资额，也就是说本标准所定义的“工程概算投资额”是工程概算中的建筑安装工程费、设备购置费和联合试运转费之和。除此之外，建设工程项目的其他费用不得计入施工监理服务收费的计费额。其中，计入施工监理服务收费计费额中的设备购置费，既包括标准设备购置费，也包括非标准设备购置费。因为所有设备在工程施工现场都要进行安装，都需要对设备安装工程进行监理。

按照《建设工程质量管理条例》和《建设工程安全生产管理条例》等法规规定，设备安装工程属于建设工程的范畴，因此，施工监理的工作中包括了对设备安装工程的监理。但设备安装工程的监理工作量并不是完全随着设备购置费和联合试运转费的增加而增加的，所以本收费标准规定：“对设备购置费和联合试运转费占工程概算投资额40%以上的工程项目，其建筑安装工程费全部计入计费额，设备购置费和联合试运转费按40%的比例计入计费额。但其计费额不应小于建筑安装工程费与其相同且设备购置费和联合试运转费等于工程概算投资额40%的工程项目的计费额。”

对设备购置费和联合试运转费按40%的比例计入计费额时，当40% <设备费和联合试运转费占工程概算投资额的比例<62.5%的情况下，出现了计费额小于建筑安装工程费与其相同、设备费和联合试运转费等于工程概算投资额40%的工程项目的计费额。例如，某工程项目的建筑安装工程费为600万元，当设备费和联合试运转费等于400万元时，其施工监理服务收费的计费额为1000万元；当设备费和联合试运转费等于500万元时，其施工监理服务收费的计费额为800万元；当设备费和联合试运转费等于600万元时，其施工监理服务收费的计费额为840万元；当设备费和联合试运转费等于1000万元时，其施工监理服务收费的计费额为1000万元。这是由于设备费按40%计入计费额时，出现了临界点，在两个临界点之间，其计费额出现了减小的不合理情况，两个临界点为：设备费和联合试运转费之和占工程概算投资额的比例等于40%和62.5%。出现上述情况，发包人和监理人应当按照公平、公正的原则协商确定施工监理收费基价，但不应低于临界点时施工监理服务收费计费额。

工程中有利用原有设备进行安装调试服务的，是指在工程建设时利用原有设备搬迁使用或者将库存设备用于该工程，监理人对设备安装调试进行监理服务。上述情况不应以该设备的原值或折旧后的残值为施工监理服务收费的计费额，而应当以签订该项工程监理合同时同类设备的当期价格作为该项工程施工监理服务收费的计费额。这样规定是因为同类设备无论新旧，其对设备安装调试的监理服务的复杂程度和工作量大体相当，因此施工监理服务收费也应当一致。

工程中有缓配设备的，是指在工程建设中设备的购置或安装将在以后分期进行，因施工时监理人没有对缓配设备的安装调试进行监理服务，则这些设备不应计入施工监理服务收费的计费额，应扣除签订监理合同时同类设备的当期价格作为施工监理服务收费的计费额。

工程中有引进设备的，应当按照购进设备的离岸价折换成人民币作为施工监理服务收费的计费额，而不能以购进设备的到岸价折换成人民币作为施工监理服务收费的计费额。设备的离岸价是指购进设备在装运港船上交货的价格，到岸价是指设备的离岸价加保险费和运输费。购进设备的保险费和运输费与监理人提供设备安装调试监理服务的复杂程度和工作量无关，因此这两项费用不能计入施工监理服务收费的计费额。以外汇购进设备的，应当按照签订工程监理合同时或设备到岸时中国人民银行外汇买入卖出的中间价折换成人民币，计入施工监理服务收费的计费额。

按照本标准 1.0.3 条规定，铁路、水运、公路、水电、水库这五类专业工程是按建筑安装工程费分档定额计费方式计算施工监理服务收费的，因此这五类专业工程的计费额就仅包括工程概算中的建筑安装工程费。

因为有的大型建设工程项目往往由若干个监理单位进行监理，在这种情况下，每个监理合同中约定的工程监理服务范围是不一样的，因此其施工监理服务收费计费额是指每个监理合同中约定的工程项目范围的计费额，而不一定是整个工程项目概算投资额。

【原文】 **1.0.9** 施工监理服务收费调整系数

施工监理服务收费调整系数包括：专业调整系数、工程复杂程度调整系数和高程调整系数。

（1）专业调整系数是对不同专业建设工程的施工监理工作复杂程度和工作量差异进行调整的系数。计算施工监理服务收费时，专业调整系数在《施工监理服务收费专业调整系数表》（附表三）中查找确定。

（2）工程复杂程度调整系数是对同一专业建设工程的施工监理复杂程度和工作量差异进行调整的系数。工程复杂程度分为一般、较复杂和复杂三个等级，其调整系数分别为：一般（Ⅰ级）0.85；较复杂（Ⅱ级）1.0；复杂（Ⅲ级）1.15。计算施工监理服务收费时，工程复杂程度在相应章节的“工程复杂程度表”中查找确定。

（3）高程调整系数如下：

海拔高程 2001m 以下的为 1；

海拔高程 2001～3000m 为 1.1；

海拔高程 3001～3500m 为 1.2；

海拔高程 3501～4000m 为 1.3；

海拔高程 4001m 以上的，高程调整系数由发包人和监理人协商确定。

【解释】 本条是关于施工监理服务收费调整系数的规定。

本收费标准规定有三类调整系数，即：专业调整系数、工程复杂程度调整系数和高程调整系数。这些系数用以调整不同专业工程、不同工程类型、不同海拔高程建设工程项目施工监理服务的复杂程度和工作量的差异，使施工监理服务收费尽可能科学、合理。

1. 专业调整系数是对不同专业建设工程项目的施工监理服务复杂程度和施工监理服务工作量差异进行调整的系数，详见本收费标准附表三“施工监理服务收费专业调整系数表”。该表是结合各专业工程监理工作情况，经过测算确定的，基本反映了不同专业建设工程项目的施工监理服务复杂程度和施工监理服务工作量差异的情况。这项系数是计算每个建设工程项目的基本施工监理服务收费都需要使用的。

2. 工程复杂程度调整系数是对同一专业不同建设工程项目的施工监理服务复杂程度和施工监理服务工作量差异进行调整的系数。工程复杂程度调整系数分为三级，即：一般（Ⅰ级）0.85；较复杂（Ⅱ级）1.0；复杂（Ⅲ级）1.15。工程复杂程度等级划分详见本收费标准各章节的“工程复杂程度表”。

由于建设项目具有独特性，个别特殊专业工程的复杂程度调整系数在“工程复杂程度表”中都有标注。如“铁路工程复杂程度表”（表6.2-1）中，铁路工程复杂程度调整系数Ⅲ为0.95；复杂程度等级Ⅱ级的新建双线复杂程度调整系数为0.85。

各章节的“工程复杂程度表”中所列工程仅为举例说明，在该表中没有列明的建设项目，可视工程复杂程度调整系数为1.0，也可以比照表中所列工程的情况，由发包人与监理人协商确定该项工程施工监理服务的复杂程度调整系数。如果一项工程同时满足“工程复杂程度表”中不同等级的工程特征条件时，应当按照主导因素确定其复杂程度系数，计算施工监理服务收费。这项系数是计算每个建设项目的基本施工监理服务收费都需要使用的。

3. 高程调整系数是对不同海拔高度的建设工程项目的施工监理服务工作量差异和难易度进行调整的系数。通常情况下，海拔越高，野外施工监理服务的难度越大，工作效率降低，因此本收费标准根据海拔高程的增加，规定了相应的高程调整系数。这项系数也是计算每个建设项目的施工监理服务收费都需要使用的。

【原文】 **1.0.10** 发包人将施工监理服务中的某一部分工作单独发包给监理人，按照其占施工监理服务工作量的比例计算施工监理服务收费，其中质量控制和安全生产监督管理服务收费不宜低于施工监理服务收费额的70%。

【解释】 本条是关于施工监理服务中的某一部分工作单独发包时计算施工监理服务收费的规定。

施工监理服务的主要工作内容包括：施工过程中的质量、进度、费用控制，安全生产监督管理、合同、信息等方面的协调管理。针对某一建设工程上述施工监理服务是一个整体，不应肢解分别发包。但有时业主根据自己的管理实力和能力，只将上述其中的部分工作，如将施工过程中的质量、进度控制和安全生产监督管理发包给监理人，其他方面自己进行管理，在这种情况下，施工监理服务收费的计算原则是按发包部分的监理工作占整个施工监理服务工作量的比例来计算施工监理服务收费。具体计算方式及所占比例由发包人与监理人协商确定。

由于《建设工程质量管理条例》和《建设工程安全生产管理条例》均明确了监理单位在施工质量和安全生产方面的监理职责和法律责任，并且质量监理和安全生产的监督管理也是施工阶段监理的主要工作，根据测算，质量控制和安全生产监督管理大约占整个施工监理服务工作量的70%以上。因此，为了确保建设工程质量控制，发挥工程监理在安全生产方面的作用，本收费标准规定：质量控制和安全生产监督管理的服务收费不宜低于施工监理服务收费额的70%。也就是说，发包人只将某一工程施工监理服务工作中的质量控制和安全生产监督管理服务两部分发包给监理人，这两部分的施工监理服务收费也不宜低于按本标准计算出的该工程施工监理服务收费额的70%。

【原文】 **1.0.11** 建设工程项目施工监理服务由两个或者两个以上监理人承担的，各监理人按照其占施工监理服务工作量的比例计算施工监理服务收费。发包人委托其中一个监理人对建设工程项目施工监理服务总负责的，该监理人按照各监理人合计监理服务收费额的4%～6%向发包人收取总体协调费。

【解释】 本条是关于共同承担建设工程项目施工监理服务的收费的规定，以及总体负责的监理人收取总体协调费的规定。

随着建设工程项目大型化和工程复杂程度的提高，以及专业化分工与社会化协作的发展，一个大型建设项目往往需要由几个监理人共同完成施工监理服务工作，其施工监理服务收费的原则是各监理人按照其占施工监理服务工作量的比例计算施工监理服务收费。如：第一种情况，发包人将建设项目划分为若干个单项工程分别发包给监理人，则其施工监理服务收费分别按各监理合同约定的单项工程的施工监理服务工作量，收取施工监理服务收费。第二种情况，发包人将建设项目划分为若干标段分别发包给监理人，则其施工监理服务收费分别按各监理合同约定标段的施工监理服务工作量，收取施工监理服务收费。第三种情况，发包人将建设项目按单位工程分别发包给监理人，则其施工监理服务收费分别按单位工程监理工作量占建设项目施工监理服务工作量的比例计算施工监理服务收费。

为保证大型建设工程项目施工监理服务的整体性和合理性，确定统一的监理标准、规范，保证施工监理服务的工作质量，发包人选择一个监理人作为施工监理服务总负责，由其对整个建设工程项目施工监理服务总协调是必要的。该监理人按照各监理人合计监理服务收费额的4%～6%向发包人收取总体协调费。

作为施工监理服务总负责的监理人，对建设项目施工监理服务的合理性和整体性负责，主要职责是：

1. 组织各监理人研究建设项目施工监理服务总体方案；
2. 协助发包人协调工程施工总体进度；
3. 负责组织各监理人按要求提交监理文件；
4. 制定统一的监理标准、规范、深度和要求；
5. 负责协调各监理人之间的相关关系；
6. 汇总并提交建设项目工程监理总报告等。

【原文】 **1.0.12** 本收费标准不包括本总则1.0.1以外的其他服务收费。其他服务收费，国家有规定的，从其规定；国家没有规定的，由发包人与监理人协商确定。

【解释】 本条是关于监理人提供本总则以外的其他服务的收费规定。

本条所指的其他服务是指本总则1.0.1规定的建设工程监理与相关服务范围之外的其他服务。监理人根据发包人委托承接其他服务业务的，国家有收费规定的，按照规定执行；国家没有收费规定的，由发包人与监理人协商确定收费事宜。

2 矿山采选工程

2.1 矿山采选工程范围

【原文】 适用于有色金属、黑色冶金、化学、非金属、黄金、铀、煤炭以及其他矿种采选工程。

【解释】 本条对矿山采选工程监理适用范围作出规定。本章适用于有色金属、黑色冶金、化学、非金属、黄金、铀、煤炭以及其他矿种采选工程的建设工程监理与相关服务收费。

本条所称矿山是一个泛称，包括了露天矿、地下矿、水下矿以及水体矿（如钠盐矿、钾盐矿、锂盐矿）等不同矿石赋存形式。矿山采选是指对特定矿种的开采以及采用适当的物理、化学方法对开采的矿石进行分选，达到进一步加工、冶炼的要求。

2.2 矿山采选工程复杂程度

【原文】 **2.2.1** 采矿工程

采矿工程复杂程度表 表 2.2－1

等级	工 程 特 征
Ⅰ级	1. 地形、地质、水文条件简单； 2. 煤层、煤质稳定，全区可采，无岩浆岩侵入，无自然发火的矿井工程； 3. 立井筒垂深 <300m，斜井筒斜长 <500m； 4. 矿田地形为Ⅰ、Ⅱ类，煤层赋存条件属Ⅰ、Ⅱ类，可采煤层2层及以下，煤层埋藏深度 <100m，采用单一开采工艺的煤炭露天采矿工程； 5. 两种矿石品种，有分采、分贮、分运设施的露天采矿工程； 6. 矿体埋藏垂深 <120m 的山坡与深凹露天矿； 7. 矿石品种单一，斜井，平硐溜井，主、副、风井条数 <4 条的矿井工程。
Ⅱ级	1. 地形、地质、水文条件较复杂； 2. 低瓦斯、偶见少量岩浆岩、自然发火倾向小的矿井工程； 3. 300m≤立井筒垂深 <800m，500m≤斜井筒斜长 <1000m，表土层厚度 <300m；

续表 2.2－1

等级	工 程 特 征
Ⅱ级	4. 矿田地形为Ⅲ类及以上，煤层赋存条件属Ⅲ类，煤层结构复杂，可采煤层多于2层，煤层埋藏深度≥100m，采用综合开采工艺的煤炭露天采矿工程； 5. 有两种矿石品种，主、副、风井条数≥4条，有分采、分贮、分运设施的矿井工程； 6. 两种以上开拓运输方式，多采场的露天矿； 7. 矿体埋藏垂深≥120m的深凹露天矿； 8. 采金工程。
Ⅲ级	1. 地形、地质、水文条件复杂； 2. 水患严重、有岩浆岩侵入、有自然发火危险的矿井工程； 3. 地压大，地温局部偏高，煤尘具爆炸性，高瓦斯矿井，煤层及瓦斯突出的矿井工程； 4. 立井筒垂深≥800m，斜井筒斜长≥1000m，表土层厚度≥300m； 5. 开采运输系统复杂，斜井胶带，联合开拓运输系统，有复杂的疏干、排水系统及设施； 6. 两种以上矿石品种，有分采、分贮、分运设施，采用充填采矿法或特殊采矿法的各类采矿工程； 7. 铀矿采矿工程。

【解释】 本条根据地形与地质构造条件、水文条件、矿物赋存条件、其他开采技术条件等因素将采矿工程工程复杂程度划分为3级。

工程复杂程度等级Ⅰ级的工程项目主要有以下特征：

1. 地形、地质、水文条件简单。地形条件简单是指全矿田范围内的地形平坦，而不是局部地形平坦。地质条件简单是指《地质勘探报告》确定的地质构造为简单类型，具有产状近似水平，很少有波状起伏，断层稀少，没有或很少有岩浆岩侵入的特点。水文条件简单煤炭工程是指煤层位于地下水位以上或季节变化带内，以大气降水为主要充水水源，直接充水含水层单位涌出量 $q < 0.1L/s.m$ 的工程；非煤炭工程是指主要矿体位于当地侵蚀基准面以上，地形条件有利于自然排水，矿床充水主要含水层或构造破碎带富水性弱；或主要矿体位于当地侵蚀基准面以下，附近无地表水体，矿床充水主要含水层或构造破碎带富水性弱，补给条件差。

2. 煤层、煤质稳定，全区可采，无岩浆岩侵入，无自然发火的矿井工程。煤层、煤质稳定是指煤层厚度变化很小，结构简单或较简单，煤质单一。

3. 立井筒垂深<300m，斜井筒斜长<500m。立井筒垂深是指井口至井底的垂直深度。斜井筒斜长是指井口至井底的倾斜长度。

4. 矿田地形为Ⅰ、Ⅱ类，煤层赋存条件属Ⅰ、Ⅱ类，可采煤层2层及以下，煤层埋藏深度<100m，采用单一开采工艺的煤炭露天采矿工程。采用单一开采工艺是指露天矿开采过程中（剥离、采煤）采用同一种开采工艺。

5. 两种矿石品种，有分采、分贮、分运设施的露天采矿工程。即矿床开采条件较复杂的非煤炭露天采矿工程。

6. 矿体埋藏垂深<120m的山坡与深凹露天矿。即矿体埋藏深度较浅的非煤炭露天矿。

7. 矿石品种单一，斜井，平硐溜井，主、副、风井条数<4条的矿井工程。即矿石品种单一、不分采、开拓运输系统简单，斜井，平硐溜井，主、副、风井条数<4条的非煤炭采矿工程。

工程复杂程度等级Ⅱ级的工程项目主要有以下特征：

1. 地形、地质、水文条件较复杂。地形条件较复杂是指地形起伏不大。地质条件较复杂是指《地质勘探报告》确定的地质构造为较复杂类型，具有产状平缓，褶曲宽缓，或伴有一定数量的断层，有时受岩浆岩侵入影响；无不良工程地质现象。水文条件较复杂煤炭工程是指直接充水含水层单位涌出量0.1L/s.m≤q<1.0L/s.m；直接充水含水层单位涌出量1.0L/s.m≤q<2.0L/s.m，但补给条件不好，或直接充水含水层与煤层之间岩层较稳定，隔水性能好，水头压力不高，断裂带导水性弱，与地表水体联系不密切的工程。非煤炭工程是指主要矿体位于当地侵蚀基准面以上，地下水以下，矿床充水主要含水层富水性中等，区域补给条件好，但地形条件有利于自然排水；或主要矿体位于当地侵蚀基准面以下，附近无地表水体或虽有地表水体但对矿床充水影响不大，矿床充水主要含水层的富水性中等，构造破碎带不沟通地表水体及富水性强的含水层。

2. 低瓦斯、偶见少量岩浆岩、自然发火倾向小的矿井工程。低瓦斯是指矿井相对瓦斯涌出量小于或等于10m^3/t，且绝对瓦斯涌出量小于或等于40m^3 /min的矿井工程。

3. 300m≤立井筒垂深<800m，500m≤斜井筒斜长<1000m，表土层厚度<300m。表土层厚度是指井筒工程地表至风化基岩的厚度。

4. 矿田地形为Ⅲ类及以上，煤层赋存条件属Ⅲ类，煤层结构复杂，可采煤层多于2层，煤层埋藏深度≥100m，采用综合开采工艺的煤炭露天采矿工程。采用综合开采工艺是指露天矿开采过程中（剥离、采煤）采用两种或两种以上的开采工艺。

5. 有两种矿石品种，主、副、风井条数≥4条，有分采、分贮、分运设施的矿井工程。即开拓运输系统较复杂的非煤炭采矿工程。

6. 两种以上开拓运输方式，多采场的露天矿。多采场、两种以上开拓运输方式的非煤炭露天矿。

7．矿体埋藏垂深≥120m 的深凹露天矿。即矿体埋深较大的非煤炭露天矿。

8．采金工程。是指黄金采选工程。

工程复杂程度等级Ⅲ级的工程项目主要有以下特征：

1．地形、地质、水文条件复杂。地形、地质构造复杂是指《地质勘探报告》确定的地质构造为复杂类型，具有产状变化很大，褶曲、断层较密集，影响采区划分的特点；工程地质性质变化大，或有不良工程地质现象。不良工程地质现象是指滑坡、泥石流、崩塌、失陷性、膨胀、盐渍、岩溶发育、沙土液化等。水文条件复杂煤炭工程是指直接充水含水层单位涌出量 q≥2.0L/s.m；直接充水含水层单位涌出量 1.0L/s.m≤q<2.0L/s.m，但补给条件好，或直接充水含水层与煤层之间岩层隔水性能不稳定，水头压力较高，断裂带导水性强，与地表水体联系密切的工程。非煤炭工程是指主要矿体位于当地侵蚀基准面以下，附近有地表水并对矿床充水具有威胁，矿床充水主要含水层和构造破碎带富水性强；或主要矿体位于当地侵蚀基准面以下，矿床充水主要含水层富水性强，补给条件好或构造破碎带沟通区域富水性强的含水层。

2．水患严重、有岩浆岩侵入、有自然发火危险的矿井工程。有岩浆岩侵入是指有时岩浆岩侵入对矿井开采影响严重。

3．地压大，地温局部偏高，煤尘具爆炸性，高瓦斯矿井，煤层及瓦斯突出的矿井工程。地温局部偏高是指矿井生产水平原始岩温超过 28℃。高瓦斯矿井是指矿井相对瓦斯涌出量大于 $10m^3/t$ 或矿井绝对瓦斯涌出量大于 $40m^3/min$ 的矿井工程。

4．立井筒垂深≥800m，斜井筒斜长≥1000m，表土层厚度≥300m。是指表土层厚，立井井筒深或斜井筒长的井筒工程。

5．开采运输系统复杂，斜井胶带，联合开拓运输系统，有复杂的疏干、排水系统及设施。即开拓运输条件复杂的非煤炭矿井采矿工程。

6．两种以上矿石品种，有分采、分贮、分运设施，采用充填采矿法或特殊采矿法的各类采矿工程。特殊采矿法是指技术难度较大的采矿方法，如溶浸采矿法、自然崩落法等采矿方法。

7．铀矿采矿工程。由于铀矿石具有放射性，处理不当会对人体、环境造成污染和危害，在开采过程中需要采取相应的辐射防护措施，较一般的矿山复杂，因此铀矿采矿工程的复杂程度为Ⅲ级。

参考案例一：

某铜矿扩建工程，主要工程为地下工程（无轨斜坡道、回风竖井、井下破碎站、盲箕斗斜井、盲串车辅助斜井、盲废石斜井、井下水泵房及炸药库等）和地表工程（选矿厂、炸药库、尾矿库、充填制备站、变配电站、水池及生活设施等）两部分。工程概算投资 37628 万元，其中建筑安装工程费为 22926 万元，设备及工器具购置费 9546

万元，联合试运转费758万元。发包人委托监理人对该建设工程项目进行施工阶段的监理服务。施工监理服务收费按以下步骤计算：

施工监理服务收费基准价＝施工监理服务收费基价×专业调整系数×工程复杂程度调整系数×高程调整系数

一、计算施工监理服务收费计费额

1．确定工程概算投资额

工程概算投资额＝建筑安装工程费＋设备及工器具购置费＋联合试运转费

＝22926＋9546＋758

＝33230.00（万元）

2．确定设备及工器具购置费和联合试运转费占工程概算投资额的比例

（设备及工器具购置费＋联合试运转费）÷工程概算投资额

＝（9546＋758）÷33230＝31.0%

3．确定施工监理服务收费计费额

因设备购置费和联合试运转费占工程概算投资额的比例未达到40%，故：

施工监理服务收费计费额＝建筑安装工程费＋设备购置费＋联合试运转费

＝22926＋9546＋758

＝33230.00（万元）

二、计算施工监理服务收费基价

根据本标准1.0.6之附表二，采用内插法计算

$$\text{施工监理服务收费基价} = 393.4 + \frac{708.2 - 393.4}{40000 - 20000} \times (33230 - 20000)$$

＝601.64（万元）

三、确定专业调整系数：根据本标准附表三，铜矿工程专业调整系数为0.9

四、确定工程复杂程度调整系数：根据本标准表2.2－1规定，工程复杂程度为Ⅱ级，工程复杂程度调整系数为1.0

五、确定高程调整系数：该建设工程项目所处位置海拔高程小于2001米，根据本标准1.0.9条规定，高程调整系数为1.0

六、计算施工监理服务收费基准价

施工监理服务收费基准价＝施工监理服务收费基价×专业调整系数×工程复杂程度调整系数×高程调整系数＝601.64×0.9×1.0×1.0＝541.48（万元）

该建设工程项目的施工监理服务收费基准价541.48万元。若该建设工程项目属于依法必须实行监理的，监理人和发包人在此基础上，根据本标准规定，在上下20%浮动范围内，协商确定该建设工程项目的施工监理服务收费合同额。

参考案例二：

某新建采铀工程，采用地浸工艺，建设规模为年产 XXX 吨铀金属。工程概算投资为 7800 万元，其中建筑安装费为 1122.94 万元，设备购置费为 2501.69 万元，联合试运转费为 15 万元。发包人委托监理人对该建设工程项目进行施工阶段的监理服务。施工监理服务收费按以下步骤计算：

施工监理服务收费基准价 = 施工监理服务收费基价 × 专业调整系数 × 工程复杂程度调整系数 × 高程调整系数

一、计算施工监理服务收费计费额

1. 确定施工监理服务收费计费额

工程概算投资额 = 设备购置费 + 建筑安装费 + 联合试运转费

= 2501.69 + 1122.94 + 15

= 3639.63（万元）

2. 确定设备购置费和联合试运转费占工程概算投资额的比例

（设备购置费 + 联合试运转费）÷ 工程概算投资额 =（2501.69 + 15）÷ 3639.63 = 69.1%

3. 确定施工监理服务收费的计费额

设备购置费和联合试运转费占工程概算投资额的比例超过了收费标准 1.0.8 条规定的 40%，则施工监理服务收费计费额应按如下方式确定：

（1）若该建设工程项目的设备购置费和联合试运转费按 40% 的比例计入计费额

其施工监理服务收费计费额 = 建筑安装工程费 +（设备购置费 + 联合试运转费）×40% = 1122.94 +（2501.69 + 15）×40% = 2129.62（万元）

（2）若建设工程项目 B 的建安工程费与该建设工程项目相同，而设备购置费和联合试运转费等于工程概算投资额的 40%，则 B 项目的施工监理服务收费计费额 = 建筑安装工程费 ÷（1 − 40%）= 1122.94 ÷（1 − 40%）= 1871.57（万元）

（3）从以上看出，该建设工程项目按（1）式计算出的计费额大于项目 B 的计费额，符合收费标准 1.0.8 条的规定，故取 2129.62 万元为该建设工程项目的施工监理服务收费计费额

二、计算施工监理服务收费基价

根据本标准附表二，采用内插法计算

$$\text{施工监理服务收费基价} = 30.1 + \frac{78.1 - 30.1}{3000 - 1000} \times (2129.62 - 1000)$$

$$= 57.21\text{（万元）}$$

三、确定专业调整系数：根据本标准附表三，铀矿采选工程的专业调整系数为 1.1

四、确定工程复杂程度调整系数：根据本标准表 2.2－1，铀矿采矿工程复杂程度

属于Ⅲ级，工程复杂调整系数为1.15

五、确定高程调整系数：该建设工程项目所处位置海拔高程小于2001米，根据本标准1.0.9条规定，高程调整系数为1.0

六、计算施工监理服务收费基准价

施工监理服务收费基准价＝施工监理服务收费基价×专业调整系数×工程复杂程度调整系数×高程调整系数＝57.21×1.1×1.15×1.0＝72.37（万元）

该建设工程项目的施工监理服务收费基准价72.37万元。若该建设工程项目属于依法必须实行监理的，监理人和发包人在此基础上，根据本标准规定，在上下20%浮动范围内，协商确定该建设工程项目的施工监理服务收费合同额。

参考案例三：

某煤矿井田构造复杂程度中等。全区呈宽缓褶曲构造，次一级褶曲发育，翼部倾角较缓，地层倾角呈南部缓、北部陡的趋势。井田内断层较发育，断层带的岩性较破碎，断层带本身的含水性较弱，导水性较差。水文地质为裂隙、岩溶类型。

矿井设计生产能力为240万吨/年，为新建大型矿井，采用立井开拓方式。矿井概算投资为83471万元，其中矿建工程费用为24855万元，土建工程费用为13669万元，安装工程费用为8453万元，设备及工器具购置费为15285万元，联合试运转费为5224万元。

发包人委托监理人对该建设工程项目进行施工阶段的监理服务，并承担勘察、设计、保修等阶段的相关服务（服务内容附后）。

附：发包人委托监理人承担勘察、设计、保修等阶段的相关服务内容：

①勘察阶段：协助编制工业场地的初勘和详勘要求，协助选择勘察单位，协助确定方案，确定勘察工程量，派专业工程师驻施工现场监督勘察工作的实施，协助审核并验收初勘报告。

②编制《矿井施工组织设计》，确定控制性网络计划图表，编制矿、土、安三类工程网络计划图表，确定矿井建设的关键线路，完成相应的施工方法、安全管理、投资计划等工作。

③对设计工作进行协调管理，监督合同履行，审查设计进度计划并监督实施，核查设计深度并优化设计方案，协助审核设计概算。

④保修期为一年，检查和记录工程质量缺陷，监督修复过程并验收。

该工程的建设工程监理与相关服务收费按以下步骤计算：

一、计算施工监理服务收费

施工监理服务收费基准价＝施工监理服务收费基价×专业调整系数×工程复杂程度调整系数×高程调整系数

（一）计算施工监理服务收费计费额

1. 确定工程概算投资额

工程概算投资额 = 建筑安装工程费 + 设备及工器具购置费 + 联合试运转费

= 24855 + 13669 + 8453 + 15285 + 5224

= 67486.00（万元）

2. 确定设备及工器具购置费和联合试运转费占工程概算投资额的比例

（设备及工器具购置费 + 联合试运转费）÷工程概算投资额

=（15285 + 5224）÷67486 = 30.4%

3. 确定施工监理服务收费计费额

因设备购置费和联合试运转费占工程概算投资额的比例未达到40%，故：

施工监理服务收费计费额 = 建筑安装工程费 + 设备购置费 + 联合试运转费

= 24855 + 13669 + 8453 + 15285 + 5224

= 67486.00（万元）

（二）计算施工监理服务收费基价

根据本标准1.0.6之附表二，采用内插法计算

$$施工监理服务收费基价 = 991.4 + \frac{1255.8 - 991.4}{80000 - 60000} \times (67486 - 60000)$$

$$= 1090.36（万元）$$

（三）确定专业调整系数：根据本标准附表三，矿井工程专业调整系数为1.1

（四）确定工程复杂程度调整系数：根据本标准表2.2-1规定，工程复杂程度为Ⅱ级，工程复杂程度调整系数为1.0

（五）确定高程调整系数：本建设工程项目所处位置海拔高程小于2001米，根据本标准1.0.9条规定，高程调整系数为1.0

（六）计算施工监理服务收费基准价

施工监理服务收费基准价 = 施工监理服务收费基价 × 专业调整系数 × 工程复杂程度调整系数 × 高程调整系数 = 1090.36 × 1.1 × 1.0 × 1.0 = 1199.40（万元）

该建设工程项目的施工监理服务收费基准价1199.40万元。若该建设工程项目属于依法必须实行监理的，监理人和发包人在此基础上，根据本标准规定，在上下20%浮动范围内，协商确定该建设工程项目的施工监理服务收费合同额。

二、计算相关服务收费

根据本标准附表四，经双方协商，高级专家的工日费用为1000元/日，高级工程师的工日费用为800元/日，工程师的工日费用为600元/日，助理工程师的工日费用为300元/日，所需工日数见下列各表。

（一）计算勘察阶段服务收费，见下表

岗位＼内容	人数（人）	初勘工日（工日）	详勘工日（工日）	费用标准（元/工日）
高级工程师	1	25	40	800
工　程　师	2	2×40=80	2×60=120	600
助理工程师	1	60	90	300
合　　　计	4	165	250	

勘察阶段服务收费=（25+40）×800+（80+120）×600+（60+90）×300
=217000.00（元）

（二）计算编制矿井施工组织设计服务收费，见下表

岗位＼内容	人数（人）	工作时间（工日）	费用标准（元/工日）
高 级 专 家	1	60	1000
高级工程师	3	3×60=180	800
工　程　师	5	5×70=350	600
助理工程师	5	5×70=350	300
合　　　计	14	940	

编制矿井施工组织设计服务收费=60×1000+180×800+350×600+450×300=519000.00（元）

（三）计算设计阶段服务收费

1. 确定专业人员及工日数

1位高级工程师对设计工作进行协调管理，从初步设计到施工图完成，服务时间为200工日；1位高级工程师监督合同履行，审查设计进度计划并监督实施，服务时间为110工日；1位高级专家和1位高级工程师核查设计深度并优化设计方案，高级专家服务时间为60工日，高级工程师服务时间为90工日；2位工程师协助审核设计概算，服务时间为60工日。计算设计阶段服务收费见下表：

岗位＼内容	人数（人）	工作时间（工日）	费用标准（元/工日）
高 级 专 家	1	60	1000
高级工程师	3	200+110+90=400	800
工　程　师	2	2×30=60	600
合　　　计	6	520	

设计阶段服务收费 = 60 × 1000 + 400 × 800 + 60 × 600 = 416000.00（元）

（四）计算保修阶段服务收费

1. 确定保修阶段服务人员及工日数

本项目保修阶段设矿建监理工程师、土建监理工程师和安装监理工程师各1位，服务时间为630工日。

2. 计算保修阶段服务收费

保修阶段服务收费 = 630 × 600 = 378000.00（元）

相关服务收费总计为：勘察阶段服务收费 + 编制矿井施工组织设计服务收费 + 设计阶段服务收费 + 保修阶段服务收费 = 217000 + 519000 + 416000 + 378000 = 1530000.00（元）

参考案例四：

某新建煤炭矿井，井筒将穿过厚约30m、含水丰富的沙层，地质报告确定本井田地质构造属简单类型，井田水文地质属简单类型，井田含煤4层，储量丰富，煤层具有爆炸危险，属低瓦斯矿井，属易自燃煤层，其他开采技术条件良好。

矿井设计生产能力800万吨/年，为新建特大型矿井，采用主、副斜井，立风井开拓方式，其核心装备是引进一整套现代化回采工作面装备。矿井静态总投资143521万元，其中矿建工程费为17648万元，土建工程费6261万元，安装工程费为10506万元，联合试运转费为360万元，设备及工器具购置费为78087万元。发包人委托监理人对该建设工程项目进行施工阶段的监理服务。施工监理服务收费按以下步骤计算：

一、计算施工监理服务收费计费额

1. 确定工程概算投资额

工程概算投资额 = 建筑安装工程费 + 设备及工器具购置费 + 联合试运转费
= （17648 + 6261 + 10506） + 78087 + 360
= 112862.00（万元）

2. 确定设备及工器具购置费和联合试运转费占工程概算投资额的比例

（设备及工器具购置费 + 联合试运转费）÷ 工程概算投资额
= （78087 + 360） ÷ 112862 = 69.5%

3. 确定施工监理服务收费计费额

设备购置费和联合试运转费占工程概算投资额的比例超过了收费标准1.0.8条规定的40%，则施工监理服务收费计费额应按如下方式确定：

（1）若该建设工程项目的设备购置费和联合试运转费按40%的比例计入计费额

其施工监理服务收费计费额 = 建筑安装工程费 + （设备购置费 + 联合试运转费）× 40%

$$=17648+6261+10506+(78087+360)\times 40\%$$
$$=65793.80\text{（万元）}$$

（2）若建设工程项目 B 的建安工程费与该建设工程项目相同，而设备购置费和联合试运转费等于工程概算投资额的 40%，则 B 项目的施工监理服务收费计费额 = 建筑安装工程费 ÷（1 − 40%）=（17648 + 6261 + 10506）÷（1 − 40%）= 57358.33（万元）

（3）从以上看出，该建设工程项目按（1）式计算出的计费额大于项目 B 的计费额，符合收费标准 1.0.8 条的规定，故取 65793.80 万元为该建设工程项目的施工监理服务收费计费额

二、计算施工监理服务收费基价

根据本标准附表二，采用内插法计算

$$\text{施工监理服务收费基价}=991.4+\frac{1225.8-991.4}{80000-60000}\times(65793.80-60000)$$
$$=1059.30\text{（万元）}$$

三、确定专业调整系数：根据本标准附表三，矿井工程专业调整系数为 1.1

四、确定工程复杂程度调整系数：根据本标准表 2.2－1 规定，本矿井煤层具有爆炸危险，属易自然煤层，工程复杂程度为Ⅱ级，工程复杂程度调整系数为 1.0

五、确定高程调整系数：本建设工程项目所处位置海拔高程小于 2001 米，根据本标准 1.0.9 条规定，高程调整系数为 1.0

六、计算施工监理服务收费基准价

施工监理服务收费基准价 = 施工监理服务收费基价 × 专业调整系数 × 工程复杂程度调整系数 × 高程调整系数 = 1059.30 × 1.1 × 1.0 × 1.0 = 1165.23（万元）

该建设工程项目的施工监理服务收费基准价 1165.23 万元。若该建设工程项目属于依法必须实行监理的，监理人和发包人在此基础上，根据本标准规定，在上下 20% 浮动范围内，协商确定该建设工程项目的施工监理服务收费合同额。

参考案例五：

某煤炭矿井地处冲积平原，地形平坦，地势略呈西高东低形态，局部地形微度起伏，残留缓坡沙丘、沙垄和洼地。区内河渠多为人工挖掘，纵横交错，构成水利系统。井田内 3 煤层埋深约为 −450 ~ −1200m，煤系地层上覆第四系和上第三系表土层（Q + N）厚440 ~ 560m。井筒穿过新生界表土层（Q + N）厚 530m，主要为黄褐、棕黄色粘土质砂、砂质黏土及砂层组成，与下伏地层呈不整合接触。地层下部大部呈半固结、局部未固结状态，黏性及膨胀性较强。地层以黏土和黏土质砂层为主，且自然含水率较低。

矿井设计生产能力为 300 万吨/年，采用立井开拓方式，设主、副、风三个井筒，

其井筒位于同一工业广场内。主井井筒深度916.8米，施工期16个月；副井井筒深度916.8米，施工期21个月；风井井筒井筒深度916.8米，施工期27个月。主、副井井筒表土层段采用冻结法施工，风井井筒表土层采用钻井法施工，三个井筒的巷岩段均采用普通钻爆法施工。主、副、风井总投资：49000万元，其中：主井井筒19000万元；副井井筒18000万元；风井井筒12000万元。发包人委托监理人对三个井筒工程项目进行施工阶段的监理服务。仅计算主井一个井筒工程监理服务费，副井井筒、风井井筒计算方法相同。

主井井筒工程施工监理服务收费按以下步骤计算：

施工监理服务收费基准价＝施工监理服务收费基价×专业调整系数×工程复杂程度调整系数×高程调整系数

一、计算施工监理服务收费计费额

1. 确定工程概算投资额

工程概算投资额＝建筑安装工程费＝19000.00（万元）

2. 确定施工监理服务收费计费额

施工监理服务收费计费额＝19000.00（万元）

二、计算施工监理服务收费基价

根据本标准1.0.6之附表二，采用内插法计算

$$施工监理服务收费基价 = 218.6 + \frac{393.4 - 218.6}{20000 - 10000} \times (19000 - 10000)$$

$$= 375.92（万元）$$

三、确定专业调整系数：根据本标准附表三，矿井工程专业调整系数为1.1

四、确定工程复杂程度调整系数：根据本标准表2.2－1规定，立井井筒深度大于800米，复杂程度为Ⅲ级，工程复杂程度调整系数为1.15

五、确定高程调整系数：本建设工程项目所处位置海拔高程小于2001米，根据本标准1.0.9条规定，高程调整系数为1.0

六、计算施工监理服务收费基准价

施工监理服务收费基准价＝施工监理服务收费基价×专业调整系数×工程复杂程度调整系数×高程调整系数＝375.92×1.1×1.15×1.0＝475.50（万元）

该建设工程项目的施工监理服务收费基准价475.50万元。若该建设工程项目属于依法必须实行监理的，监理人和发包人在此基础上，根据本标准规定，在上下20%浮动范围内，协商确定该建设工程项目的施工监理服务收费合同额。

参考案例六：

某新建煤炭露天矿矿区内主要含水层有三个，第一、二含水层位于矿物顶板之上，

而第三含水层在矿物底板之下。矿物为单层，厚度在20～32m之间，倾角4°～6°，埋深在0～150m。剥离采用轮斗—胶带运输机连续工艺，采矿选用半连续工艺，即采用单斗汽车加半固定式破碎站的形式。

该露天矿生产规模600万吨/年。概算投资94140万元，其中矿建工程费7733万元，土建工程费12279万元，安装工程费6866万元，设备及工器具购置费53172万元，联合试运转费635万元，工程建设其他费用13455万元。矿山建设周期40个月。发包人委托监理人对该建设工程项目进行施工阶段的监理服务。施工监理服务收费按以下步骤计算：

施工监理服务收费基准价＝施工监理服务收费基价×专业调整系数×工程复杂程度调整系数×高程调整系数

一、计算施工监理服务收费计费额

1. 确定工程概算投资额

工程概算投资额＝建筑安装工程费＋设备及工器具购置费＋联合试运转费

＝7733＋12279＋6866＋53172＋635

＝80685.00（万元）

2. 确定设备及工器具购置费和联合试运转费占工程概算投资额的比例

（设备及工器具购置费＋联合试运转费）÷工程概算投资额

＝（53172＋635）÷80685＝66.7%

3. 确定施工监理服务收费计费额

设备购置费和联合试运转费占工程概算投资额的比例超过了收费标准1.0.8条规定的40%，则施工监理服务收费计费额应按如下方式确定：

（1）若该建设工程项目的设备购置费和联合试运转费按40%的比例计入计费额

其施工监理服务收费计费额＝建筑安装工程费＋（设备购置费＋联合试运转费）×40%＝7733＋12279＋6866＋（53172＋635）×40%＝48400.80（万元）

（2）若建设工程项目B的建安工程费与该建设工程项目相同，而设备购置费和联合试运转费等于工程概算投资额的40%，则B项目的施工监理服务收费计费额＝建筑安装工程费÷(1－40%)＝(7733＋12279＋6866)÷(1－40%)＝44796.67(万元)

（3）从以上看出，该建设工程项目按（1）式计算出的计费额大于项目B的计费额，符合收费标准1.0.8条的规定，故取48400.80万元为该建设工程项目的施工监理服务收费计费额

二、计算施工监理服务收费基价

$$施工监理服务收费基价 = 708.2 + \frac{991.4 - 708.2}{60000 - 40000} \times (48400.80 - 40000)$$

$$= 827.16（万元）$$

三、确定专业调整系数：根据本标准附表三，煤炭露天矿专业调整系数为1.1

四、确定工程复杂程度调整系数：根据本标准表2.2－1规定，工程复杂程度为Ⅰ级，工程复杂程度调整系数为0.85

五、确定高程调整系数：本建设工程项目所处位置海拔高程小于2001米，根据本标准1.0.9条规定，高程调整系数为1.0

六、计算施工监理服务收费基准价

施工监理服务收费基准价＝施工监理服务收费基价×专业调整系数×工程复杂程度调整系数×高程调整系数＝827.16×1.1×0.85×1.0＝773.40（万元）

该建设工程项目的施工监理服务收费基准价773.40万元。若该建设工程项目属于依法必须实行监理的，监理人和发包人在此基础上，根据本标准规定，在上下20%浮动范围内，协商确定该建设工程项目的施工监理服务收费合同额。

【原文】 2.2.2 选矿工程

选矿工程复杂程度表 表2.2－2

等级	工程特征
Ⅰ级	1. 新建筛选厂（车间）工程； 2. 处理易选矿石，单一产品及选矿方法的选矿工程。
Ⅱ级	1. 新建和改扩建入洗下限≥25mm选煤厂工程； 2. 两种矿产品及选矿方法的选矿工程。
Ⅲ级	1. 新建和改扩建入洗下限＜25mm选煤厂、水煤浆制备及燃烧应用工程； 2. 两种以上矿产品及选矿方法的选矿工程。

【解释】 本条根据选矿难易程度、产品结构、选矿工艺复杂程度等因素将选矿工程工程复杂程度划分为三级。

工程复杂程度等级Ⅰ级的工程项目主要有以下特征：

1. 新建筛选厂（车间）工程，是指对煤进行筛选加工，生产不同粒级产物的加工厂（车间）工程。

2. 处理易选矿石，单一产品及选矿方法的选矿工程，如各类单一有色硫化矿、砂矿等选矿工程。

工程复杂程度等级Ⅱ级的工程项目主要有以下特征：

1. 新建和改扩建入洗下限≥25mm选煤厂工程，是指新建和改扩建入洗原煤粒度下限大于或等于25mm的，对煤进行分选加工，生产不同质量、规格产品加工厂工程。

2. 两种矿产品及选矿方法的选矿工程，如硫化铅矿、硫化锌矿、硫化铜矿、钼铜矿、轻稀土矿、金红石脉矿等选矿工程。

工程复杂程度等级Ⅲ级的工程项目主要有以下特征：

1. 新建和改扩建入洗下限<25mm选煤厂、水煤浆制备及燃烧应用工程。新建和改扩建入洗下限<25mm选煤厂是指新建和改扩建入洗原煤粒度下限小于25mm的，对煤进行分选加工，生产不同质量、规格产品加工厂工程；水煤浆制备及燃烧应用工程是指水煤浆制备工程、水煤浆燃烧应用工程、煤炭气化工程、型煤工程等其他煤炭工程。

2. 两种以上矿产品及选矿方法的选矿工程，如含铜多金属硫化矿、含钨或含锡的多金属矿、含钨钼矿石、锂、铍、铌钽、稀土脉矿石、铅锌氧化矿、氧化铜矿，含锂、铅或钨、锡钽铌矿石，含多种稀有金属的重砂矿物、铀矿等选矿工程。

参考案例七：

某新建锌矿选矿厂工程，工程包括破碎站、皮带廊及输送机、粗碎车间、筛分车间、中细碎车间、球磨及浮选、精矿脱水、变配电、锅炉房、水池等。工程概算投资3526万元，其中建筑安装工程费为3270万元，设备及工器具购置费4333万元，联合试运转费为260万元。发包人委托监理人对该建设工程项目进行施工阶段的监理服务。施工监理服务收费按以下步骤计算：

施工监理服务收费基准价 = 施工监理服务收费基价 × 专业调整系数 × 工程复杂程度调整系数 × 高程调整系数

一、计算施工监理服务收费计费额

1. 确定工程概算投资额

工程概算投资额 = 建筑安装工程费 + 设备及工器具购置费 + 联合试运转费

= 3270 + 4333 + 260

= 7863.00（万元）

2. 确定设备及工器具购置费和联合试运转费占工程概算投资额的比例

（设备及工器具购置费 + 联合试运转费） ÷ 工程概算投资额

= （4333 + 260） ÷ 7863 = 58.4%

3. 确定施工监理服务收费计费额

设备购置费和联合试运转费占工程概算投资额的比例超过了收费标准1.0.8条规定的40%，则施工监理服务收费计费额应按如下方式确定：

（1）若该建设工程项目的设备购置费和联合试运转费按40%的比例计入计费额，其施工监理服务收费计费额 = 建筑安装工程费 + （设备购置费 + 联合试运转费） × 40% = 3270 + （4333 + 260） × 40% = 5107.20（万元）

（2）若建设工程项目B的建安工程费与该建设工程项目相同，而设备购置费和联合试运转费等于工程概算投资额的40%，则B项目的施工监理服务收费计费额=建筑安装工程费÷（1-40%）=3270÷（1-40%）=5450.00（万元）

（3）从以上看出，该建设工程项目的设备购置费和联合试运转费之和（4593万元）比项目B的设备购置费和联合试运转费之和（5450×40%=2180万元）大，但该建设工程项目按（1）式计算出的计费额却小于项目B的计费额，若取（1）式的计算结果为该建设工程项目的施工监理服务计费额，则不符合本标准1.0.8条的规定

根据本标准1.0.8条的规定，该建设工程项目的施工监理服务收费计费额应不小于5450.00万元，故取5450.00万元为该建设工程项目施工监理服务收费计费额。

二、计算施工监理服务收费基价

根据本标准1.0.6之附表二，采用内插法计算

$$施工监理服务收费基价=120.8+\frac{181-120.8}{8000-5000}\times（5450-5000）$$

$$=129.83（万元）$$

三、确定专业调整系数：根据本标准附表三，锌矿工程专业调整系数为0.9

四、确定工程复杂程度调整系数：根据本标准表2.2-1规定，工程复杂程度为Ⅰ级，工程复杂程度调整系数为0.85

五、确定高程调整系数：本建设工程项目所处位置海拔高程小于2001米，根据本标准1.0.9条规定，高程调整系数为1.0

六、计算监理服务收费基准价

施工监理服务收费基准价=施工监理服务收费基价×专业调整系数×工程复杂程度调整系数×高程调整系数=129.83×0.9×0.85×1=99.32（万元）

该建设工程项目的施工监理服务收费基准价99.32万元。若该建设工程项目属于依法必须实行监理的，监理人和发包人在此基础上，根据本标准规定，在上下20%浮动范围内，协商确定该建设工程项目的施工监理服务收费合同额。

参考案例八：

某煤矿改扩建选煤厂，入洗下限>25mm，采用两种选煤方法选煤，设计能力为400万吨/年，工程概算投资28000万元，其中建筑安装工程费为11420万元，设备及工器具购置费为12000万元，联合试运转费为380万元。发包人委托监理人对该建设工程项目进行施工阶段的监理服务。施工监理服务收费按以下步骤计算：

一、计算施工监理服务收费计费额

1. 确定工程概算投资额

工程概算投资额=建筑安装工程费+设备购置费+联合试运转费

=11420+12000+380=23800.00（万元）

2. 确定设备购置费和联合试运转费占工程概算投资额的比例

（设备购置费+联合试运转费）÷工程概算投资额

=（12000+380）÷23800=52.0%

3. 确定施工监理服务收费的计费额

设备购置费和联合试运转费占工程概算投资额的比例超过了收费标准1.0.8条规定的40%，则施工监理服务收费计费额应按如下方式确定：

（1）若该建设工程项目的设备购置费和联合试运转费按40%的比例计入计费额，其施工监理服务收费计费额=建筑安装工程费+（设备购置费+联合试运转费）×40%=11420+（12000+380）×40%=16372.00（万元）

（2）若建设工程项目B的建安工程费与该建设工程项目相同，而设备购置费和联合试运转费等于工程概算投资额的40%，则B项目的施工监理服务收费计费额=建筑安装工程费÷（1-40%）=11420÷（1-40%）=19033.33（万元）

（3）从以上看出，该建设工程项目的设备购置费和联合试运转费之和（12380万元）比项目B的设备购置费和联合试运转费之和（19033.33×40%=7613.33万元）大，但该建设工程项目按（1）式计算出的计费额却小于项目B的计费额，若取（1）式的计算结果为该建设工程项目的施工监理服务计费额，则不符合本标准1.0.8条的规定

根据本标准1.0.8条的规定，该建设工程项目的施工监理服务收费计费额应不小于19033.33万元，故取19033.33万元为该建设工程项目施工监理服务收费计费额。

二、计算施工监理服务收费基价

$$施工监理服务收费基价=218.6+\frac{393.4-218.6}{20000-10000}\times(19033.3-10000)$$

$$=376.50（万元）$$

三、确定专业调整系数：根据本标准附表三，选煤厂工程专业调整系数为1.0

四、确定工程复杂程度调整系数：根据本标准表2.2-1规定，入洗下限>25mm，工程复杂程度为Ⅱ级；工程复杂程度调整系数为1.0

五、确定高程调整系数：本建设工程项目所处位置海拔高程小于2001米，根据本标准1.0.9条规定，高程调整系数为1.0

六、计算施工监理服务收费基准价

施工监理服务收费基准价=施工监理服务收费基价×专业调整系数×工程复杂程度调整系数×高程调整系数=376.50×1.0×1.0×1.0=376.50（万元）

该建设工程项目的施工监理服务收费基准价376.50万元。若该建设工程项目属于依法必须实行监理的，监理人和发包人在此基础上，根据本标准规定，在上下20%浮

动范围内，协商确定该建设工程项目的施工监理服务收费合同额。

参考案例九：

某新建大型矿井，矿井设计生产能力600万吨/年，采用主、副斜井，立风井开拓方式。施工监理服务由甲、乙、丙三个监理人承担，施工监理服务费分别为520万元、342万元、108万元。发包人委托其中甲监理人作为施工监理服务总负责人，其主要工作内容：矿井矿、土、安三类工程之间的协调，为实现矿井工期目标进行全面统筹协调，对其余两家监理单位起着总协调的作用，根据矿井建设主要矛盾线上工程建设的进展情况和存在问题进行协调，使各监理机构紧紧围绕主要矛盾线及提前出煤工程而作好质量、进度、费用控制、安全生产监督管理、合同、信息等方面的协调管理。

施工监理服务总负责人总体协调费按以下步骤计算：

一、计算施工监理服务收费总额

施工监理服务收费总额＝各监理人施工监理服务收费之和

$=520+342+108=970.00$（万元）

二、确定总负责人总体协调收费比例

根据本标准1.0.12条规定，确定为总负责人总体协调收费比例5.8%。

三、计算施工监理服务总负责人总体协调费

施工监理服务总负责人总体协调费$=970\times5.8\%=56.26$（万元）

甲监理人施工监理服务收费总计$=520+56.26=576.26$（万元）

3 加工冶炼工程

3.1 加工冶炼工程范围

【原文】 适用于机械、船舶、兵器、航空、航天、电子、核加工、轻工、纺织、商物粮、建材、钢铁、有色等各类加工工程，钢铁、有色等冶炼工程。

【解释】 本章适用于机械、船舶、兵器、航空、航天、电子、核加工、轻工、纺织、商物粮、建材、钢铁、有色等各类加工工程及钢铁、有色等冶炼工程施工监理与相关服务的收费。

加工冶炼工程具体类别如下：

1. 机械工程：主要有汽车、电机、锅炉、电器、电材、仪器仪表制造加工厂工程，工程机械、机床、工具、磨料模具、机械基础件制造加工厂工程，矿山、交通、铁道、港口、石油、化工、电力、纺织、医疗、农业、环保、通用及包装等机械制造加工厂工程。

2. 船舶工程：主要有船舶辅机及配套厂、船舶仪器厂、吊车道工程、造船厂、修船厂、坞修车间、船台滑道、船模试验水池、海洋开发工程设备厂、水声设备及水声兵器厂工程，船舶工业特种涂装车间、干船坞等各类加工工程。

3. 兵器工程：包括防化民爆、光电工程；坦克、装甲车辆、枪炮及试验站、试验场、靶场等工程；火药、炸药、弹药及火工品工程，弹箭及引信工程，试验站（塔）及仓库等工程。

4. 航空工程：包括飞机、航空发动机等航空主机、辅机、零部件（组件）、机载设备制造厂工程、试飞机场工程以及各类试（实）验室和试验设施等工程。

5. 航天工程：包括航天产品总装、部装、零部件、试验、测试等工程，及运载火箭、空间飞行器、航天液体发动机、航天固体发动机、航天控制系统、航天微电子等工程。

6. 电子工程：包括电子工业工程和电子系统工程。电子工业工程包括电子整机、电子元器件、电子材料等生产、研发项目工程；电子系统工程是指以电子工程技术为基础，以电子技术产品为主的各类专业性系统工程。

7. 核加工工程：包括核燃料元/组件加工、铀浓缩分离工程、核技术及同位素应用工程。

8. 轻工工程：主要包括制浆造纸、日用机械、日用硅酸盐，日用化学制品、制盐及盐化工、食品、皮革毛皮、塑料原料、家用电器、烟草等加工厂工程。

9. 纺织工程：主要有纺织、印染、服装等加工厂工程。

10. 商物粮工程：是指粮油饲料、果蔬、畜牧水产、种子加工，农、副、水产品等仓储、保鲜、冷藏，制冰厂、屠宰厂等工程。

11. 林产工程：包括人造板、制材、干燥、木材加工等工程。

12. 建材工程：指生产、加工建筑工程所使用非金属材料的生产线及辅助生产设施的工程。

13. 钢铁工程：主要包括烧结球团、炼铁、炼钢、铁合金、轧钢、焦化等冶炼与加工工程。

14. 有色工程：包括重金属、轻金属、稀有金属、稀土、半导体材料、粉末冶金及硬质合金等冶炼与加工工程。

3.2 加工冶炼工程复杂程度

【原文】

加工冶炼工程复杂程度表 表 3.2－1

等级	工程特征
Ⅰ级	1. 一般机械辅机及配套厂工程； 2. 船舶辅机及配套厂，船舶普航仪器厂，吊车道工程； 3. 防化民爆工程，光电工程； 4. 文体用品、玩具、工艺美术品、日用杂品、金属制品厂等工程； 5. 针织、服装厂工程； 6. 小型林产加工工程； 7. 小型冷库、屠宰厂、制冰厂，一般农业（粮食）与内贸加工工程； 8. 普通水泥、砖瓦水泥制品厂工程； 9. 一般简单加工及冶炼辅助单体工程和单体附属工程； 10. 小型、技术简单的建筑铝材、铜材加工及配套工程。
Ⅱ级	1. 试验站（室），试车台，计量检测站，自动化立体和多层仓库工程，动力、空分等站房工程； 2. 造船厂，修船厂，坞修车间，船台滑道，船模试验水池，海洋开发工程设备厂，水声设备及水中兵器厂工程； 3. 坦克装甲车车辆、枪炮工程； 4. 航空装配厂、维修厂、辅机厂，航空、航天试验测试及零部件厂，航天产品部装厂工程； 5. 电子整机及基础产品项目工程，显示器件项目工程；

续表 3.2－1

等级	工程特征
Ⅱ级	6. 食品发酵烟草工程，制糖工程，制盐及盐化工工程，皮革毛皮及其制品工程，家电及日用机械工程，日用硅酸盐工程； 7. 纺织工程； 8. 林产加工工程； 9. 商物粮加工工程； 10. <2000t/d 的水泥生产线，普通玻璃、陶瓷、耐火材料工程，特种陶瓷生产线工程，新型建筑材料工程； 11. 焦化、耐火材料、烧结球团及辅助、加工和配套工程，有色、钢铁冶炼等辅助、加工和配套工程。
Ⅲ级	1. 机械主机制造厂工程； 2. 船舶工业特种涂装车间，干船坞工程； 3. 火炸药及火工品工程，弹箭引信工程； 4. 航空主机厂，航天产品总装厂工程； 5. 微电子产品项目工程，电子特种环境工程，电子系统工程； 6. 核燃料元/组件、铀浓缩、核技术及同位素应用工程； 7. 制浆造纸工程，日用化工工程； 8. 印染工程； 9. ≥2000t/d 的水泥生产线，浮法玻璃生产线； 10. 有色、钢铁冶炼（含连铸）工程，轧钢工程。

【解释】 本条根据工艺及施工、安装的复杂程度、监理服务难易程度、建设规模等因素将加工冶炼工程复杂程度划分为3级。复杂程度为Ⅰ级的工程，是指施工技术及产品结构较简单、生产流程较短的小型工程。复杂程度为Ⅱ级的工程，是指施工技术及产品结构较复杂、生产流程较长、技术含量较高的大、中型加工及冶炼工程，或者施工技术及产品结构复杂的小型加工及冶炼工程。复杂程度为Ⅲ级的工程，是指施工技术及产品结构复杂、施工及安装精度高、自动化程度和技术含量高的大型加工及冶炼工程，或者技术及产品结构特别复杂的中、小型加工及冶炼工程。

工程复杂程度等级Ⅰ级的工程项目主要有以下特征：

1. 一般机械辅机及配套厂工程，主要指小型机械加工通用厂，生产协作件、零部件、配件、标准件的小型机械加工厂工程。

2. 船舶辅机及配套厂包括蓄电池生产等工程；吊车道工程指龙门吊及轨道设施等工程。

3. 防化民爆工程、光电工程，指防化器材、民爆器材及光电产品的生产厂、试验站及辅助配套设施工程。

4. 文体用品、玩具、工艺美术、日用杂品、金属制品厂等工程，是指建设规模较小，其生产工艺、产品结构单一的工程。

5. 针织、服装厂工程，是指建设规模较小，其生产工艺、产品结构单一的纺织、服装厂工程。

6. 小型林产加工工程，是指生产流程短且产品单一，工艺技术简单的一般性林产加工工程。主要包括小规模的锯材、人造板、细木工板、家具、软木制品等加工厂、林产化工工程。

7. 普通水泥厂工程，是指一般小型预热器窑生产线、小型技改、简单扩建或配套工程；砖瓦、水泥制品厂工程，主要指各种砖、瓦、轻质板材及复合墙体材料、水泥制品生产线工程等。

8. 一般简单加工及冶炼辅助单体工程和单体附属工程，主要是指加工技术简单、生产流程较短的小型工程。

工程复杂程度等级为Ⅱ级的工程项目主要有以下特征：

1. 试验站（室）、试车台、计量检测站、自动化立体和多层仓库工程，动力、空分等站房工程，主要指一般机械工程中的计量检测站、动力、空分等单项工程，自动化主体和多层仓库工程，以及中小型试验站（室）、试车台等工程。

2. 造船厂包括堆料场、预处理、切割加工、分段装焊、分段船体翻身场、舾装车间、模块集配、主机预组装等工程；海洋开发工程设备厂包括自升式钻井平台、半潜式钻井平台、水声设备声纳、消声等工程；水中兵器厂工程包括鱼雷、水雷等工程。

3. 坦克装甲车车辆、枪炮工程，是指制造、总装、部装、试验等工程，坦克装甲车辆高、低温、潜水试验，试验场、靶场等工程。

4. 航空装配厂、维修厂、辅机厂，航空试验测试及零部件厂工程，主要是指各类飞机装配、修理、飞机气动力学研究试验、航空发动机制造、航空发动机研究、发动机预先研究试验及试飞机场等工程。

5. 航天产品部装厂、航天试验测试及零部件厂工程主要是指各类航天部装、试验测试、热加工、特种加工、航天材料、表面处理、航天微电子等工程。

6. 电子整机生产工程指生产电子终端产品的装配项目工程，电子基础产品项目工程包括电子元器件、电子材料生产项目工程，显示器件项目工程是电子元器件生产项目的主要内容之一。

7. 食品发酵烟草工程、制糖工程、制盐及盐化工工程、皮革毛皮及其制品工程、家电及日用机械工程、日用硅酸盐工程，是指工艺产品较复杂、建设规模较大的工程。

8. 林产加工工程是指生产流程较长、采用连续化作业、工艺技术要求高的工程。

主要包括大、中型规模的锯材、集成材、成积材、家具、人造板、林产化工及副产品工程。

9. <2000t/d 的水泥生产线工程是指小于 2000t/d 水泥熟料生产线及年产小于 60 万吨的水泥粉磨站工程；普通玻璃、陶瓷、耐火材料工程，特种陶瓷生产线工程，新型建筑材料工程，主要指生产工艺较复杂、建设规模较大的工程。

10. 焦化、耐火、烧结球团及辅助、加工和配套工程，钢铁冶炼等辅助、加工和配套工程，主要是指冶炼、炼铁、炼钢（含连铸）、轧钢等主体工程的配套工程，且生产工艺及产品结构技术较复杂、或生产流程较长、技术含量较高。包括高炉能源介质配套工程和公辅设施工程。

11. 有色冶炼、辅助、加工及配套工程，主要是指加工单一品种、采用小规模独立火法或湿法工艺的工程，包括有色金属铸锭厂、铸棒厂，再生铅、普通电炉炼锌工程，采用独立精炼的电解工程。

工程复杂程度等级为Ⅲ级的工程项目主要有以下特征：

1. 机械主机制造厂工程，主要是指各类机械产品、装备主机厂。包括汽车工业主机厂、发电机主机厂、汽轮机主机厂等。

2. 干船坞工程是指坞室、坞门、坞首、灌排水系统及附属设施等工程。

3. 火炸药及火工品工程是指生产、加工、熔化、注装火炸药等项目工程；弹箭引信工程是指生产及装配弹箭、引信工程的生产线等工程。

4. 航空主机厂工程主要是指各类飞机及机载设备制造厂等工程；航天产品总装厂工程主要是指各类航天总装等工程。

5. 微电子产品项目工程指微电子生产、测试项目工程。电子特种环境工程指高洁净度、电磁屏蔽、防静电、防微振、防辐射、恒温恒湿、消声等要求的工程，生产需要特殊工艺要求的项目工程。电子系统工程是指以电子工程技术为基础，以电子技术产品为主的各类专业性系统工程。

6. 核燃料元/组件、铀浓缩、核技术及同位素应用工程是指核燃料元（组）加工厂、铀浓缩分离厂等均具有放射性和化学毒物及核安全临界要求、需要进行辐射防护等特殊处理要求的工程，包括加速器和辐照装置。

7. 制浆造纸工程是指纸浆、机械浆、机制纸板、加工纸、纸制品、造纸用网等工程；日用化工工程包括液蜡、烷基苯、三聚磷酸钠、精细化工、脂肪醇、甘油、各类日用化学品等工程。

8. ≥2000t/d 的水泥生产线，浮法玻璃生产线工程，是指 2000t/d 及以上干法窑外分解水泥熟料生产线、配套余热发电工程、年产 60 万吨及以上的水泥粉磨站工程，以及浮法玻璃生产线工程。

9. 有色、钢铁冶炼（含连铸）工程，轧钢工程，是指有色冶炼加工、炼铁、炼钢

（含连铸）、轧钢等主体生产线工程。

参考案例一：

某配电柜制造厂新建工程项目，有配电柜总装配工业厂房 2.4 万平方米（部分为空调车间）、变电所、空压站、冰蓄冷制冷站房、泵房、锅炉房、办公楼及有关配套设施，工程建设地点海拔高程为 20.50 米。建设项目总投资为 19000 万元，其中：建筑安装工程费 7400 万元，设备购置费 480 万元，联合试运转费 120 万元。发包人委托监理人对该建设工程项目提供施工阶段的质量控制和安全生产监督管理服务。施工阶段的质量控制和安全生产监督管理服务收费按以下步骤计算：

施工监理服务收费基准价 = 施工监理服务收费基价 × 专业调整系数 × 工程复杂程度调整系数 × 高程调整系数

一、计算施工监理服务收费计费额

1．确定工程概算投资额

工程概算投资额 = 建筑安装工程费 + 设备购置费 + 联合试运转费

= 7400 + 480 + 120 = 8000.00（万元）

2．确定设备购置费和联合试运转费占工程概算投资额的比例

（设备购置费 + 联合试运转费）÷ 工程概算投资额 =（480 + 120）÷ 8000 = 7.5%

3．确定施工监理服务收费的计费额

因设备购置费和联合试运转费占工程概算投资额的比例未达到 40%，故：

施工监理服务收费计费额 = 建筑安装工程费 + 设备购置费 + 联合试运转费

= 7400 + 480 + 120 = 8000.00（万元）

二、计算施工监理服务收费基价

根据本标准附表二，施工监理服务收费基价 = 181.00（万元）

三、确定专业调整系数：根据本标准附表三，各类加工工程专业调整系数为 1.0

四、确定工程复杂程度调整系数：根据本标准表 3.2－1，配电柜制造厂工程项目工程复杂程度为Ⅰ级，工程复杂程度调整系数为 0.85

五、确定高程调整系数：该工程建设地点海拔高程为 20.50 米，小于 2001 米，根据本标准 1.0.9 条规定，高程调整系数为 1.0

六、计算施工监理服务收费基准价

施工监理服务收费基准价 = 施工监理服务收费基价 × 专业调整系数 × 工程复杂程度调整系数 × 高程调整系数 = 181.00 × 1.0 × 0.85 × 1.0 = 153.85（万元）

若该建设工程项目属于依法必须实行监理的，监理人和发包人应在此基础上，根据本标准规定，在上下 20% 浮动范围内，协商确定该建设工程项目的施工监理服务收费合同额。根据本标准 1.0.10 规定，监理人只承担施工阶段的质量控制和安全生产监督

管理服务，其施工监理服务收费额不宜低于施工监理服务收费的70%。

参考案例二：

某新建大型船舶建造设施工程——船体联合加工工场：建筑面积114244.16平方米，建筑物（长×宽）为983米×（45米×3+39米×3），设置6台等离子切割机，6台1000KN液压滚板切割机，多台半门吊，20~200t桥式吊车200台。其中，建筑安装工程费为13500万元，设备购置费23265万元，联合试运转费235万元。发包人委托监理人对该建设工程项目进行施工阶段的监理服务，同时委托监理人协助发包人负责设备采购监造服务工作（具体要求附后）。

附：发包人对设备采购监造服务的要求：设备采购及监造工作共历时5个月，发包人需要监理人派两名机械专业高级工程师、一名电气专业工程师和一名具有采购经验的专家提供设备采购及监造过程的质量、进度、费用的控制管理，安全生产监督管以及合同、信息等方面协调管理。

施工监理服务收费和其他阶段相关服务收费按以下步骤计算：

一、计算施工监理服务收费

施工监理服务收费基准价＝施工监理服务收费基价×专业调整系数×工程复杂程度调整系数×高程调整系数

（一）计算施工监理服务收费计费额

1. 确定工程概算投资额

工程概算投资额＝建筑安装工程费＋设备购置费＋联合试运转费

＝13500＋23265＋235＝37000.00（万元）

2. 确定设备购置费和联合试运转费占工程概算投资额的比例

（设备购置费＋联合试运转费）÷工程概算投资额＝（23265＋235）÷37000＝63.5%

3. 确定施工监理服务收费的计费额

设备购置费和联合试运转费占工程概算投资额的比例超过了收费标准1.0.8规定的40%，则施工监理服务收费计费额应按如下方式确定：

（1）若该建设工程项目的设备购置费和联合试运转费按40%的比例计入计费额

其施工监理服务收费计费额＝建筑安装工程费＋（设备购置费＋联合试运转费）×40%

＝13500＋（23265＋235）×40%＝22900.00（万元）

（2）若建设工程项目B的建筑安装工程费与该建设工程项目的建筑安装工程费相同，而设备购置费和联合试运转费等于工程概算投资额的40%，则B项目的施工监理服务收费计费额＝建筑安装工程费÷（1－40%）＝13500÷（1－40%）＝22500.00（万元）

(3) 从以上看出，该建设工程项目按（1）式计算出的计费额大于项目 B 的计费额，符合收费标准 1.0.8 条的规定，故取 22900.00 万元为该建设工程项目的施工监理服务收费计费额

（二）计算施工监理服务收费基价

根据本标准附表二，采用内插法计算

$$施工监理服务收费基价 = 393.4 + \frac{708.2 - 393.4}{40000 - 20000} \times (22900 - 20000)$$

$$= 439.05（万元）$$

（三）确定专业调整系数：根据本标准附表三，船舶水工工程专业调整系数为 1.0

（四）确定工程复杂程度调整系数：根据本标准表 3.2－1，船舶建造工业属于Ⅱ级，工程复杂程度调整系数为 1.0

（五）确定高程调整系数：本建设工程项目所处位置海拔高程小于 2001 米，根据本标准 1.0.9 条规定，高程调整系数为 1.0

（六）计算施工监理服务收费基准价

施工监理服务收费基准价＝施工监理服务收费基价×专业调整系数×工程复杂程度调整系数×高程调整系数＝439.05×1.0×1.0×1.0＝439.05（万元）

该建设工程项目的施工监理服务收费基准价 439.05 万元。若该建设工程项目属于依法必须实行监理的，监理人和发包人应在此基础上，根据本标准规定，在上下 20% 浮动范围内，协商确定该建设工程项目的施工监理服务收费合同额。

二、计算其他相关服务收费

（一）确定设备采购及监造服务工作的人员工日

按照发包人提出的对监理人负责设备采购及监造工作的要求，经测算并与发包人协商，提供其他相关服务的人员工日为：机械专业高级工程师 2×50＝100（工日），电气专业工程师 1×30＝30（工日），采购方面的专家 1×10＝10（工日）。

（二）确定设备采购及监造服务工作的工日费用标准

按本标准附表四，并经监理人和发包人协商，高级工程师及采购专家费用标准为 1000 元/人工日，工程师费用标准为 700 元/人工日

（三）计算设备采购及监造服务工作的服务收费

计算其他相关服务收费＝100×1000＋30×700＋10×1000＝131000（元）＝13.10（万元）

参考案例三：

某装甲车工程项目（技术改造及改扩建）拆除部分原有建筑，改造旧厂房，扩建两跨（24 米跨度）厂房，变配电所、锅炉房及有关的配套设施，总投资为 4600 万元，

建筑安装工程费2800万元，设备购置费及联合试运转费1100万元，工程所在地海拔高程为1031米，发包人委托监理人对该建设工程项目进行施工阶段的监理服务。施工监理服务收费按以下步骤计算：

施工监理服务收费基准价 = 施工监理服务收费基价 × 专业调整系数 × 工程复杂程度调整系数 × 高程调整系数

一、计算施工监理服务收费计费额

1. 确定工程概算投资额

工程概算投资额 = 建筑安装工程费 + 设备购置费 + 联合试运转费

= 2800 + 1100 = 3900.00（万元）

2. 确定设备购置费和联合试运转费占工程概算投资额的比例

（设备购置费 + 联合试运转费）÷ 工程概算投资额 = 1100 ÷ 3900 = 28.2%

3. 确定施工监理服务收费的计费额

因设备购置费和联合试运转费占工程概算投资额的比例未达到40%，故：

施工监理服务收费计费额 = 建筑安装工程费 + 设备购置费 + 联合试运转费

= 2800 + 1100 = 3900.00（万元）

二、计算施工监理服务收费基价

根据本标准附表二，采用内插法计算

$$施工监理服务收费基价 = 78.1 + \frac{120.8 - 78.1}{5000 - 3000} \times (3900 - 3000)$$

$$= 97.32（万元）$$

三、确定专业调整系数：根据本标准附表三，各类加工工程专业调整系数为1.0

四、确定工程复杂程度调整系数：根据本标准表3.2-1规定，装甲车工程复杂程度属于Ⅱ级，工程复杂程度调整系数为1.0

五、确定高程调整系数：本建设工程项目所处位置海拔高程小于2001米，根据本标准1.0.9条规定，高程调整系数为1.0

六、计算施工监理服务收费基准价

施工监理服务收费基准价 = 施工监理服务收费基价 × 专业调整系数 × 工程复杂程度调整系数 × 高程调整系数 = 97.32 × 1.0 × 1.0 × 1.0 = 97.32（万元）

该建设工程项目的施工监理服务收费基准价97.32万元。该建设工程项目属于依法必须实行监理的，监理人和发包人应在此基础上，根据本标准规定，在上下20%浮动范围内，协商确定该建设工程项目的施工监理服务收费合同额。

参考案例四：

某新建兵工厂注装药生产线，建筑面积8906平方米，项目概算总投资2672万元，其中建筑安装工程费820万元，设备购置费1034万元，联合试运转费46万元，建设地点海拔高程为1567米，发包人委托监理人对该建设工程项目进行施工阶段的监理服务，以及提供该工程勘察阶段、设计阶段和保修阶段的相关技术服务（具体要求附后）。

附：发包人委托监理人提供该工程勘察阶段、设计阶段和保修阶段相关服务具体要求

1. 勘察阶段、设计阶段：需要监理人派一名火化工专业高级专家和一名机械专业工程师协助业主编制勘察要求，核查勘察方案并参与勘察成果验收；编制设计要求，组织评选设计方案，核查设计大纲和设计深度，并协助审核设计概算。

2. 保修阶段：需要监理人派一名火化工专业高级技术职称人员和一名中级职称人员在现场提供保修服务。

施工监理服务收费和其他阶段相关服务收费按以下步骤计算：

一、计算施工监理服务收费

施工监理服务收费基准价 = 施工监理服务收费基价 × 专业调整系数 × 工程复杂程度调整系数 × 高程调整系数

（一）计算施工监理服务收费计费额

1. 确定工程概算投资额

工程概算投资额 = 建筑安装工程费 + 设备购置费 + 联合试运转费

= 820 + 1034 + 46 = 1900.00（万元）

2. 确定设备购置费和联合试运转费占工程概算投资额的比例

（设备购置费 + 联合试运转费）÷ 工程概算投资额 =（1034 + 46）÷ 1900 = 56.8%

3. 确定施工监理服务收费的计费额

设备购置费和联合试运转费占工程概算投资额的比例超过了收费标准1.0.8条规定的40%，则施工监理服务收费计费额应按如下方式确定：

（1）若该建设工程项目的设备购置费和联合试运转费按40%的比例计入计费额，其施工监理服务收费计费额 = 建筑安装工程费 +（设备购置费 + 联合试运转费）× 40% = 820 +（1034 + 46）× 40% = 1252.00（万元）

（2）若建设工程项目B的建筑安装工程费与该建设工程项目的建筑安装工程费相同，而设备购置费和联合试运转费等于工程概算投资额的40%，则B项目的施工监理服务收费计费额 = 建筑安装工程费 ÷（1 − 40%）= 820 ÷（1 − 40%）= 1366.67（万元）

（3）从以上看出，该建设工程项目的设备购置费和联合试运转费之和（1080万元）比项目B的设备购置费和联合试运转费之和（1366.67 × 40% = 546.67万元）大，但该建设工程项目按（1）式计算出的计费额却小于项目B的计费额，若取（1）式的计算结果为该建设工程项目的施工监理服务计费额，则不符合本标准1.0.8条的规定

根据本标准1.0.8条的规定，该建设工程项目的施工监理服务收费计费额应不小于1366.67万元，故取1366.67万元为该建设工程项目施工监理服务收费计费额。

（二）计算施工监理服务收费基价

根据本标准附表二，采用内插法计算

$$施工监理服务收费基价 = 30.1 + \frac{78.1 - 30.1}{3000 - 1000} \times (1366.67 - 1000)$$

$$= 38.90（万元）$$

（三）确定专业调整系数：根据本标准附表三，各类加工工程专业调整系数为1.0

（四）确定工程复杂程度调整系数：根据本标准表3.2－1规定，兵工厂注装药生产线属于Ⅲ级，工程复杂程度调整系数为1.15

（五）确定高程调整系数：本建设工程项目所处位置海拔高程小于2001米，根据本标准1.0.9条规定，高程调整系数为1.0

（六）计算施工监理服务收费基准价

施工监理服务收费基准价＝施工监理服务收费基价×专业调整系数×工程复杂程度调整系数×高程调整系数＝38.90×1.0×1.15×1.0＝44.74（万元）

该建设工程项目的施工监理服务收费基准价44.74万元，监理人和发包人在此基础上，根据本标准规定，在上下20%浮动范围内，协商确定该建设工程项目的施工监理服务收费合同额。因本工程施工技术难度较大，施工条件艰苦，处于危险环境中，监理人和发包人协商同意上浮20%，确定该建设工程项目的施工监理服务收费合同额。

（七）施工监理服务收费合同额＝44.74×（1＋20%）＝53.69（万元）

二、计算其他相关服务收费

（一）确定勘察、设计阶段及保修阶段服务工作的人员工日

按照发包人提出的要求，经测算并与发包人协商，提供其他相关服务的人员工日为：

勘察、设计阶段：火化工专业高级专家1×29＝29（工日）

机械专业工程师1×25＝25（工日）

保修阶段：火化工专业高级技术职称人员1×8＝8（工日）

中级技术职称人员1×8＝8（工日）

（二）确定勘察、设计阶段及保修阶段服务工作的工日费用标准

按本标准附表四，并经监理人和发包人协商，高级专家费用标准为1200元/人工日，高级工程师费用标准为900元/人工日，工程师费用标准为700元/人工日

（三）计算勘察、设计阶段及保修阶段服务工作的收费

计算其他相关服务收费 = 29 × 1200 + 25 × 700 + 8 × 900 + 8 × 700

= 65100（元）= 6.51（万元）

参考案例五：

某新建低速增压风洞试验厂房，工程概算投资 6800 万元，其中建筑安装工程费 2435 万元，设备购置费 1600 万元，联合试运转费 102 万元。发包人委托监理人对该建设工程项目进行施工阶段的监理服务。施工监理服务收费按以下步骤计算：

施工监理服务收费基准价 = 施工监理服务收费基价 × 专业调整系数 × 工程复杂程度调整系数 × 高程调整系数

一、计算施工监理服务收费计费额

1. 确定工程概算投资额

工程概算投资额 = 建筑安装工程费 + 设备购置费 + 联合试运转费

= 2435 + 1600 + 102 = 4137.00（万元）

2. 确定设备购置费和联合试运转费占工程概算投资额的比例

（设备购置费 + 联合试运转费）÷ 工程概算投资额 = （1600 + 102）÷ 4137 = 41.1%

3. 确定施工监理服务收费的计费额

设备购置费和联合试运转费占工程概算投资额的比例超过了收费标准 1.0.8 条规定的 40%，则施工监理服务收费计费额应按如下方式确定：

（1）若该建设工程项目的设备购置费和联合试运转费按 40% 的比例计入计费额，

其施工监理服务收费计费额 = 建筑安装工程费 + （设备购置费 + 联合试运转费）× 40% = 2435 + （1600 + 102）× 40% = 3115.80（万元）

（2）若建设工程项目 B 的建筑安装工程费与该建设工程项目的建筑安装工程费相同，而设备购置费和联合试运转费等于工程概算投资额的 40%，则 B 项目的施工监理服务收费计费额 = 建筑安装工程费 ÷ （1 − 40%）= 2435 ÷ （1 − 40%）= 4058.33（万元）

（3）从以上看出，该建设工程项目的设备购置费和联合试运转费之和（1702 万元）比项目 B 的设备购置费和联合试运转费之和（4058.33 × 40% = 1623.33 万元）大，但该建设工程项目按（1）式计算出的计费额却小于项目 B 的计费额，若取（1）式的计算结果为该建设工程项目的施工监理服务计费额，则不符合本标准 1.0.8 条的规定

根据本标准 1.0.8 条的规定，该建设工程项目的施工监理服务收费计费额应不小于 4058.33 万元，故取 4058.33 万元为该建设工程项目施工监理服务收费计费额。

二、计算施工监理服务收费基价

根据本标准附表二，采用内插法计算

$$施工监理服务收费基价 = 78.1 + \frac{120.8 - 78.1}{5000 - 3000} \times (4058.33 - 3000)$$

$$= 100.70（万元）$$

三、确定专业调整系数：根据本标准附表三，各类加工工程的专业调整系数为1.0

四、确定工程复杂程度调整系数：根据本标准表3.2－1规定，该项目属于飞机发动机试验设施，工程复杂程度属于Ⅱ级，工程复杂程度调整系数为1.0

五、确定高程调整系数：本建设工程项目所处位置海拔高程小于2001米，根据本标准1.0.9条规定，高程调整系数为1.0

六、计算施工监理服务收费基准价

施工监理服务收费基准价＝施工监理服务收费基价×专业调整系数×工程复杂程度调整系数×高程调整系数＝100.70×1.0×1.0×1.0＝100.70（万元）

该建设工程项目的施工监理服务收费基准价100.70万元。若该建设工程项目属于依法必须实行监理的，监理人和发包人应在此基础上，根据本标准规定，在上下20%浮动范围内，协商确定该建设工程项目的施工监理服务收费合同额。

参考案例六：

某新建民航机场民航专业系统工程，包括航站楼信息管理系统、离港系统、综合布线系统、网络系统、广播系统、安防系统、时钟系统、航班动态显示系统、闭路电视系统、航站楼内通信系统、楼宇自控系统、安检信息集成系统、相关弱电附属配套系统以及行李分拣控制系统、登机桥监控系统等。工程建筑面积约16万平方米，实施周期26个月。项目预算投资14000万元人民币，其中设备安装工程费1100万元，设备购置费和联合试运转费共12900万元。监理范围包括施工安装、系统测试阶段的施工监理服务，并进行前期调研、招标采购、深化设计阶段的技术咨询服务，运维保修阶段的保修服务，以及与监理范围内各系统相关的土建预留预埋工程（其工程费用不含在本项目预算投资中）的监理服务。施工监理服务收费和其他阶段相关服务收费按以下步骤计算：

一、计算施工监理服务（施工安装、系统测试阶段）收费

施工监理服务收费基准价＝施工监理服务收费基价×专业调整系数×工程复杂程度调整系数×高程调整系数

（一）计算施工监理服务收费计费额

1．确定工程概算投资额

工程概算投资额＝建筑安装工程费＋设备购置费＋联合试运转费

＝1100＋12900＝14000.00（万元）

2．确定设备购置费和联合试运转费占工程概算投资额的比例

（设备购置费 + 联合试运转费）÷工程概算投资额 = 12900 ÷ 14000 = 92.1%

3. 确定施工监理服务收费的计费额

设备购置费和联合试运转费占工程概算投资额的比例超过了收费标准 1.0.8 条规定的 40%，则施工监理服务收费计费额应按如下方式确定：

（1）若该建设工程项目的设备购置费和联合试运转费按 40% 的比例计入计费额

其施工监理服务收费计费额 = 建筑安装工程费 +（设备购置费 + 联合试运转费）×40% = 1100 + 12900 ×40% = 6260.00（万元）

（2）若建设工程项目 B 的建筑安装工程费与该建设工程项目的建筑安装工程费相同，而设备购置费和联合试运转费等于工程概算投资额的 40%，则 B 项目的施工监理服务收费计费额 = 建筑安装工程费 ÷（1 − 40%）= 1100 ÷（1 − 40%）= 1833.33（万元）

（3）从以上看出，该建设工程项目按（1）式计算出的计费额大于项目 B 的计费额，符合收费标准 1.0.8 条的规定，故取 6260.00 万元为该建设工程项目的施工监理服务收费计费额

（二）计算施工监理服务收费基价

根据本标准附表二，采用内插法计算

$$施工监理服务收费基价 = 120.8 + \frac{181 - 120.8}{8000 - 5000} \times (6260 - 5000)$$

$$= 146.08（万元）$$

（三）确定专业调整系数：根据本标准附表三，各类加工工程的专业调整系数为 1.0

（四）确定工程复杂程度调整系数：根据本标准表 3.2 − 1 规定，该项目属于电子系统工程，工程复杂程度属于Ⅲ级，工程复杂程度调整系数为 1.15

（五）确定高程调整系数：该建设工程项目所处位置海拔高程小于 2001 米，根据本标准 1.0.9 条规定，高程调整系数为 1.0

（六）计算施工监理服务收费基准价

施工监理服务收费基准价 = 施工监理服务收费基价 × 专业调整系数 × 工程复杂程度调整系数 × 高程调整系数 = 146.08 ×1.0 ×1.15 ×1.0 = 167.99（万元）

该建设工程项目的施工监理服务收费基准价 167.99 万元，监理人和发包人在此基础上，根据本标准规定，在上下 20% 浮动范围内，协商确定该建设工程项目的施工监理服务收费合同额。因该项目为专业性很强的电子系统工程，且工期较长，经监理人和发包人协商同意上浮 20%，确定该建设工程项目的施工监理服务收费合同额。

（七）施工监理服务收费合同额 = 167.99 ×（1 + 20%）= 201.59（万元）

二、计算其他相关服务收费

（一）确定其他相关服务的人员工日

按照发包人提出的要求，经测算并与发包人协商，提供其他相关服务的人员工日为：

1. 前期调研、招标采购、深化设计阶段：1名民航专业系统工程的专家、1名计算机及网络系统工程专家、1名弱电工程专家、1名具有招标采购经验的造价专家、1名行政人员全程提供咨询服务，专家共4×132＝528（工日），行政人员1×176＝176（工日）

2. 运维保修阶段阶段：1名计算机及网络系统工程师、1名弱电工程师、1名造价工程师、1名行政人员在现场提供保修服务，各提供66个工日，即工程师3×66＝198（工日），行政人员1×66＝66（工日）

3. 土建预留预埋工程阶段：1名弱电工程师和1名弱电工程监理员在现场提供服务，各提供100个工日，即工程师1×100＝100（工日），监理员1×100＝100（工日）

（二）确定其他相关阶段服务工作的工日费用标准

按本标准附表四，并经监理人和发包人协商，专家费用标准为1100元/人工日，工程师费用标准为700元/人工日，行政人员与监理员费用标准均为500元/人工日。

（三）计算前期调研、招标采购、深化设计阶段、运维保修阶段及土建预留预埋工程阶段服务工作的收费

1. 前期调研、招标采购、深化设计阶段的咨询服务收费为

528×1100＋176×500＝668800（元）＝66.88（万元）

2. 运维保修阶段咨询服务收费为

198×700＋66×500＝171600（元）＝17.16（万元）

3. 土建预留预埋监理服务收费为

100×700＋100×500＝120000（元）＝12.00（万元）

4. 其他相关服务收费＝66.88＋17.16＋12.00＝96.04（万元）

注：监理人为本工程提供咨询服务所发生的差旅费用由发包人实报实销。

参考案例七：

某新建造纸厂工程为年产涂布白卡纸板30万吨板纸车间；年产杨木化机浆10万吨备料、磨浆车间；污水处理站一座；办公楼等配套设施工程。该工程位于甘肃省中卫地区，海拔高程为2115米。项目工程概算437000万元，其中：建筑安装工程费112500万元，设备购置费254300万元，联合试运转费3063万元。发包人委托监理人对该建设工程项目进行施工阶段的监理服务。施工监理服务收费按以下步骤计算：

施工监理服务收费基准价＝施工监理服务收费基价×专业调整系数×工程复杂程度调整系数×高程调整系数

一、计算施工监理服务收费计费额

1．确定工程概算投资额

工程概算投资额＝建筑安装工程费＋设备购置费＋联合试运转费

＝112500＋254300＋3063＝369863.00（万元）

2．确定设备购置费和联合试运转费占工程概算投资额的比例

（设备购置费＋联合试运转费）÷工程概算投资额＝（254300＋3063）÷369863＝69.6%

3．确定施工监理服务收费的计费额

设备购置费和联合试运转费占工程概算投资额的比例超过了收费标准1.0.8条规定的40%，则施工监理服务收费计费额应按如下方式确定：

（1）若该建设工程项目的设备购置费和联合试运转费按40%的比例计入计费额，

其施工监理服务收费计费额＝建筑安装工程费＋（设备购置费＋联合试运转费）×40%＝112500＋（254300＋3063）×40%＝215445.20（万元）

（2）若建设工程项目B的建筑安装工程费与该建设工程项目建筑安装工程费相同，而设备购置费和联合试运转费等于工程概算投资额的40%，则B项目的施工监理服务收费计费额＝建筑安装工程费÷（1－40%）＝112500÷（1－40%）＝187500.00（万元）

（3）从以上看出，该建设工程项目按（1）式计算出的计费额大于项目B的计费额，符合收费标准1.0.8条的规定，故取215445.20万元为该建设工程项目的施工监理服务收费计费额

二、计算施工监理服务收费基价

根据本标准附表二，采用内插法计算

$$施工监理服务收费基价 = 2712.5 + \frac{4882.6 - 2712.5}{400000 - 200000} \times (215445.20 - 200000)$$

$$= 2880.09（万元）$$

三、确定专业调整系数：根据本标准附表三，加工冶炼工程中的各种加工工程专业调整系数为1.0

四、确定工程复杂程度调整系数：根据加工冶炼工程复杂程度表表3.2－1规定，制浆造纸工程的工程复杂程度属于Ⅲ级，工程复杂程度调整系数为1.15

五、确定高程调整系数：本建设工程项目所处位置海拔高程为2115米，根据本标准1.0.9条规定，高程调整系数为1.1

六、计算施工监理服务收费基准价

施工监理服务收费基准价＝施工监理服务收费基价×专业调整系数×工程复杂程度调整系数×高程调整系数＝2880.09×1.0×1.15×1.1＝3643.31（万元）

该建设工程项目的施工监理服务收费基准价3643.31万元。若该建设工程项目属于

依法必须实行监理的，监理人和发包人应在此基础上，根据本标准规定，在上下20%浮动范围内，协商确定该建设工程项目的施工监理服务收费合同额。

参考案例八：

某新建2500t/d新型干法水泥熟料生产线建设工程，工程建设范围从石灰石预均化堆场到水泥熟料储存及熟料汽车、火车散装为止的工艺生产线及配套辅助生产系统工程。该工程平均海拔高程92米，建筑安装工程费9482万元，设备购置费12172万元，联合试运转费104万元。发包人委托监理人对该建设工程项目进行施工阶段的监理服务。施工监理服务收费按以下步骤计算：

施工监理服务收费基准价 = 施工监理服务收费基价 × 专业调整系数 × 工程复杂程度调整系数 × 高程调整系数

一、计算施工监理服务收费计费额

1. 确定工程概算投资额

工程概算投资额 = 建筑安装工程费 + 设备购置费 + 联合试运转费

= 9482 + 12172 + 104 = 21758.00（万元）

2. 确定设备购置费和联合试运转费占工程概算投资额的比例

（设备购置费 + 联合试运转费）÷工程概算投资额 = （12172 + 104）÷21758 = 56.4%

3. 确定施工监理服务收费的计费额

设备购置费和联合试运转费占工程概算投资额的比例超过了收费标准1.0.8条规定的40%，则施工监理服务收费计费额应按如下方式确定：

（1）若该建设工程项目的设备购置费和联合试运转费按40%的比例计入计费额，其施工监理服务收费计费额 = 建筑安装工程费 + （设备购置费 + 联合试运转费）× 40% = 9482 + （12172 + 104）×40% = 14392.40（万元）

（2）若建设工程项目B的建筑安装工程费与该建设工程项目的建筑安装工程费相同，而设备购置费和联合试运转费等于工程概算投资额的40%，则B项目的施工监理服务收费计费额 = 建筑安装工程费÷（1 - 40%）= 9482÷（1 - 40%）= 15803.33（万元）

（3）从以上看出，该建设工程项目的设备购置费和联合试运转费之和（12276万元）比项目B的设备购置费和联合试运转费之和（15803×40% = 6321.33万元）大，但该建设工程项目按（1）式计算出的计费额却小于项目B的计费额，若取（1）式的计算结果为该建设工程项目的施工监理服务计费额，则不符合本标准1.0.8条的规定

根据本标准1.0.8条的规定，该建设工程项目的施工监理服务收费计费额应不小于15803.33万元，故取15803.33万元为该建设工程项目施工监理服务收费计费额。

二、计算施工监理服务收费基价

根据本标准附表二，采用内插法计算

$$施工监理服务收费基价 = 218.6 + \frac{393.4 - 218.6}{20000 - 10000} \times (15803.33 - 10000)$$
$$= 320.04（万元）$$

三、确定专业调整系数：根据本标准附表三，冶炼工程专业调整系数为0.9

四、确定工程复杂程度调整系数：根据加工冶炼工程复杂程度表（表3.2-1），≥2000t/d水泥生产线属于Ⅲ级，工程复杂程度调整系数为1.15

五、确定高程调整系数：本建设工程项目所处位置海拔高程小于2001米，根据本标准1.0.9条规定，高程调整系数为1.0

六、计算施工监理服务收费基准价

施工监理服务收费基准价=施工监理服务收费基价×专业调整系数×工程复杂程度调整系数×高程调整系数=320.04×0.9×1.15×1.0=331.24（万元）

该建设项目的施工监理服务收费基准价331.24万元。若该建设工程项目属于依法必须实行监理的，监理人和发包人应在此基础上，根据本标准规定，在上下20%浮动范围内，协商确定该建设工程项目的施工监理服务收费合同额。

参考案例九：

沿海地区某新建带钢热轧厂工程，工程海拔高程为21.68米，工程规模为100万吨/年热轧中厚板，建设项目总投资为339200万元，其中：建筑安装工程费103200万元，设备购置费181000万元（包含进口设备费82700万元，非标设备购置费12900万元，工艺钢结构费22800万元），联合试运转费2620万元，发包人委托监理人对该工程进行施工阶段土建、设备安装及设备单体调试的监理服务。施工监理服务收费按以下步骤计算：

施工监理服务收费基准价=施工监理服务收费基价×专业调整系数×工程复杂程度调整系数×高程调整系数

一、计算施工监理服务收费计费额

1. 确定工程概算投资额

工程概算投资额=建筑安装工程费+设备购置费+联合试运转费

=103200+181000+2620=286820.00（万元）

2. 确定设备购置费和联合试运转费占工程概算投资额的比例

（设备购置费+联合试运转费）÷工程概算投资额=（181000+2620）÷286820=64.0%

3. 确定施工监理服务收费的计费额

设备购置费和联合试运转费占工程概算投资额的比例超过了收费标准 1.0.8 条规定的40%，故施工监理服务收费计费额应按如下方式确定：

（1）若该建设工程项目的设备购置费和联合试运转费按40%的比例计入计费额，

其施工监理服务收费计费额 = 建筑安装工程费 +（设备购置费 + 联合试运转费）×40% = 103200 +（181000 + 2620）×40% = 176648.00（万元）

（2）若建设工程项目 B 的建筑安装工程费与该建设工程项目的建筑安装工程费相同，而设备购置费和联合试运转费等于工程概算投资额的40%，则 B 项目的施工监理服务收费计费额 = 建筑安装工程费 ÷（1 − 40%）= 103200 ÷（1 − 40%）= 172000.00（万元）

（3）从以上看出，该建设工程项目按（1）式计算出的计费额大于项目 B 的计费额，符合收费标准 1.0.8 条的规定，故取 176648.00 万元为该建设工程项目的施工监理服务收费计费额

二、计算施工监理服务收费基价

根据本标准附表二，采用内插法计算

$$施工监理服务收费基价 = 1507.0 + \frac{2712.5 - 1507.0}{200000 - 100000} \times (176648 - 100000)$$

$$= 2430.99（万元）$$

三、确定专业调整系数：根据本标准附表三“施工监理服务收费专业调整系数表”，各类冶炼工程专业调整系数为 1.0

四、确定工程复杂程度调整系数：根据“加工冶炼工程复杂程度表”（表 3.2 − 1）规定，轧钢工程复杂程度属于Ⅲ级，工程复杂程度调整系数为 1.15

五、确定高程调整系数：本建设工程项目所处位置海拔高程小于 2001 米，根据本标准 1.0.9 条规定，高程调整系数为 1.0

六、计算施工监理服务收费基准价

施工监理服务收费基准价 = 施工监理服务收费基价 × 专业调整系数 × 工程复杂程度调整系数 × 高程调整系数 = 2430.99 × 1.0 × 1.15 × 1.0 = 2795.64（万元）

该建设工程项目的施工监理服务收费基准价 2795.64 万元。若该建设工程项目属于依法必须实行监理的，监理人和发包人应在此基础上，根据本标准规定，在上下 20% 浮动范围内，协商确定该建设工程项目的施工监理服务收费合同额。

参考案例十：

某新建粗铜冶炼厂工程，设计规模为粗铜 15 万吨/年和硫酸 32 万吨/年，项目总概算 128900 万元，其中建筑安装工程费 48600 万元，设备购置费 49600 万元，联合试运转费为 1100 万元。该工程区域平均海拔高度为 652 米。发包人委托监理人对该建设工

程项目进行施工阶段的监理服务。施工监理服务收费按以下步骤计算：

施工监理服务收费基准价 = 施工监理服务收费基价 × 专业调整系数 × 工程复杂程度调整系数 × 高程调整系数

一、计算施工监理服务收费计费额

1. 确定工程概算投资额

工程概算投资额 = 建筑安装工程费 + 设备购置费 + 联合试运转费

= 48600 + 49600 + 1100 = 99300.00（万元）

2. 确定设备购置费和联合试运转费占工程概算投资额的比例

（设备购置费 + 联合试运转费）÷ 工程概算投资额 =（49600 + 1100）÷ 99300 = 51.1%

3. 确定施工监理服务收费的计费额

设备购置费和联合试运转费占工程概算投资额的比例超过了收费标准 1.0.8 条规定的 40%，则施工监理服务收费计费额应按如下方式确定：

（1）若该建设工程项目的设备购置费和联合试运转费按 40% 的比例计入计费额，其施工监理服务收费计费额 = 建筑安装工程费 +（设备购置费 + 联合试运转费）× 40% = 48600 +（49600 + 1100）× 40% = 68880.00（万元）

（2）若建设工程项目 B 的建筑安装工程费与该建设工程项目的建筑安装工程费相同，而设备购置费和联合试运转费等于工程概算投资额的 40%，则 B 项目的施工监理服务收费计费额 = 建筑安装工程费 ÷（1 − 40%）= 48600 ÷（1 − 40%）= 81000.00（万元）

（3）从以上看出，该建设工程项目的设备购置费和联合试运转费之和（50700 万元）比项目 B 的设备购置费和联合试运转费之和（81000 × 40% = 32400 万元）大，但该建设工程项目按（1）式计算出的计费额却小于项目 B 的计费额，若取（1）式的计算结果为该建设工程项目的施工监理服务计费额，则不符合本标准 1.0.8 条的规定

根据本标准 1.0.8 条的规定，该建设工程项目的施工监理服务收费计费额应不小于 81000.00 万元，故取 81000.00 万元为该建设工程项目施工监理服务收费计费额。

二、计算施工监理服务收费基价

根据本标准附表二，采用内插法计算

$$施工监理服务收费基价 = 1255.8 + \frac{1507 - 1255.8}{100000 - 80000} \times (81000 - 80000)$$

$$= 1381.40（万元）$$

三、确定专业调整系数：根据本标准附表三，冶炼工程专业调整系数为 0.9

四、确定工程复杂程度调整系数：根据本标准表 3.2－1 规定，有色大型冶炼工程

复杂程度属于Ⅲ级，工程复杂程度调整系数为1.15

五、确定高程调整系数：本建设工程项目所处位置海拔高程小于2001米，根据本标准1.0.9条规定，高程调整系数为1.0

六、计算施工监理服务收费基准价

施工监理服务收费基准价＝施工监理服务收费基价×专业调整系数×工程复杂程度调整系数×高程调整系数＝1381.40×0.9×1.15×1.0＝1429.75（万元）

该建设工程项目的施工监理服务收费基准价1429.75万元。若该建设工程项目属于依法必须实行监理的，监理人和发包人应在此基础上，根据本标准规定，在上下20%浮动范围内，协商确定该建设工程项目的施工监理服务收费合同额。

参考案例十一：

沿海某新建基因改良实验温室工程，总建筑面积6000平方米，轻钢结构，砼独立基础。有简单采暖通风设备。工程概算561万元，其中建筑工程安装费320万元，设备购置费200万元，联合试运转费未列。发包人委托监理人对该建设工程项目进行施工阶段的监理服务。施工监理服务收费按以下步骤计算：

施工监理服务收费基准价＝施工监理服务收费基价×专业调整系数×工程复杂程度调整系数×高程调整系数

一、计算施工监理服务收费计费额

1. 确定工程概算投资额

工程概算投资额＝建筑安装工程费＋设备购置费＋联合试运转费

＝320＋200＋0＝520.00（万元）

2. 确定设备购置费和联合试运转费占工程概算投资额的比例

（设备购置费＋联合试运转费）÷工程概算投资额＝（200＋0）÷520＝38.5%

3. 确定施工监理服务收费的计费额

因设备购置费和联合试运转费占工程概算投资额的比例未达到40%，故：

施工监理服务收费计费额＝建筑安装工程费＋设备购置费＋联合试运转费

＝320＋200＋0＝520.00（万元）

二、计算施工监理服务收费基价

根据本标准附表二，采用内插法计算

$$施工监理服务收费基价 = 16.5 + \frac{30.1 - 16.5}{1000 - 500} \times (520 - 500)$$

$$= 17.04（万元）$$

三、确定专业调整系数：根据本标准附表三，农业工程专业调整系数取为0.9

四、确定工程复杂程度调整系数：根据规定农业工程复杂程度为Ⅱ级，工程复杂程

度调整系数为 1.0

五、确定高程调整系数：该建设工程项目所处位置海拔高程小于 2001 米，根据本标准 1.0.9 条规定，高程调整系数为 1.0

六、计算施工监理服务收费基准价

施工监理服务收费基准价 = 施工监理服务收费基价 × 专业调整系数 × 工程复杂程度调整系数 × 高程调整系数 = 17.04 × 0.9 × 1.0 × 1.0 = 15.34（万元）

该建设工程项目的施工监理服务收费基准价 15.34 万元。若该建设工程项目属于依法必须实行监理的，监理人和发包人应在此基础上，根据本标准规定，在上下 20% 浮动范围内，协商确定该建设工程项目的施工监理服务收费合同额。

参考案例十二：

某城市新建年产 20 万 m^3 MDF 人造板厂工程，工程概算为 35000 万元人民币，其中：建筑安装工程费为 8000 万元，进口设备购置费 14000 万元，国内配套设备费 500 万元，联合试运转费为 1000 万元。发包人委托监理人对该建设工程项目进行施工阶段的监理服务，施工监理服务收费按以下步骤计算：

施工监理服务收费基准价 = 施工监理服务收费基价 × 专业调整系数 × 工程复杂程度调整系数 × 高程调整系数

一、计算施工监理服务收费计费额

1. 确定工程概算投资额

工程概算投资额 = 建筑工程安装费 + 设备购置费 + 联合试运转费

= 8000 + 14000 + 500 + 1000 = 23500.00（万元）

2. 确定设备购置费和联合试运转费占工程概算投资额的比例

（设备购置费 + 联合试运转费）÷ 工程概算投资额 = （14000 + 500 + 1000）÷ 23500 = 66.0%

3. 确定施工监理服务收费的计费额

设备购置费和联合试运转费占工程概算投资额的比例超过了收费标准 1.0.8 条规定的 40%，则施工监理服务收费计费额应按如下方式确定：

（1）若该建设工程项目的设备购置费和联合试运转费按 40% 的比例计入计费额

其施工监理服务收费计费额 = 建筑安装工程费 + （设备购置费 + 联合试运转费）× 40% = 8000 + 〔（14000 + 500） + 1000〕 × 40% = 14200.00（万元）

（2）若建设工程项目 B 的建安工程费与该建设工程项目相同，而设备购置费和联合试运转费等于工程概算投资额的 40%，则 B 项目的施工监理服务收费计费额 = 建筑安装工程费 ÷（1 − 40%） = 8000 ÷（1 − 40%） = 13333.33（万元）

（3）从以上看出，该建设工程项目按（1）式计算出的计费额大于项目 B 的计费

额，符合收费标准 1. 0. 8 条的规定，故取 14200. 00 万元为该建设工程项目的施工监理服务收费计费额

二、计算施工监理服务收费基价

根据本标准附表二，采用内插法计算

$$施工监理服务收费基价 = 218.6 + \frac{393.4 - 218.6}{20000 - 10000} \times (14200 - 10000)$$

$$= 292.02（万元）$$

三、确定专业调整系数：根据本标准附表三，加工冶炼工程中的各类加工工程的专业调整系数取 1. 0

四、确定工程复杂程度调整系数：根据表 3. 2 – 1，本工程为林产加工工程，工程复杂程度为Ⅱ级，工程复杂程度调整系数取 1. 0

五、确定高程调整系数：该建设工程项目所处位置海拔高程小于 2001 米，根据本标准 1. 0. 9 条规定，高程调整系数为 1. 0

六、计算施工监理服务收费基准价

施工监理服务收费基准价 = 施工监理服务收费基价 × 专业调整系数 × 工程复杂程度调整系数 × 高程调整系数 = 292. 02 × 1. 0 × 1. 0 × 1. 0 = 292. 02（万元）

该建设工程项目的施工监理服务收费基准价 292. 02 万元。若该建设工程项目属于依法必须实行监理的，监理人和发包人应在此基础上，根据本标准规定，在上下 20% 浮动范围内，协商确定该建设工程项目的施工监理服务收费合同额。

4　石油化工工程

4.1　石油化工工程范围

【原文】　适用于石油、天然气、石油化工、化工、火化工、核化工、化纤、医药工程。

【解释】　本章适用于石油、天然气、石油化工、化工、火化工、核化工、化纤、医药工程施工监理服务收费。本条各类工程具体包括以下主要工程类型：

1. 石油、天然气工程，主要包括油（气）田地面建设工程、油（气）储存、运输及相关的配套工程。

2. 石油化工工程，主要包括以石油、天然气为原料的石油、石油化工产品生产、加工及其相关配套工程。

3. 化工工程，主要包括化工原料、化学肥料、化学与化工产品的生产、加工及其相关配套工程。

4. 火化工工程，主要包括以化学方法生产火药、炸药的生产装置和生产线、火药试验、溶剂回收、火化工废酸处理等工程及相关配套工程。

5. 核化工工程，主要包括铀转化化工、乏燃料后处理、核三废治理核设施退役处理、放射性药品生产及其科研设施、核热材料等工程。

6. 化纤工程，主要包括以化工合成产品为原料的纤维生产、加工及其相关的配套工程。

7. 医药工程，主要包括药品及中间体、药用辅料、医疗器械、卫生材料、药用包装容器及材料（外包装除外）及其相关的配套工程。

4.2　石油化工工程复杂程度

【原文】

石油化工工程复杂程度表　　表 4.2－1

等级	工程特征
Ⅰ级	1. 油气田井口装置和内部集输管线，油气计量站、接转站等场站，总容积 < $50000m^3$ 或品种 < 5 种的独立油库工程； 2. 平原微丘陵地区长距离油、气、水煤浆等各种介质的输送管道和中间场站工程；

续表 4.2－1

等级	工 程 特 征
Ⅰ级	3. 无机盐、橡胶制品、混配肥工程； 4. 石油化工工程的辅助生产设施和公用工程。
Ⅱ级	1. 油气田原油脱水转油站、油气水联合处理站，总容积≥50000m^3 或品种≥5 种的独立油库，天然气处理和轻烃回收厂站，三次采油回注水处理工程，硫磺回收及下游装置，稠油及三次采油联合处理站，油气田天然气液化及提氦、地下储气库； 2. 山区沼泽地带长距离油、气、水煤浆等各种介质的输送管道和首站、末站、压气站、调度中心工程； 3. 500 万吨/年以下的常减压蒸馏及二次加工装置，丁烯氧化脱氢、MTBE、丁二烯抽提、乙腈生产装置工程； 4. 磷肥、农药、精细化工、生物化工、化纤工程； 5. 医药工程； 6. 冷冻、脱盐、联合控制室、中高压热力站、环境监测、工业监视、三级污水处理工程。
Ⅲ级	1. 海上油气田工程； 2. 长输管道的穿跨越工程； 3. 500 万吨/年及以上的常减压蒸馏及二次加工装置，芳烃抽提、芳烃（PX），乙烯、精对苯二甲酸等单体原料，合成材料，LPG、LNG 低温储存运输设施工程； 4. 合成氨、制酸、制碱、复合肥、火化工、煤化工工程； 5. 核化工、放射性药品工程。

【解释】 本条对石油化工工程施工监理服务工作的复杂程度分类做出规定。

工程复杂程度等级，主要根据工程项目的工艺流程长短，施工过程的技术要求，设备的数量、大小、重量和吊装的难度，设备、管道等材料的材质，工程项目规模大小，高危作业环节的多少和强弱以及施工环境对施工过程的影响等因素来划分的。参照表 4.2－1 的示例确定。

工程复杂程度等级Ⅰ级的工程项目主要有以下特征：

1. 油、气田地面建设工程中技术要求一般的小型工程。如油气田井口装置和内部集输管线、油气计量站、接转站等场站、总容积＜50000 立方米或品种＜5 种的独立油库工程等设计简单、小型的场站。

2. 平原微丘陵地区长距离线路相对简单的油、气、水煤浆等各种介质输送管道，以及其中间场站，如加热站、热泵站、清管站、分输站等。本条在具体掌握时，需注意所处地区划分是指较长距离的地貌单元划分。

3. 无机盐、橡胶制品、混配肥工程通常是指工艺比较简单，施工技术要求不复杂，施工技术条件无特殊要求的项目。如无机盐、橡胶制品、混配肥等工程项目。

4. 石油、化工工程的辅助生产设施和公用工程，是指委托人单独委托监理人监理的，并以独立单元实施的小型工程。如空压站、氧气站（不含直接用于生产工艺的大、中型空分装置）、氮气站、冷冻站、化验室、罐区、库区、装卸站、消防、供排水、供热、外管以及工艺过程简单的一、二级污水处理工程、循环水系统、固定床脱盐水站等辅助生产设施和公用工程。

工程复杂程度等级Ⅱ级的工程项目主要有以下特征：

1. 油、气田地面建设工程中相对复杂的规模较大的油气田工程及相应的配套工程。如油气田原油脱水转油站、油气水联合处理站、总容积≥50000立方米或品种≥5种的独立油库、天然气处理和轻烃回收厂站、三次采油回注水处理工程，硫磺回收及下游装置，稠油及三次采油联合处理站，小型的油气田天然气液化及提氦、地下储气库等。

2. 山区和沼泽地带（含地下水位高的水网地带）设计及施工技术较复杂的各种介质输送管道工程和各类地区长输管道的首站、末站、压气站、调度控制中心工程。

3. 500万吨/年以下的常减压蒸馏及二次加工装置，如叠合、脱硫、脱硫醇、凝气油回收、氧化沥青、石蜡成型、电精制、化学精制。丁烯氧化脱氢、MTBE、丁二烯抽提、乙腈、塑料薄膜等生产装置工程，技术较复杂的中型石油化工、化工工程，或技术复杂的小型石油化工工程。

4. 技术较复杂的中型石油化工、化工工程，或者技术复杂的小型石油化工工程。如中型项目的磷肥、农药制剂、精细化工、生物化工、化纤工程等工程。

5. 工艺技术一般的医药制剂、中药、药用材料、药品包装（外包装除外）、医疗器械生产装置，医药科研、药品检测设施工程。

6. 冷冻、脱盐、联合控制室、中高压热力站、环境监测、工业监视、三级污水处理工程。这里的冷冻，是指装置区内非独立单元的冷冻站；脱盐，是指循环流化床脱盐水系统。

工程复杂程度等级Ⅲ级的工程项目主要有以下特征：

1. 滩海或浅海油气田工程及油气滚动开发工程等。

2. 长输管道的穿跨越工程主要是指大型穿跨越工程以及施工技术复杂的通航河道、港湾穿跨越工程。主要包括：设计规范所规定的大型穿跨越工程；虽然设计规范规定为中、小型穿跨越工程，但穿跨越的水深大于4.5米的通航河道、港湾或者车流量大的等级公路、高速公路的穿跨越工程；采用隧道（小断面巷道）、盾构、定向钻等新型穿跨越工艺和采用斜拉索、悬索等较复杂跨越工艺的穿跨越工程。

3. 500万吨/年及以上的常减压蒸馏及二次加工装置，芳烃抽提、芳烃（PX），乙烯及其配套的聚烯烃、乙二醇等下游装置，精对苯二甲酸等单体原料，合成材料，LPG、LNG低温储存运输设施工程。这里的二次加工装置，是指与原油加工能力相匹配的油品再加工装置，如催化裂化、催化重整、加氢处理、连续重整、制氢、柴油加氢精制、煤油加氢精制、延迟焦化、气体分馏、分子筛、脱蜡、烷基化、脱硫制硫及尾气处理等。合成材料是指合成塑料、合成橡胶、合成纤维生产装置。合成纤维生产装置是指除涤纶、丙纶常规切片纺丝以外的涤纶、丙纶、锦纶、氨纶等合成纤维生产工程及相应的聚酯等原料聚合工程。

4. 合成氨、尿素、制酸、制碱、复合肥生产装置，火化工，煤化工工程。

火化工是指火炸药的研制和生产，发射枪炮、弹丸的发射药和推动火箭、导弹飞行的推进剂工程。火炸药主要包含单基药、双基药、三基药、改性双基药、复合推进剂、精制绵、硝化绵、硝化甘油、梯恩梯、黑索金、太安、奥克托金、高能炸药、混合炸药、点火药、起爆药、特种炸药、乙醚制造、溶剂回收、废酸处理、固体火药试验站、内外弹道试验场等。

煤化工工程是指以煤炭为原料进行深加工生产化工产品、洁净能源和可替代石油化工的产品等的生产工程，包括煤制油、煤制甲醇、煤制烯烃、煤焦化、煤气化、煤合成氨、煤制二甲醚、洁净煤等工程。

5. 放射性药品是指用于临床诊断、治疗的放射性核素制剂或其标记碘131等。

6. 核化工包括铀转化化工、乏燃料后处理、核三废治理核设施退役处理、放射性药品生产及其科研设施等工程，除具有常规化工的特点外，还具有放射性辐射强、毒性大等特点，一些工程有发生核临界安全危险，需要采取特殊的防护措施；核热材料工程主要指轻金属化工分离工程，因此工程复杂程度等级定为Ⅲ级。

参考案例一：

某油田新建天然气地面产能建设工程，规模为日处理天然气12万立方米/天，工程概算1218.23万元，其中建筑安装工程费906.23万元，设备购置费和联合试运转费为312万元，施工工期2个月。发包人委托监理人对该建设工程项目进行施工阶段的监理服务。施工监理服务收费按以下步骤计算：

施工监理服务收费基准价 = 施工监理服务收费基价 × 专业调整系数 × 工程复杂程度调整系数 × 高程调整系数

一、计算施工监理服务收费计费额

1. 确定工程概算投资额

工程概算投资额 = 建筑安装工程费 + 设备购置费 + 联合试运转费

= 906.23 + 312 = 1218.23（万元）

2. 确定设备购置费和联合试运转费占工程概算投资额的比例

（设备购置费＋联合试运转费）÷工程概算投资额＝312÷1218.23＝25.6%

3．确定施工监理服务收费的计费额

因设备购置费和联合试运转费占工程概算投资额的比例未达到40%，故：

施工监理服务收费计费额＝建筑安装工程费＋设备购置费＋联合试运转费

＝906.23＋312＝1218.23（万元）

二、计算施工监理服务收费基价

根据本标准附表二，采用内插法计算

$$施工监理服务收费基价 = 30.1 + \frac{78.1 - 30.1}{3000 - 1000} \times (1218.23 - 1000) = 35.34（万元）$$

三、确定专业调整系数：根据本标准附表三，石油工程的专业调整系数为0.9

四、确定工程复杂程度调整系数：根据本标准表4.2－1规定，本工程为油气田天然气处理项目，工程复杂程度属于Ⅱ级，工程复杂程度调整系数为1.0

五、确定高程调整系数：该建设工程项目所处位置海拔高程小于2001米，根据本标准1.0.9条规定，高程调整系数为1.0

六、计算施工监理服务收费基准价

施工监理服务收费基准价＝施工监理服务收费基价×专业调整系数×工程复杂程度调整系数×高程调整系数＝35.34×0.9×1.0×1.0＝31.81（万元）

该建设工程项目的施工监理服务收费基准价31.81万元。若该建设工程项目属于依法必须实行监理的，监理人和发包人应在此基础上，根据本标准规定，在上下20%浮动范围内，协商确定该建设工程项目的施工监理服务收费合同额。

参考案例二：

某成品油储备库改造工程，包括16万立米成品油库区，装卸作业区、辅助生产及生活设施等，工程概算4623万元，其中建筑安装工程费4013万元，设备购置费和联合试运转费为390万元，其他费用220万元，施工工期约2年。发包人委托监理人对该建设工程项目进行施工阶段的监理服务。施工监理服务收费按以下步骤计算：

施工监理服务收费基准价＝施工监理服务收费基价×专业调整系数×工程复杂程度调整系数×高程调整系数

一、计算施工监理服务收费计费额

1．确定工程概算投资额

工程概算投资额＝建筑安装工程费＋设备购置费＋联合试运转费

＝4013＋390＝4403.00（万元）

2．确定设备购置费和联合试运转费占工程概算投资额的比例

（设备购置费＋联合试运转费）÷工程概算投资额＝390÷4403＝8.9%

3．确定施工监理服务收费的计费额

因设备购置费和联合试运转费占工程概算投资额的比例未达到40%，故：

施工监理服务收费计费额＝建筑安装工程费＋设备购置费＋联合试运转费

＝4013＋390＝4403.00（万元）

二、计算施工监理服务收费基价

根据本标准附表二，采用内插法计算

$$施工监理服务收费基价=78.1+\frac{120.8-78.1}{5000-3000}\times(4403-3000)$$

$$=108.05（万元）$$

三、确定专业调整系数：根据本标准附表三，石油工程的专业调整系数为0.9

四、确定工程复杂程度调整系数：根据本标准表4.2－1规定，本工程总库容大于50000m^3，工程复杂程度属于Ⅱ级，工程复杂程度调整系数为1.0

五、确定高程调整系数：该建设工程项目所处位置海拔高程小于2001米，根据本标准1.0.9条规定，高程调整系数为1.0

六、计算施工监理服务收费基准价

施工监理服务收费基准价＝施工监理服务收费基价×专业调整系数×工程复杂程度调整系数×高程调整系数＝108.05×0.9×1.0×1.0＝97.25（万元）

该建设工程项目的施工监理服务收费基准价97.25万元。若该建设工程项目属于依法必须实行监理的，监理人和发包人应在此基础上，根据本标准规定，在上下20%浮动范围内，协商确定该建设工程项目的施工监理服务收费合同额。

参考案例三：

某新建输气管道工程，干线线路长度410km，管道钢级L485MB（X70），管径Φ610mm，设计压力10MPa，支线线路长57km，管道钢级L360NB，管径Φ273.1mm，设计压力10MPa。

全线共设工艺站场4座，远传线路截断阀室16座。生产运行通过SCADA系统，实现输气生产实时数据采集、监控和调度管理。各站设站控系统，由设置调度控制中心对管道全线的运行情况进行集中监视控制和生产运营管理。全线通信采用以光通信为主用、DDN为备用的通信系统方案。光通信采用与输气管道同沟敷设的16芯铠装直埋光缆。

本项目工程概算184623万元，其中建筑安装工程费137765万元，设备购置费和联合试运转费为32830万元。

发包人委托监理人对该建设工程项目进行施工监理和其他阶段相关服务。主要工作内容包括：施工监理；PMC管理文件编制，业主采办支持，驻厂监造，EPC招标工作，初步设计审查及施工图设计监理，项目协调、管理等。

本工程项目施工监理和其他阶段相关服务收费按以下步骤计算：

一、计算施工监理服务收费额

施工监理服务收费基准价＝施工监理服务收费基价×专业调整系数×工程复杂程度调整系数×高程调整系数

（一）计算施工监理服务收费计费额

1. 确定工程概算投资额

工程概算投资额＝建筑安装工程费＋设备购置费＋联合试运转费

＝137765＋32830＝170595.00（万元）

2. 确定设备购置费和联合试运转费占工程概算投资额的比例

（设备购置费＋联合试运转费）÷工程概算投资额＝32830÷170595＝19.2%

3. 确定施工监理服务收费的计费额

因设备购置费和联合试运转费占工程概算投资额的比例未达到40%，故：

施工监理服务收费计费额＝建筑安装工程费＋设备购置费＋联合试运转费

＝137765＋32830＝170595.00（万元）

（二）计算施工监理服务收费基价

根据本标准附表二，采用内插法计算

$$施工监理服务收费基价 = 1507.0 + \frac{2712.5 - 1507.0}{200000 - 100000} \times (170595 - 100000)$$

$$= 2358.02（万元）$$

（三）确定专业调整系数：根据本标准附表三，石油工程的专业调整系数为0.9

（四）确定工程复杂程度调整系数：根据本标准表4.2－1规定，本工程为长输管道项目，工程复杂程度属于Ⅱ级，工程复杂程度调整系数为1.0

（五）确定高程调整系数：该建设工程项目所处位置海拔高程小于2001米，根据本标准1.0.9条规定，高程调整系数为1.0

（六）计算施工监理服务收费基准价

施工监理服务收费基准价＝施工监理服务收费基价×专业调整系数×工程复杂程度调整系数×高程调整系数＝2358.02×0.9×1.0×1.0＝2122.22（万元）

该建设工程项目的施工监理服务收费基准价2122.22万元。若该建设工程项目属于依法必须实行监理的，监理人和发包人应在此基础上，根据本标准规定，在上下20%浮动范围内，协商确定该建设工程项目的施工监理服务收费额。

二、计算其他阶段相关服务收费

（一）经发包人与监理人协商，本项目其他阶段相关监理服务主要内容及人工日汇总表如下：

序号	项目主要工作内容	投入工日数（人·日）	备　注
1	PMC 管理文件编制	600	服务人员中专家、高级、中级、初级职称的比例为 0.5∶1∶3∶1
2	业主采办支持	180	
3	驻厂监造	1500	
4	EPC 招标工作	150	
5	初步设计审查及施工图设计监理	2250	
6	项目协调、管理	1080	
	小计	5760	

（二）计算其他阶段的相关服务收费

经测算，该项目相关服务需要配备人员总工日数 5760 人·日，监理服务人员中专家、高级、中级、初级职称的比例为 0.5∶1∶3∶1。

1. 遵照本标准附表四，经发包人与监理人共同确定所需工日及人工日费用如下表：

序号	人员职级	所 需 工 日	工日费用（元）
1	高级专家	5760×0.5/（0.5+1+3+1）=524	1200
2	高级专业人员	5760×1/（0.5+1+3+1）=1047	1000
3	中级专业人员	5760×3/（0.5+1+3+1）=3142	800
4	初级专业人员	5760×1/（0.5+1+3+1）=1047	600

2. 相关服务收费＝高级专家人工日标准×所需工日＋高级专业人员人工日标准×所需工日＋中级专业人员人工日标准×所需工日＋初级专业人员人工日标准×所需工日＝1200×524＋1000×1047＋800×3142＋600×1047＝4817600（元）＝481.76（万元）

该建设工程项目的相关服务收费为 481.76 万元。

参考案例四：

某沿江炼油企业对规模为 300 万吨/年的常减压生产装置进行改造，该项目工程概算 14421.7 万元。其中，建筑安装工程费 6303.77 万元，设备购置费 6248.83 万元，联合试运转费未列。发包人委托监理人对该建设工程项目进行施工阶段的监理服务，并委托监理人对需要更新的塔类和换热器类设备进行驻厂监造等其他阶段的相关服务。

施工监理与其他阶段的相关服务收费按以下步骤计算：

一、计算施工监理服务收费

施工监理服务收费基准价 = 施工监理服务收费基价 × 专业调整系数 × 工程复杂程度调整系数 × 高程调整系数

（一）计算施工监理服务收费计费额

1. 确定工程概算投资额

工程概算投资额 = 建筑安装工程费 + 设备购置费 + 联合试运转费

= 6303.77 + 6248.83 + 0 = 12552.60（万元）

2. 确定设备购置费和联合试运转费占工程概算投资额的比例

（设备购置费 + 联合试运转费）÷ 工程概算投资额 = （6248.83 + 0）÷ 12552.60 = 49.8%

3. 确定施工监理服务收费的计费额

设备购置费和联合试运转费占工程概算投资额的比例超过了收费标准 1.0.8 条规定的 40%，则施工监理服务收费计费额应按如下方式确定：

（1）若该建设工程项目的设备购置费和联合试运转费按 40% 的比例计入计费额，其施工监理服务收费计费额 = 建筑安装工程费 + （设备购置费 + 联合试运转费）× 40% = 6303.77 + （6248.83 + 0）× 40% = 8803.30（万元）

（2）若建设工程项目 B 的建安工程费与该建设工程项目相同，而设备购置费和联合试运转费等于工程概算投资额的 40%，则 B 项目的施工监理服务收费计费额 = 建筑安装工程费 ÷（1 - 40%）= 6303.77 ÷（1 - 40%）= 10506.28（万元）

（3）从以上看出，该建设工程项目的设备购置费和联合试运转费之和（6248.83 万元）比项目 B 的设备购置费和联合试运转费之和（10506.28 × 40% = 4202.51 万元）大，但该建设工程项目按（1）式计算出的计费额却小于项目 B 的计费额，若取（1）式的计算结果为该建设工程项目的施工监理服务计费额，则不符合本标准 1.0.8 条的规定

根据本标准 1.0.8 条的规定，该建设工程项目的施工监理服务收费计费额应不小于 10506.28 万元，故取 10506.28 万元为该建设工程项目施工监理服务收费计费额。

（二）计算施工监理服务收费基价

根据本标准附表二，采用内插法计算

$$施工监理服务收费基价 = 218.6 + \frac{393.4 - 218.6}{20000 - 10000} \times (10506.28 - 10000)$$

$$= 227.45（万元）$$

（三）确定专业调整系数：根据本标准附表三，石化工程专业调整系数为 1.0

（四）确定工程复杂程度调整系数：根据本标准表 4.2 - 1 规定，500 万吨/年以下的常减压装置的工程复杂程度属于Ⅱ级，工程复杂程度调整系数为 1.0

（五）确定高程调整系数：该建设工程项目所处位置海拔高程小于2001米，根据本标准1.0.9条规定，高程调整系数为1.0

（六）计算施工监理服务收费基准价

施工监理服务收费基准价＝施工监理服务收费基价×专业调整系数×工程复杂程度调整系数×高程调整系数＝227.45×1.0×1.0×1.0＝227.45（万元）

该建设工程项目的施工监理收费基准价227.45万元。若该建设工程项目属于依法必须实行监理的，监理人和发包人应在此基础上，根据本标准规定，在上下20%浮动范围内，协商确定该建设工程项目的施工监理服务收费合同额。

二、计算其他阶段的相关服务收费

（一）其他阶段的相关服务内容

1. 编制设备监造规划，审核设备制造工艺方案、生产准备计划和生产计划，审查设备制造的检验计划和检验要求，审查设备制造的原材料、外购配套件、元器件、标准件以及坯料的质量，对关键零部件的制造工序及所使用的材料进行抽检或复检，参加设备制造过程中的调试、性能检测和验证，参与出厂检验。监造工作结束，提交完整的监造工作总结报告。

2. 需要更新的塔类和换热器类设备分别由三家位于不同城市的企业制造，委托人要求监理人对整个监造工作要成立一个设备监造监理机构，由1名高级设备工程师担任该监理机构的总监理工程师，并向这三家设备制造厂各派出1名设备工程师驻厂监造。这三家设备制造厂设备制造周期分别是6个月、5个月和5个月，每个月监理人员的工作日为法定的21.5天。

（二）计算其他阶段的相关服务收费

1. 遵照本标准附表四，经发包人与监理人共同确定所需工日及人工日费用如下表：

序号	人员职级	人数	所需工日（人·日）	工日费用（元）
1	高级专家	0	0	1200
2	高级专业人员	1	1×6×21.5＝129	1000
3	中级专业人员	3	（1×6＋1×5＋1×5）×21.5＝344	800

2. 相关服务收费＝高级专业人员人工日标准×所需工日＋中级专业人员人工日标准×所需工日＝1000×129＋800×344＝404200（元）＝40.42（万元）

该建设工程项目的相关服务收费为40.42万元。

参考案例五：

某厂新建一套大型炼油项目，工程规模包括1000万吨/年常减压蒸馏装置、320万吨/年加氢处理装置、290万吨/年催化裂化装置等15套工艺生产装置组成。工程概算1242234.16万元，其中：建筑安装工程费421726.13万元，设备购置费449040.81万元，联合试运转费未列。发包人委托监理人对该建设工程项目进行施工阶段的监理服务。施工监理服务收费按以下步骤计算：

施工监理服务收费基准价 = 施工监理服务收费基价 × 专业调整系数 × 工程复杂程度调整系数 × 高程调整系数

一、计算施工监理服务收费计费额

1. 确定工程概算投资额

工程概算投资额 = 建筑安装工程费 + 设备购置费 + 联合试运转费

= 421726.13 + 449040.81 + 0 = 870766.94（万元）

2. 确定设备购置费和联合试运转费占工程概算投资额的比例

（设备购置费 + 联合试运转费）÷工程概算投资额 = （449040.81 + 0）÷ 870766.94 = 51.6%

3. 确定施工监理服务收费的计费额

设备购置费和联合试运转费占工程概算投资额的比例超过了收费标准1.0.8条规定的40%，则施工监理服务收费计费额应按如下方式确定：

（1）若该建设工程项目的设备购置费和联合试运转费按40%的比例计入计费额

其施工监理服务收费计费额 = 建筑安装工程费 + （设备购置费 + 联合试运转费）×40% = 421726.13 + （449040.81 + 0）×40% = 601342.45（万元）

（2）若建设工程项目B的建安工程费与该建设工程项目相同，而设备购置费和联合试运转费等于工程概算投资额的40%，则B项目的施工监理服务收费计费额 = 建筑安装工程费÷（1 − 40%）= 421726.13÷（1 − 40%）= 702876.88（万元）

（3）从以上看出，该建设工程项目的设备购置费和联合试运转费之和（449040.81万元）比项目B的设备购置费和联合试运转费之和（702876.88 × 40% = 281150.75万元）大，但该建设工程项目按（1）式计算出的计费额却小于项目B的计费额，若取（1）式的计算结果为该建设工程项目的施工监理服务计费额，则不符合本标准1.0.8条的规定

根据本标准1.0.8条的规定，该建设工程项目的施工监理服务收费计费额应不小于702876.88万元，故取702876.88万元为该建设工程项目施工监理服务收费计费额。

二、计算施工监理服务收费基价

根据本标准附表二，采用内插法计算

$$\text{施工监理服务收费基价} = 6835.6 + \frac{8658.4 - 6835.6}{800000 - 600000} \times (702876.88 - 600000)$$

$$= 7773.22\ (\text{万元})$$

三、确定专业调整系数：根据本标准附表三，石化工程专业调整系数为1.0

四、确定工程复杂程度调整系数：根据本标准表4.2－1规定，500万吨/年及以上的常减压及二次加工装置的工程复杂程度属于Ⅲ级，工程复杂程度调整系数为1.15

五、确定高程调整系数：该建设工程项目所处位置海拔高程小于2001米，根据本标准1.0.9条规定，高程调整系数为1.0

六、计算施工监理服务收费基准价

施工监理服务收费基准价＝施工监理服务收费基价×专业调整系数×工程复杂程度调整系数×高程调整系数＝7773.22×1.0×1.15×1.0＝8939.20（万元）

该建设工程项目的施工监理服务收费基准价8939.20万元。若该建设工程项目属于依法必须实行监理的，监理人和发包人应在此基础上，根据本标准规定，在上下20%浮动范围内，协商确定该建设工程项目的施工监理服务收费合同额。

参考案例六：

国内西部地区某大化肥工程项目新建45万吨/年合成氨装置，80万吨/年尿素装置（含大颗粒、尿素储运及包装）工程施工，试运投产工程监理，并为工程竣工验收提供辅助性服务。该工程项目的工程概算为194900万元，其中：建筑安装工程费59900万元，设备购置费135000万元，联合试运转费未列，主要工艺设备由国外引进。发包人委托监理人对该建设工程项目进行施工阶段的监理服务。施工监理服务收费按以下步骤计算：

施工监理服务收费基准价＝施工监理服务收费基价×专业调整系数×工程复杂程度调整系数×高程调整系数

一、计算施工监理服务收费计费额

1. 确定工程概算投资额

工程概算投资额＝建筑安装工程费＋设备购置费＋联合试运转费

＝59900＋135000＋0＝194900.00（万元）

2. 确定设备购置费和联合试运转费占工程概算投资额的比例

（设备购置费＋联合试运转费）÷工程概算投资额＝（135000＋0）÷194900＝69.3%

3. 确定施工监理服务收费的计费额

设备购置费和联合试运转费占工程概算投资额的比例超过了收费标准1.0.8条规定的40%，则施工监理服务收费计费额应按如下方式确定：

（1）若该建设工程项目的设备购置费和联合试运转费按40%的比例计入计费额

其施工监理服务收费计费额＝建筑安装工程费＋（设备购置费＋联合试运转费）×40%＝59900＋（135000＋0）×40%＝113900.00（万元）

(2) 若建设工程项目 B 的建安工程费与该建设工程项目相同，而设备购置费和联合试运转费等于工程概算投资额的 40%，则 B 项目的施工监理服务收费计费额 = 建筑安装工程费 ÷ (1 - 40%) = 59900 ÷ (1 - 40%) = 99833.33 (万元)

(3) 从以上看出，该建设工程项目按 (1) 式计算出的计费额大于项目 B 的计费额，符合收费标准 1.0.8 条的规定，故取 113900.00 万元为该建设工程项目的施工监理服务收费计费额

二、计算施工监理服务收费基价

根据本标准附表二，采用内插法计算

$$施工监理服务收费基价 = 1507.0 + \frac{2712.5 - 1507.0}{200000 - 100000} \times (113900 - 100000)$$

$$= 1674.56 \text{（万元）}$$

三、确定专业调整系数：根据本标准附表三，化工工程专业调整系数为 1.0

四、确定工程复杂程度调整系数：根据本标准表 4.2-1 规定，合成氨的工程复杂程度属于Ⅲ级，工程复杂程度调整系数为 1.15

五、确定高程调整系数：该建设工程项目所处位置海拔高程在 2001 ~ 3000 米，根据本标准 1.0.9 条规定，高程调整系数为 1.1

六、计算施工监理服务收费基准价

施工监理服务收费基准价 = 施工监理服务收费基价 × 专业调整系数 × 工程复杂程度调整系数 × 高程调整系数 = 1674.56 × 1.0 × 1.15 × 1.1 = 2118.32 (万元)

该建设工程项目的施工监理服务收费基准价 2118.32 万元。若该建设工程项目属于依法必须实行监理的，监理人和发包人应在此基础上，根据本标准规定，在上下 20% 浮动范围内，协商确定该建设工程项目的施工监理服务收费合同额。

参考案例七：

山东某一化工厂新建年产 60 万吨纯碱工程，工程概算 60000 万元，其中：建筑安装工程费 18550 万元，设备购置费 34450 万元，联合试运转费未列。发包人委托监理人对该建设工程项目进行施工阶段的监理服务。施工监理服务收费按以下步骤计算：

施工监理服务收费基准价 = 施工监理服务收费基价 × 专业调整系数 × 工程复杂程度调整系数 × 高程调整系数

一、计算施工监理服务收费计费额

1. 确定工程概算投资额

工程概算投资额 = 建筑安装工程费 + 设备购置费 + 联合试运转费 = 18550 + 34450 + 0 = 53000.00 (万元)

2. 确定设备购置费和联合试运转费占工程概算投资额的比例

（设备购置费+联合试运转费）÷工程概算投资额=（34450+0）÷53000=65.0%

3．确定施工监理服务收费的计费额

设备购置费和联合试运转费占工程概算投资额的比例超过了收费标准1.0.8条规定的40%，则施工监理服务收费计费额应按如下方式确定：

（1）若该建设工程项目的设备购置费和联合试运转费按40%的比例计入计费额

其施工监理服务收费计费额=建筑安装工程费+（设备购置费+联合试运转费）×40%=18550+（34450+0）×40%=32330.00（万元）

（2）若建设工程项目B的建安工程费与该建设工程项目相同，而设备购置费和联合试运转费等于工程概算投资额的40%，则B项目的施工监理服务收费计费额=建筑安装工程费÷（1-40%）=18550÷（1-40%）=30916.67（万元）

（3）从以上看出，该建设工程项目按（1）式计算出的计费额大于项目B的计费额，符合收费标准1.0.8条的规定，故取32330.00万元为该建设工程项目的施工监理服务收费计费额

二、计算施工监理服务收费基价

根据本标准附表二，采用内插法计算

$$\text{施工监理服务收费基价}=393.4+\frac{708.2-393.4}{40000-20000}\times(32330-20000)=587.47\ (\text{万元})$$

三、确定专业调整系数：根据本标准附表三，化工工程专业调整系数为1.0

四、确定工程复杂程度调整系数：根据本标准表4.2-1规定，制碱的工程复杂程度属于Ⅲ级，工程复杂程度调整系数为1.15

五、确定高程调整系数：该建设工程项目所处位置海拔高程小于2001米，根据本标准1.0.9条规定，高程调整系数为1.0

六、计算施工监理服务收费基准价

施工监理服务收费基准价=施工监理服务收费基价×专业调整系数×工程复杂程度调整系数×高程调整系数=587.47×1.0×1.15×1.0=675.59（万元）

该建设工程项目的施工监理服务收费基准价675.59万元。若该建设工程项目属于依法必须实行监理的，监理人和发包人应在此基础上，根据本标准规定，在上下20%浮动范围内，协商确定该建设工程项目的施工监理服务收费合同额。

参考案例八：

西部地区某化工公司新建60万吨/年甲醇项目工程。以周边矿区优质的煤为原料，选用具有国内知识产权的多元料浆加压气化技术生产甲醇，其主要生产装置为空分、气化、变换、低温甲醇洗（引进技术）、甲醇合成（引进技术）、循环流化床锅炉及配套

公用工程等生产装置，项目还配套50MW热电机组。该工程项目工程概算为259000万元，其中：建筑安装工程费63000万元，设备购置费171000万元，联合试运转费5000万元。发包人委托监理人对该建设工程项目进行施工阶段的监理服务。施工监理服务收费按以下步骤计算：

施工监理服务收费基准价=施工监理服务收费基价×专业调整系数×工程复杂程度调整系数×高程调整系数

一、计算施工监理服务收费计费额

1. 确定工程概算投资额

工程概算投资额=建筑安装工程费+设备购置费+联合试运转费

=63000+171000+5000=239000.00（万元）

2. 确定设备购置费和联合试运转费占工程概算投资额的比例

（设备购置费+联合试运转费）÷工程概算投资额=（171000+5000）÷239000=73.6%

3. 确定施工监理服务收费的计费额

设备购置费和联合试运转费占工程概算投资额的比例超过了收费标准1.0.8条规定的40%，则施工监理服务收费计费额应按如下方式确定：

（1）若该建设工程项目的设备购置费和联合试运转费按40%的比例计入计费额

其施工监理服务收费计费额=建筑安装工程费+（设备购置费+联合试运转费）×40%=63000+（171000+5000）×40%=133400.00（万元）

（2）若建设工程项目B的建安工程费与该建设工程项目相同，而设备购置费和联合试运转费等于工程概算投资额的40%，则B项目的施工监理服务收费计费额=建筑安装工程费÷（1－40%）=63000÷（1－40%）=105000.00（万元）

（3）从以上看出，该建设工程项目按（1）式计算出的计费额大于项目B的计费额，符合收费标准1.0.8条的规定，故取133400.00万元为该建设工程项目的施工监理服务收费计费额

二、计算施工监理服务收费基价

根据本标准附表二，采用内插法计算

$$\text{施工监理服务收费基价}=1507.0+\frac{2712.5-1507.0}{200000-100000}\times(133400-100000)$$

$$=1909.64\ (\text{万元})$$

三、确定专业调整系数：根据本标准附表三，化工工程专业调整系数为1.0

四、确定工程复杂程度调整系数：根据本标准表4.2－1规定，煤化工工程复杂程度属于Ⅲ级，工程复杂程度调整系数为1.15

五、确定高程调整系数：该建设工程项目所处位置海拔高程在2001米以下，根据

本标准 1.0.9 条规定，高程调整系数为 1.0

六、计算施工监理服务收费基准价

施工监理服务收费基准价 = 施工监理服务收费基价 × 专业调整系数 × 工程复杂程度调整系数 × 高程调整系数 = 1909.64 × 1.0 × 1.15 × 1.0 = 2196.09（万元）

该建设工程项目的施工监理服务收费基准价 2196.09 万元。若该建设工程项目属于依法必须实行监理的，监理人和发包人应在此基础上，根据本标准规定，在上下 20% 浮动范围内，协商确定该建设工程项目的施工监理服务收费合同额。

参考案例九：

某地新建放射性固体废物处理示范工程，工程概算为 3267 万元，工期 27 个月，其中建筑安装费为 488 万元，设备购置费为 1800 万元，联合试运转费暂未列入。发包人委托监理人对该建设工程项目进行施工阶段的监理服务。施工监理服务收费按以下步骤计算：

一、计算施工监理服务收费计费额

1. 确定工程概算投资额

工程概算投资额 = 建筑安装工程费 + 设备购置费 + 联合试运转费
= 488 + 1800 + 0 = 2288.00（万元）

2. 确定设备购置费和联合试运转费占工程概算投资额的比例

（设备购置费 + 联合试运转费）÷ 工程概算投资额 = （1800 + 0）÷ 2288 = 78.7%

3. 确定施工监理服务收费的计费额

设备购置费和联合试运转费占工程概算投资额的比例超过了收费标准 1.0.8 条规定的 40%，则施工监理服务收费计费额应按如下方式确定：

（1）若该建设工程项目的设备购置费和联合试运转费按 40% 的比例计入计费额

其施工监理服务收费计费额 = 建筑安装工程费 + （设备购置费 + 联合试运转费）× 40% = 488 + （1800 + 0）× 40% = 1208.00（万元）

（2）若建设工程项目 B 的建安工程费与该建设工程项目相同，而设备购置费和联合试运转费等于工程概算投资额的 40%，则 B 项目的施工监理服务收费计费额 = 建筑安装工程费 ÷ （1 − 40%） = 488 ÷ （1 − 40%） = 813.33（万元）

（3）从以上看出，该建设工程项目按（1）式计算出的计费额大于项目 B 的计费额，符合收费标准 1.0.8 条的规定，故取 1208.00 万元为该建设工程项目的施工监理服务收费计费额

二、计算施工监理服务收费基价

根据取费标准附表二，采用内插法计算

$$施工监理服务收费基价 = 30.1 + \frac{78.1 - 30.1}{3000 - 1000} \times (1208 - 1000)$$

$$= 35.09（万元）$$

三、确定专业调整系数：根据取费标准附表三，核化工工程取 1.2

四、确定工程复杂程度调整系数：根据本标准表 4.2－1，核化工工程为Ⅲ级，工程复杂程度调整系数为 1.15

五、确定高程调整系数：该建设工程项目所处位置海拔高程小于 2001 米，根据本标准 1.0.9 条规定，高程调整系数为 1.0

六、计算施工监理服务收费基准价

施工监理服务收费基准价＝施工监理服务收费基价×专业调整系数×工程复杂程度调整系数×高程调整系数＝35.09×1.2×1.15×1.0＝48.42（万元）

本工程施工监理服务收费基准价为 48.42 万元。若该建设工程项目属于依法必须实行监理的，监理人和发包人应在此基础上，根据本标准规定，在上下 20% 浮动范围内，协商确定该建设工程项目的施工监理服务收费合同额。

参考案例十：

某公司以石脑油为原料新建 70 万吨/年芳烃联合装置（PX），装置由直馏石脑油加氢装置、连续重整装置、重整催化剂连续再生装置、抽提蒸馏装置、二甲苯分馏装置、甲苯歧化及烷基转移装置、苯－甲苯分馏装置、吸附分离装置、异构化装置组成。芳烃联合装置技术先进，工艺流程复杂、高温、高压、可燃、易爆，采用了 DCS 集中控制系统，要求有成熟的使用经验和良好的技术支持。

工程概算 262000 万元（含外汇 8500 万美元），其中：建筑安装工程费 83840 万元，设备购置费 178160 万元，联合试运转费未列。发包人委托监理人对该建设工程项目进行施工阶段的监理服务，并委托监理人对该建设工程项目进行 IPMT 管理服务，其服务范围包括：设计总协调、采购总协调、计划控制、费用控制、HSE 管理和合同管理。

该工程项目施工监理与相关服务收费按以下步骤计算：

一、计算施工监理服务收费

（一）计算施工监理服务收费计费额

1. 确定工程概算投资额

工程概算投资额＝建筑安装工程费＋设备购置费＋联合试运转费

＝83840＋178160＋0＝262000.00（万元）

2. 确定设备购置费和联合试运转费占工程概算投资额的比例

（设备购置费＋联合试运转费）÷工程概算投资额＝（178160＋0）÷262000＝68.0%

3. 确定施工监理服务收费的计费额

设备购置费和联合试运转费占工程概算投资额的比例超过了收费标准1.0.8条规定的40%，则施工监理服务收费计费额应按如下方式确定：

（1）若该建设工程项目的设备购置费和联合试运转费按40%的比例计入计费额

其施工监理服务收费计费额=建筑安装工程费+（设备购置费+联合试运转费）×40%=83840+（178160+0）×40%=155104.00（万元）

（2）若建设工程项目B的建安工程费与该建设工程项目相同，而设备购置费和联合试运转费等于工程概算投资额的40%，则B项目的施工监理服务收费计费额=建筑安装工程费÷（1-40%）=83840÷（1-40%）=139733.33（万元）

（3）从以上看出，该建设工程项目按（1）式计算出的计费额大于项目B的计费额，符合收费标准1.0.8条的规定，故取155104.00万元为该建设工程项目的施工监理服务收费计费额

（二）计算施工监理服务收费基价

根据本标准附表二，采用内插法计算

$$施工监理服务收费基价=1507.0+\frac{2712.5-1507.0}{200000-100000}\times(155104-100000)$$

$$=2171.28（万元）$$

（三）确定专业调整系数：根据本标准附表三，石化工程专业调整系数为1.0

（四）确定工程复杂程度调整系数：根据本标准表4.2-1规定，芳烃联合装置（PX）的工程复杂程度属于Ⅲ级，工程复杂程度调整系数为1.15

（五）确定高程调整系数：该建设工程项目所处位置海拔高程小于2001米，根据本标准1.0.9条规定，高程调整系数为1.0

（六）计算施工监理服务收费基准价

施工监理服务收费基准价=施工监理服务收费基价×专业调整系数×工程复杂程度调整系数×高程调整系数=2171.28×1.0×1.15×1.0=2496.97（万元）

该建设工程项目的施工监理服务收费基准价2496.97万元。若该建设工程项目属于依法必须实行监理的，监理人和发包人应在此基础上，根据本标准规定，在上下20%浮动范围内，协商确定该建设工程项目的施工监理服务收费合同额。

二、计算其他相关服务收费

经测算，该项目相关服务需要人员配备：高级专家2人、高级专业人员4人、中级专业人员2人。服务周期20个月（每月按25个工作日计算）。

1. 遵照本标准附表四，经发包人与监理人共同确定所需工日及人工日费用如下表：

序号	人员职级	人数	所 需 工 日（人·日）	工日费用（元）
1	高级专家	2	20×25×2=1000	1200
2	高级专业人员	4	20×25×4=2000	1000
3	中级专业人员	2	20×25×2=1000	800

2. 相关服务收费=高级专家人工日标准×所需工日+高级专业人员人工日标准×所需工日+中级专业人员人工日标准×所需工日=1200×1000+1000×2000+800×1000=4000000（元）=400.00（万元）

该建设工程项目的相关服务收费为400.00万元。

参考案例十一：

某公司新建30万吨/年聚丙烯装置，该装置采用改进的国产化第二代环管法聚丙烯工艺技术，设计生产聚丙烯均聚物27个牌号，无规共聚物12个牌号。设计规模为年产30万吨聚丙烯本色粒料，年开工率8000小时。

工程概算74624万元，其中：建筑安装工程费26118.4万元，设备购置费48505.6万元，联合试运转费未列。发包人委托监理人对该建设工程项目进行施工阶段的监理服务。施工监理服务收费按以下步骤计算：

一、计算施工监理服务收费计费额

1. 确定工程概算投资额

工程概算投资额=建筑安装工程费+设备购置费+联合试运转费

=26118.4+48505.6+0=74624.00（万元）

2. 确定设备购置费和联合试运转费占工程概算投资额的比例

（设备购置费+联合试运转费）÷工程概算投资额=（48505.6+0）÷74624=65.0%

3. 确定施工监理服务收费的计费额

设备购置费和联合试运转费占工程概算投资额的比例超过了收费标准1.0.8条规定的40%，则施工监理服务收费计费额应按如下方式确定：

（1）若该建设工程项目的设备购置费和联合试运转费按40%的比例计入计费额

其施工监理服务收费计费额=建筑安装工程费+（设备购置费+联合试运转费）×40%=26118.4+（48505.6+0）×40%=45520.64（万元）

（2）若建设工程项目B的建安工程费与该建设工程项目相同，而设备购置费和联合试运转费等于工程概算投资额的40%，则B项目的施工监理服务收费计费额=建筑安装工程费÷（1-40%）=26118.4÷（1-40%）=43530.67（万元）

（3）从以上看出，该建设工程项目按（1）式计算出的计费额大于项目 B 的计费额，符合收费标准 1.0.8 条的规定，故取 45520.64 万元为该建设工程项目的施工监理服务收费计费额

二、计算施工监理服务收费基价

根据本标准附表二，采用内插法计算

$$施工监理服务收费基价 = 708.2 + \frac{991.4 - 708.2}{60000 - 40000} \times (45520.64 - 40000)$$

$$= 786.37（万元）$$

三、确定专业调整系数：根据本标准附表三，石化工程专业调整系数为 1.0

四、确定工程复杂程度调整系数：根据本标准表 4.2－1 规定，乙烯系列的工程复杂程度属于Ⅲ级，工程复杂程度调整系数为 1.15

五、确定高程调整系数：该建设工程项目所处位置海拔高程小于 2001 米，根据本标准 1.0.9 条规定，高程调整系数为 1.0

六、计算施工监理服务收费基准价

施工监理服务收费基准价 = 施工监理服务收费基价 × 专业调整系数 × 工程复杂程度调整系数 × 高程调整系数 = 786.37 × 1.0 × 1.15 × 1.0 = 904.33（万元）

该建设工程项目的施工监理服务收费基准价 904.33 万元。若该建设工程项目属于依法必须实行监理的，监理人和发包人应在此基础上，根据本标准规定，在上下 20% 浮动范围内，协商确定该建设工程项目的施工监理服务收费合同额。

参考案例十二：

某公司新建 160 万吨/年延迟焦化装置，该装置关键设备大型化，焦炭塔为国内首选 Φ9400 大直径，重 315T；加热炉采用了三室六程；水力除焦设备的扬程达 33MPa，水流量要达到 $320M^3/h$。采用程序控制水力除焦和自动切换联合钻孔、切焦器。

工程概算 24000 万元，其中：建筑安装工程费 8400 万元，设备购置费 15600 万元，联合试运转费未列。发包人委托监理人对该建设工程项目进行施工阶段的监理服务。施工监理服务收费按以下步骤计算：

一、计算施工监理服务收费计费额

1. 确定工程概算投资额

工程概算投资额 = 建筑安装工程费 + 设备购置费 + 联合试运转费

= 8400 + 15600 + 0 = 24000.00（万元）

2. 确定设备购置费和联合试运转费占工程概算投资额的比例

（设备购置费 + 联合试运转费）÷ 工程概算投资额 =（15600 + 0）÷ 24000 =

65.0%

3. 确定施工监理服务收费的计费额

设备购置费和联合试运转费占工程概算投资额的比例超过了收费标准1.0.8条规定的40%，则施工监理服务收费计费额应按如下方式确定：

（1）若该建设工程项目的设备购置费和联合试运转费按40%的比例计入计费额

其施工监理服务收费计费额 = 建筑安装工程费 + （设备购置费 + 联合试运转费）×40%

= 8400 + （15600 + 0）×40% = 14640.00（万元）

（2）若建设工程项目B的建安工程费与该建设工程项目相同，而设备购置费和联合试运转费等于工程概算投资额的40%，则B项目的施工监理服务收费计费额 = 建筑安装工程费 ÷（1 − 40%）= 8400 ÷（1 − 40%）= 14000.00（万元）

（3）从以上看出，该建设工程项目按（1）式计算出的计费额大于项目B的计费额，符合收费标准1.0.8条的规定，故取14640.00万元为该建设工程项目的施工监理服务收费计费额

二、计算施工监理服务收费基价

根据本标准附表二，采用内插法计算

$$施工监理服务收费基价 = 218.6 + \frac{393.4 - 218.6}{20000 - 10000} \times (14640 - 10000)$$

$$= 299.71（万元）$$

三、确定专业调整系数：根据本标准附表三，石化工程专业调整系数为1.0

四、确定工程复杂程度调整系数：本工程属于500万吨/年以上的常减压蒸馏及二次加工装置工程，根据本标准表4.2－1规定，500万吨/年以上的常减压蒸馏及二次加工装置工程复杂程度属于Ⅲ级，工程复杂程度调整系数为1.15

五、确定高程调整系数：该建设工程项目所处位置海拔高程小于2001米，根据本标准1.0.9条规定，高程调整系数为1.0

六、计算施工监理服务收费基准价

施工监理服务收费基准价 = 施工监理服务收费基价 × 专业调整系数 × 工程复杂程度调整系数 × 高程调整系数 = 299.71 × 1.0 × 1.15 × 1.0 = 344.67（万元）

该建设工程项目的施工监理服务收费基准价344.67万元。若该建设工程项目属于依法必须实行监理的，监理人和发包人应在此基础上，根据本标准规定，在上下20%浮动范围内，协商确定该建设工程项目的施工监理服务收费合同额。

参考案例十三：

某公司新建260万吨/年加氢裂化装置。该项装置高温、高压、易燃、易爆，施工难度大。

工程概算104197万元，其中：建筑安装工程费36468.95万元，设备费和联合试运转费67728.05万元。发包人委托监理人对该建设工程项目进行施工阶段的监理服务。施工监理服务收费按以下步骤计算：

一、计算施工监理服务收费计费额

1. 确定工程概算投资额

工程概算投资额 = 建筑安装工程费 + 设备购置费 + 联合试运转费

= 36468.95 + 67728.05 = 104197.00（万元）

2. 确定设备购置费和联合试运转费占工程概算投资额的比例

（设备费 + 联合试运转费）÷工程概算投资额 = 67728.05 ÷ 104197.00 = 65.0%

3. 确定施工监理服务收费的计费额

设备购置费和联合试运转费占工程概算投资额的比例超过了收费标准1.0.8条规定的40%，则施工监理服务收费计费额应按如下方式确定：

（1）若该建设工程项目的设备购置费和联合试运转费按40%的比例计入计费额

其施工监理服务收费计费额 = 建筑安装工程费 +（设备购置费 + 联合试运转费）×40% = 36468.95 + 67728.05 ×40% = 63560.17（万元）

（2）若建设工程项目B的建安工程费与该建设工程项目相同，而设备购置费和联合试运转费等于工程概算投资额的40%，则B项目的施工监理服务收费计费额 = 建筑安装工程费÷（1 - 40%）= 36468.95 ÷（1 - 40%）= 60781.58（万元）

（3）从以上看出，该建设工程项目按（1）式计算出的计费额大于项目B的计费额，符合收费标准1.0.8条的规定，故取63560.17万元为该建设工程项目的施工监理服务收费计费额

二、计算施工监理服务收费基价

根据本标准附表二，采用内插法计算

$$施工监理服务收费基价 = 991.4 + \frac{1255.8 - 991.4}{80000 - 60000} \times (63560.17 - 60000)$$

$$= 1038.47（万元）$$

三、确定专业调整系数：根据本标准附表三，石化工程专业调整系数为1.0

四、确定工程复杂程度调整系数：该工程属于500万吨/年以上的常减压蒸馏及二次加工装置工程，根据本标准表4.2-1规定，500万吨/年以上的常减压蒸馏及二次加工装置工程复杂程度属于Ⅲ级，工程复杂程度调整系数为1.15

五、确定高程调整系数：该建设工程项目所处位置海拔高程小于2001米，根据本标准1.0.9条规定，高程调整系数为1.0

六、计算施工监理服务收费基准价

施工监理服务收费基准价 = 施工监理服务收费基价 × 专业调整系数 × 工程复杂程度

调整系数×高程调整系数=1038.47×1.0×1.15×1.0=1194.24（万元）

该建设工程项目的施工监理服务收费基准价1194.24万元。若该建设工程项目属于依法必须实行监理的，监理人和发包人应在此基础上，根据本标准规定，在上下20%浮动范围内，协商确定该建设工程项目的施工监理服务收费合同额。

5 水利电力工程

5.1 水利电力工程范围

【原文】 适用于水利、发电、送电、变电、核能工程。

【解释】 本章适用于水利、发电、送电、变电、核能等工程的施工监理服务收费。本章各类工程具体包括以下主要工程类型：

1. 水利工程（包括新建、扩建、改建、加固、修复、拆除等项目）主要包括以下类型：

（1）水库工程包括：水库、水土保持骨干坝、拦河闸坝等工程。

（2）其他水利工程主要有：引调（供）水工程的渠道、管线、隧洞、渡槽、倒虹吸、泵站、渠首闸、节制闸和分水闸、水处理工程、交通桥涵、沉砂池等建筑物；河道治理建（构）筑物（水闸、泵站、倒虹吸、交通桥涵等）及河道堤防；河道及沿海的护岸、防波堤、围堰、人工岛、围垦工程、城镇防洪、河口整治工程；灌溉工程；水土保持工程（含铁路、公路、城镇建设、矿山、电力、石油天然气、建材等开发建设项目的配套水土保持工程）。

2. 发电工程主要包括：常规水电站工程、抽水蓄能电站等水电工程，以煤、油、天然气为燃料的火电站工程，风力、潮汐、垃圾、水煤浆、生物质、电磁、太阳能、地热等新能源发电工程等，其他工业建设项目中附属的利用余热发电工程。

3. 送电工程主要包括：各种电压等级的交（直）流送电、供电线路、随电力线路架设的附属通讯光缆线路、地下（直埋或隧道）和水下（包括海底）电缆工程等。

4. 变电工程主要包括：各种电压等级的交（直）流变（配）电站、串补、换流站、开关站工程等。

5. 核能工程包括：核电站核岛、常规岛工程，试验研究堆、核供热堆、生产堆、动力堆等各类核反应堆工程等。

5.2 水利电力工程复杂程度

【原文】 **5.2.1** 水利、发电、送电、变电、核能工程

水利、发电、送电、变电、核能工程复杂程度表　　表5.2－1

等级	工程特征
Ⅰ级	1. 单机容量200MW及以下凝汽式机组发电工程，燃气轮机发电工程，50MW及以下供热机组发电工程； 2. 电压等级220kV及以下的送电、变电工程； 3. 最大坝高＜70m，边坡高度＜50m，基础处理深度＜20m的水库水电工程； 4. 施工明渠导流建筑物与土石围堰； 5. 总装机容量＜50MW的水电工程； 6. 单洞长度＜1km的隧洞； 7. 无特殊环保要求。
Ⅱ级	1. 单机容量300MW～600MW凝汽式机组发电工程，单机容量50MW以上供热机组发电工程，新能源发电工程（可再生能源、风电、潮汐等）； 2. 电压等级330kV的送电、变电工程； 3. 70m≤最大坝高＜100m或1000万m^3≤库容＜1亿m^3的水库水电工程； 4. 地下洞室的跨度＜15m，50m≤边坡高度＜100m，20m≤基础处理深度＜40m的水库水电工程； 5. 施工隧洞导流建筑物（洞径＜10m）或混凝土围堰（最大堰高＜20m）； 6. 50MW≤总装机容量＜1000MW的水电工程； 7. 1km≤单洞长度＜4km的隧洞； 8. 工程位于省级重点环境（生态）保护区内，或毗邻省级重点环境（生态）保护区，有较高的环保要求。
Ⅲ级	1. 单机容量600MW以上凝汽式机组发电工程； 2. 换流站工程，电压等级≥500kV送电、变电工程； 3. 核能工程； 4. 最大坝高≥100m或库容≥1亿m^3的水库水电工程； 5. 地下洞室的跨度≥15m，边坡高度≥100m，基础处理深度≥40m的水库水电工程； 6. 施工隧洞导流建筑物（洞径≥10m）或混凝土围堰（最大堰高≥20m）； 7. 总装机容量≥1000MW的水库水电工程； 8. 单洞长度≥4km的水工隧洞； 9. 工程位于国家级重点环境（生态）保护区内，或毗邻国家级重点环境（生态）保护区，有特殊的环保要求。

【解释】 本表对水利、发电、送电、变电、核能工程施工监理服务工作的复杂程度分类作出规定，其主要等级特征如下：

1. 水库水电工程：

水库水电工程复杂程度分为Ⅰ、Ⅱ、Ⅲ三级。

Ⅰ级应满足如下工程特征之一：

（1）最大坝高<70m、边坡高度<50m、基础处理深度<20m的水库工程、水土保持骨干坝工程、拦河闸工程等；

（2）总装机容量<50MW的水电工程；

（3）无特殊环保要求。

Ⅱ级应满足如下工程特征之一：

（1）70m≤最大坝高<100m或1000万m^3≤库容<1亿m^3的水库水电工程（含水土保持骨干坝工程、拦河闸坝工程）；

（2）地下洞室的跨度<15m，50m≤边坡高度<100m，20m≤基础处理深度<40m的水库水电工程（含水土保持骨干坝工程、拦河闸工程）；

（3）50MW≤总装机容量<1000MW的水电工程；

（4）工程位于省级重点环境（生态）保护区内，或毗邻省级重点环境（生态）保护区，有较高的环保要求。

Ⅲ级应满足如下工程特征之一：

（1）最大坝高≥100m或库容≥1亿m^3的水库水电工程（含拦河闸坝工程）；

（2）地下洞室的跨度≥15m，边坡高度≥100m，基础处理深度≥40m的水库水电工程（含拦河闸坝工程）；

（3）总装机容量≥1000MW的水库水电工程；

（4）工程位于国家级重点环境（生态）保护区内，或毗邻国家级重点环境（生态）保护区，有特殊的环保要求。

根据水库水电工程的不同特点，若某建设项目中的导流建筑物、围堰、水工隧洞、地下洞室等建筑物的复杂程度较该项目中的水库水电工程复杂程度高，则该部分建筑物的工程复杂程度等级按其达到的最高级别确定。①导流建筑物。施工明渠导流建筑物为Ⅰ级复杂程度，洞径<10m的施工隧洞导流建筑物为Ⅱ级复杂程度，洞径≥10m的施工隧洞导流建筑物为Ⅲ级复杂程度。②围堰。土石围堰、草土围堰、木笼围堰为Ⅰ级复杂程度，最大堰高<20m的混凝土围堰、钢板桩格形围堰等为Ⅱ级复杂程度，最大堰高≥20m的混凝土围堰、钢板桩格形围堰等为Ⅲ级复杂程度。③水工隧洞。单洞长度<1km的隧洞为Ⅰ级复杂程度，1km≤单洞长度<4km的隧洞为Ⅱ级复杂程度，单洞长度≥4km的水工隧洞为Ⅲ级复杂程度。

2. 发电工程：燃煤（油）凝汽式机组发电工程根据单机容量不同分为3级，

200MW 及以下机组工程为Ⅰ级复杂程度，300MW～600MW 机组工程为Ⅱ级复杂程度，600MW 以上机组工程因技术难度大、工艺水平要求高定为Ⅲ级复杂程度；供热机组发电工程根据单机容量不同分为 2 级，50MW 及以下机组工程为Ⅰ级复杂程度，50MW 以上机组工程为Ⅱ级复杂程度；燃气轮机发电工程定为Ⅰ级复杂程度；新能源发电工程（风力、潮汐、垃圾、水煤浆、生物质、电磁、太阳能、地热等）因大量采用新技术新工艺定为Ⅱ级复杂程度。

3. 送电工程：以电压等级把送电工程的复杂程度分为Ⅰ、Ⅱ、Ⅲ级，电压等级高的送电线路杆塔高、基础处理难度大，导线截面大、绝缘等级高；电压等级低的送电线路相对简单。

Ⅰ级：220kV 及以下的送电工程，包括架空线路、地下（直埋或隧道）、水下（江、河、湖、海底）电缆及配套光缆调度通讯线路等；

Ⅱ级：330kV 的送电工程，包括架空线路、地下（直埋或隧道）、水下（江、河、湖、海底）电缆及配套光缆调度通讯线路等；

Ⅲ级：500kV 及以上的送电工程，包括交、直流架空线路、地下（直埋或隧道）、水下（江、河、湖、海底）电缆及配套光缆调度通讯线路等。

4. 变电工程：以电压等级把变电工程的复杂程度分 3 级，包括相同电压等级的开关站（开闭所）。因换流设备结构体积大、建筑安装相对工序多，换流站工程列为Ⅲ级复杂程度。

Ⅰ级：220kV 及以下的变电工程，包括新建、扩建、改建、改造、增容变电站（所）、配电站（所）、开关站、开闭所；

Ⅱ级：330kV 的变电工程，包括新建、扩建、改建、改造、增容变电站（所）、开关站、开闭所；

Ⅲ级：500kV 及以上的变电工程和换流站工程，包括新建、扩建、改建、改造、增容变电站（所）、开关站、开闭所，所有电压等级的换流站。

5. 核能工程：包括核电站核岛、常规岛，各类核反应堆工程，建设周期长、涉及系统较多，有严格的抗震、核安全、规范等级及核电质量保证要求，对防止放射性弥散采取了多重保护措施，因此复杂程度定为Ⅲ级。

参考案例一：

某新建水库工程，其最大坝高 128m，水库总库容 4.6 亿 m^3，电站总装机 25MW。大坝基础防渗处理采用混凝土防渗墙，处理深度 50m。临时工程包括施工导流隧洞和土石围堰等。施工导流隧洞洞径 8m。工程项目所处位置海拔高程 620m。工程概算投资 66900 万元，其中，建筑安装工程费 42558 万元。

发包人委托两个监理人为该建设工程项目分别提供施工阶段的施工监理服务与设计

阶段的相关服务（具体内容附后）。

附：发包人要求监理人提供设计阶段服务的内容：

（1）进行施工图审核；

（2）参与工程重大技术问题的研究与专题讨论；

（3）参与设计供图计划审核与协调，监督设计供图进度；

（4）审核设计变更；

（5）依据设计合同审核并签认设计费支付凭证；

（6）提供技术咨询。

该工程项目施工监理与相关服务收费按以下步骤计算：

一、计算施工监理服务收费

施工监理服务收费基准价=施工监理服务收费基价×专业调整系数×工程复杂程度调整系数×高程调整系数

（一）确定施工监理服务收费计费额

水库工程的施工监理服务收费计费额为建筑安装工程费，该建设工程项目的施工监理服务收费的计费额为42558万元。

（二）计算施工监理服务收费基价

根据本标准附表二，采用内插法计算

$$施工监理服务收费基价=708.2+\frac{991.4-708.2}{60000-40000}\times（42558-40000）$$

$$=744.42（万元）$$

（三）确定专业调整系数：根据本标准附表三，水库工程的专业调整系数为1.2

（四）确定工程复杂程度调整系数。根据本标准表5.2-1规定，该工程最大坝高128m>100m，总库容4.6亿m^3>1亿m^3，该水库工程复杂程度属于Ⅲ级，工程复杂程度调整系数为1.15

（五）确定高程调整系数：该建设工程项目所处位置海拔高程620m，根据本标准1.0.9条规定，高程调整系数为1.0

（六）、计算施工监理服务收费基准价

施工监理服务收费基准价=施工监理服务收费基价×专业调整系数×工程复杂程度调整系数×高程调整系数=744.42×1.2×1.15×1.0=1027.30（万元）

该建设工程项目的施工监理服务收费基准价1027.30万元。若该建设工程项目属于依法必须实行监理的，监理人和发包人在此基础上，根据本标准规定，在上下20%浮动范围内，协商确定该建设工程项目的施工监理服务收费合同额。

二、计算设计阶段的相关服务收费

（一）设计阶段相关服务的工作量

经商定，监理人应提供高级专家 1 人，工日数 168；高级专业技术职称监理人员 2 人，每人工日数 540；中级专业技术职称监理人员 3 人，每人工日数 720；初级及以下专业技术职称人员 1 人，工日数 720。

（二）设计阶段相关服务收费额

根据本标准附表四，工日费用标准为：高级专家 1000 元，高级专业技术职称监理人员 900 元，中级专业技术职称监理人员 700 元，初级及以下专业技术职称人员 300 元。

设计阶段相关服务收费额 = 人数 × 工日费用标准 × 工日数 = （1 × 1000 × 168 + 2 × 900 × 540 + 3 × 700 × 720 + 1 × 300 × 720） ÷ 10000 = 286.80（万元）

参考案例二：

某新建水电工程挡水坝最大坝高 76.5m，总库容 8900 万 m^3，电站总装机 90MW。主体工程包括大坝、溢洪道、引水隧洞（单洞长 6km）、调压室、压力钢管、岸边引水式地面厂房、升压站等。施工导流隧洞洞径 8m，土石围堰最大堰高 26m。工程所在区域海拔高程 2060m。工程总投资 65300 万元，其中建筑安装工程费 52600 万元。引水隧洞建筑安装工程费 15600 万元。发包人委托监理人为该建设工程项目提供施工阶段的施工监理服务。施工监理服务收费按以下步骤计算：

施工监理服务收费基准价 = 施工监理服务收费基价 × 专业调整系数 × 工程复杂程度调整系数 × 高程调整系数

一、确定施工监理服务收费计费额

水电工程的施工监理服务收费计费额为建筑安装工程费，该建设工程项目的施工监理服务收费的计费额为 52600 万元。

二、计算施工监理服务收费基价

根据本标准附表二，采用内插法计算

$$施工监理服务收费基价 = 708.2 + \frac{991.4 - 708.2}{60000 - 40000} \times (52600 - 40000)$$

$$= 886.62（万元）$$

三、确定专业调整系数：根据本标准附表三，水电工程的专业调整系数为 1.2

四、确定工程复杂程度调整系数

（1）工程复杂程度调整系数

根据本标准表 5.2－1 规定，该工程最大坝高 76.5m ＞ 100m，1000 万 m^3 ≤ 总库容 8900 万 m^3 ＜ 1 亿 m^3，该工程工程复杂程度属于Ⅱ级，工程复杂程度调整系数为 1.0。

（2）引水隧洞工程复杂程度调整系数

根据本标准表 5.2－1 规定，引水隧洞工程单洞长 6km，满足引水隧洞单洞长度≥4m 的条件，因此，确定该引水隧洞工程复杂程度为Ⅲ级，工程复杂程度调整系数为 1.15。

五、确定高程调整系数：该建设工程项目所处位置海拔高程 2060m，根据本标准 1.0.9 条规定，高程调整系数为 1.1

六、计算施工监理服务收费基准价

施工监理服务收费基准价 = 施工监理服务收费基价 × 专业调整系数 × 工程复杂程度调整系数 × 高程调整系数 ×（工程施工监理服务收费计费额 - 引水隧洞建筑安装工程费）/施工监理服务收费计费额 + 施工监理服务收费基价 × 专业调整系数 × 引水隧洞工程复杂程度调整系数 × 高程调整系数 × 引水隧洞建筑安装工程费/施工监理服务收费计费额 = 886.62 × 1.2 × 1.0 × 1.1 ×（52600 - 15600）/52600 + 886.62 × 1.2 × 1.15 × 1.1 × 15600/52600 = 1222.40（万元）

该建设工程项目的施工监理服务收费基准价 1222.40 万元。若该建设工程项目属于依法必须实行监理的，监理人和发包人在此基础上，根据本标准规定，在上下 20% 浮动范围内，协商确定该建设工程项目的施工监理服务收费合同额。

参考案例三：

某水库除险加固工程项目，坝高 68.5m，总库容 1.3 亿 m^3。主要除险加固项目包括新建泄洪隧洞（隧洞长 260m）、尾水渠、大坝加高加固、防渗处理（坝基防渗处理深度 16m）等。工程概算投资额 4560 万元，其中建筑安装工程费 3760 万元。海拔高程 295m。发包人委托监理人为该建设工程项目提供施工阶段的施工监理服务。

施工监理服务收费按以下步骤计算：

施工监理服务收费基准价 = 施工监理服务收费基价 × 专业调整系数 × 工程复杂程度调整系数 × 高程调整系数

一、确定施工监理服务收费计费额

水库工程的施工监理服务收费计费额为建筑安装工程费，该建设工程项目的施工监理服务收费的计费额为 3760 万元。

二、计算施工监理服务收费基价

根据本标准附表二，采用内插法计算

$$\text{施工监理服务收费基价} = 78.1 + \frac{120.8 - 78.1}{5000 - 3000} \times (3760 - 3000)$$

$$= 94.33\ \text{（万元）}$$

三、确定专业调整系数：根据本标准附表三，水库工程的专业调整系数为 1.2

四、确定工程复杂程度调整系数：根据本标准表 5.2 - 1 规定，该水库工程总库容 1.3 亿 m^3 >1 亿 m^3，该水库工程复杂程度属于Ⅲ级，工程复杂程度调整系数为 1.15

五、确定高程调整系数：该建设工程项目所处位置海拔高程 295m，根据本标准 1.0.9 条规定，高程调整系数为 1.0

六、计算施工监理服务收费基准价

施工监理服务收费基准价＝施工监理服务收费基价×专业调整系数×工程复杂程度调整系数×高程调整系数＝94.33×1.2×1.15×1.0＝130.18（万元）

该建设工程项目的施工监理服务收费基准价130.18万元。若该建设工程项目属于依法必须实行监理的，监理人和发包人在此基础上，根据本标准规定，在上下20%浮动范围内，协商确定该建设工程项目的施工监理服务收费合同额。

参考案例四：

某水土保持骨干坝工程，最大坝高35m，总库容178万m^3。工程海拔高度2615m。工程设计概算645万元，建筑安装工程费512万元。

施工监理服务收费按以下步骤计算：

施工监理服务收费基准价＝施工监理服务收费基价×专业调整系数×工程复杂程度调整系数×高程调整系数

一、确定施工监理服务收费计费额

水库工程的施工监理服务收费计费额为建筑安装工程费，该建设工程项目的施工监理服务收费的计费额为512万元。

二、计算施工监理服务收费基价

按施工监理服务收费计费额512万元查本标准附表二，计费额大于500万元。经商定采用内插法计算

$$施工监理服务收费基价 = 16.5 + \frac{30.1 - 16.5}{1000 - 500} \times (512 - 500)$$

$$= 16.83（万元）$$

三、确定专业调整系数：根据本标准附表三，水库工程的专业调整系数为1.2

四、确定工程复杂程度调整系数：该工程最大坝高35m＜70m，总库容178万m^3＜1000万m^3，根据本标准表5.2－1规定，该水库工程复杂程度属于Ⅰ级，工程复杂程度调整系数为0.85

五、确定高程调整系数：该建设工程项目所处位置海拔高程为2615m，根据本标准1.0.9条规定，高程调整系数为1.1

六、计算施工监理服务收费基准价

施工监理服务收费基准价＝施工监理服务收费基价×专业调整系数×工程复杂程度调整系数×高程调整系数＝16.83×1.2×0.85×1.1＝18.88（万元）

该建设工程项目的施工监理服务收费基准价18.88万元。若该建设工程项目属于依法必须实行监理的，监理人和发包人在此基础上，根据本标准规定，在上下20%浮动范围内，协商确定该建设工程项目的施工监理服务收费合同额。

参考案例五：

某新建水电工程由水库和引水式水电站组成，工程施工区域海拔高程为3325～3360m。水库位于国家4A级风景旅游区中天然湖泊的湖口，属国家级重点生态环境保护区域，最大坝高3m，调节库容2.75亿m^3（年调节）。

引水式水电站位于水库下游约20km处，最大坝高22m，水库正常蓄水位3346.50m，总装机容量4×10MW。工程总工期36个月。

本项目主体工程施工分为三个土建标和一个机电安装标及若干临建工程标，静态投资额约150000万元，建筑安装工程费额为101735万元。

发包人委托监理人为该建设工程项目提供施工阶段的监理服务以及其他相关服务（具体内容附后）。

附：发包人要求监理人提供其他相关服务的主要工作内容：

（一）设计方面

1. 协助发包人与设计、科研单位签订勘测设计、科研试验合同和施工图供图协议。

2. 督促设计人依合同和协议要求按时提供合格的设计文件和图纸等。

3. 协助发包人会同设计人和承包人对设计、施工中的重大技术问题进行专题研讨。

4. 按设计合同要求，协助发包人督促设计人员做好施工现场服务。

5. 保管所有与工程建设有关的设计文件及过程资料，并能在任何合理时间内查阅。

（二）采购方面

1. 协助发包人编制机电设备和金属结构设备采购招标进度计划，审查机电设备和金属结构设备采购的招标设计及招标文件，并参加招标、评标及合同谈判工作。

2. 代表发包人组织机电设备和金属结构设备出厂验收。

3. 代表发包人与供货单位谈判交涉安装调试中发现的设备制造缺陷和质量问题。

4. 代表发包人协调设备供货人与承包人之间的关系。

（三）环境保护及水土保持监督

依照国家环境保护法律、法规及标准要求，以经过审批的工程环境影响报告书和水土保持方案报告书及其批复文件、环境保护设计及施工合同中环境保护和水土保持相关条款为依据，监督承包商或环保措施实施单位依照进度、资金、质量、效果要求，完成环境保护和水土保持工作。

（四）工程质量安全鉴定

监理人应配合、参与国家有关部门组织的工程质量安全鉴定工作，并提供相关的工程资料和文件。

（五）咨询方面

1. 和发包人聘请的咨询专家配合工作。

2. 根据咨询合同规定，向咨询专家提供工程资料与文件。

3. 接收并分析研究咨询专家的建议和备忘录，选择合理的内容，并提出书面报告报发包人。

（六）保修阶段

检查和记录工程质量缺陷，对缺陷原因进行调查分析并确定责任归属，审核修复方案，监督修复过程并验收，审核修复费用。

该工程项目施工监理与相关服务收费按以下步骤计算：

一、计算施工监理服务收费

施工监理服务收费基准价 = 施工监理服务收费基价 × 专业调整系数 × 工程复杂程度调整系数 × 高程调整系数

（一）计算施工监理服务收费计费额

本项目监理合同范围内的工程项目建筑安装工程费为 101735 万元（含临时及辅助工程投资）。根据本标准 1.0.3 条的规定，本项目施工监理服务收费计费额为 101735 万元。

（二）计算施工监理服务收费基价

根据本标准附表二，采用内插法计算

$$\text{施工监理服务收费基价} = 1507 + \frac{2712.5 - 1507}{200000 - 100000} \times (101735 - 100000)$$

$$= 1527.92\ (\text{万元})$$

（三）确定专业调整系数：根据本标准附表三，水电工程的专业调整系数为 1.2

（四）确定工程复杂程度调整系数：根据本标准表 5.2－1 规定，水库位于国家 4A 级风景旅游区中，属国家级重点生态环境保护区域，有特殊的环保要求，工程复杂程度属于Ⅲ级，工程复杂程度调整系数为 1.15

（五）确定高程调整系数：该建设工程项目所处位置海拔高程为 3325～3360m，根据本标准 1.0.9 条规定，高程调整系数为 1.2

（六）计算施工监理服务收费基准价

施工监理服务收费基准价 = 施工监理服务收费基价 × 专业调整系数 × 工程复杂程度调整系数 × 高程调整系数 = 1527.92 × 1.2 × 1.15 × 1.2 = 2530.24（万元）

该建设工程项目的施工监理服务收费基准价 2530.24 万元。若该建设工程项目属于依法必须实行监理的，监理人和发包人应在此基础上，根据本标准规定，在上下 20% 浮动范围内，协商确定该建设工程项目的施工监理服务收费合同额。

二、计算其他相关服务收费

（一）其他相关服务的工作量

经商定，监理人应提供设计方面的高级专家 2 人，工日数 1440，高级专业技术职称监理人员 2 人，工日数 1680；设备采购方面的高级专家 1 人，工日数 540；高级专业技术职称监理人员2人，工日数1440；中级专业技术职称监理人员2人，工日数2160；初级及以下专业技术职称人员2人，工日数2160。

（二）设计阶段相关服务收费额

根据本标准附表四，工日费用标准为：高级专家1000元，高级专业技术职称监理人员900元，中级专业技术职称监理人员700元，初级及以下专业技术职称人员300元。

设计阶段相关服务收费额 = 人数 × 工日费用标准 × 工日数 = ［（1440 + 540） × 1000 + （1680 + 1440） × 900 + 2160 × 700 + 2160 × 300］/10000 = 694.80（万元）

由于水电工程的周期较长，工程比较复杂，需要提供其他服务的时间较长，如果沿用本标准附表四的标准计算，高级专业技术职称监理人员的人月费为19800元，则与同级别的施工监理人员的费用存在较大的差距，发包人一般不用这种方法计算。所以，根据《建设工程监理与相关服务收费管理规定》第四条中“其他阶段的监理与相关服务收费实行市场调节价”的规定，经过发包人和监理人协商确定，可参照现场其他相同级别监理人员的人月费用标准执行。

参考案例六：

某新建水电工程的地下厂房项目，总装机容量460MW，总投资22.82亿元。其中，建筑安装工程费14.80亿元。发包人委托监理人为该建设工程项目提供施工阶段的监理服务以及其他相关服务（具体内容附后）。

附：发包人要求监理人提供其他相关服务的主要工作内容：

（一）设计方面

1. 协助发包人与设计人签订施工图供图协议。

2. 检查供图进度、图纸质量和设计人的现场服务等是否满足协议和合同要求，定期（每月）向发包人报告设计合同和供图协议的履行情况及存在的问题。

3. 协助发包人会同设计人、承包人对设计、施工中的重大技术问题进行专题研讨。

4. 代表业主核查设计文件和各项设计变更，提出意见与优化建议。

5. 保管所有与工程建设有关的设计文件及过程资料，并能在任何合理时间内查阅。

（二）采购方面

1. 协助发包人编制机电设备和金属结构设备采购招标进度计划，审查机电设备和金属结构设备采购的招标设计及招标文件，并参加招标、评标及合同谈判工作。

2. 代表发包人驻厂监造，监督管理生产质量和进度，组织机电设备和金属结构设备出厂验收。

3. 代表发包人与供货单位谈判交涉安装调试中发现的设备制造缺陷和质量问题。

4. 代表发包人协调设备供货人与承包人之间的关系。

（三）环境保护及水土保持监督

依照国家环境保护法律、法规及标准要求，以经过审批的工程环境影响报告书和水土保持方案报告书及其批复文件、环境保护设计及施工合同中环境保护和水土保持相关条款为依据，监督承包商或环保措施实施单位依照进度、资金、质量、效果要求，完成环境保护和水土保持工作。

（四）工程质量安全鉴定

监理人应配合、参与国家有关部门组织的工程质量安全鉴定工作并提供相关的工程资料和文件。

（五）咨询方面

1. 和发包人聘请的咨询专家配合工作。

2. 根据咨询合同规定，向咨询专家提供工程资料与文件。

3. 接收并分析研究咨询专家的建议和备忘录，选择合理的内容，并提出书面报告报发包人。

（六）保修阶段

检查和记录工程质量缺陷，对缺陷原因进行调查分析并确定责任归属，审核修复方案，监督修复过程并验收，审核修复费用。

（七）其他

1. 编制工程总进度计划和资金流计划；

2. 编制主要工程材料采购进度计划，检查协调工程材料供应进度；

3. 协调管理工程施工平面布置及施工交通调度。

该工程项目施工监理与相关服务收费按以下步骤计算：

一、计算施工监理服务收费

施工监理服务收费基准价 = 施工监理服务收费基价 × 专业调整系数 × 工程复杂程度调整系数 × 高程调整系数

（一）计算施工监理服务收费计费额

1. 确定工程概算投资额

本项目监理合同范围内的工程项目建筑安装工程费为 14.80 亿元。根据本标准 1.0.3 条的规定，本项目施工监理服务收费计费额为 14.80 亿元。

（二）计算施工监理服务收费基价

根据本标准附表二，采用内插法计算

$$施工监理服务收费基价 = 1507 + \frac{2712.5 - 1507}{200000 - 100000} \times (148000 - 100000)$$

$$= 2085.64（万元）$$

（三）确定专业调整系数：根据本标准附表三，水电工程专业调整系数为1.2

（四）确定工程复杂程度调整系数：根据本标准表5.2－1规定，50MW≤总装机容量＜1000MW的水电工程的工程复杂程度属于Ⅱ级，工程复杂程度调整系数为1.0

（五）确定高程调整系数：该建设工程项目所处位置海拔小于2001米，根据本标准1.0.9条规定，高程调整系数为1.0

（六）计算施工监理服务收费基准价

施工监理服务收费基准价＝施工监理服务收费基价×专业调整系数×工程复杂程度调整系数×高程调整系数＝2085.64×1.2×1.0×1.0＝2502.77（万元）

该建设工程项目的施工监理服务收费基准价2502.77万元。若该建设工程项目属于依法必须实行监理的，监理人和发包人应在此基础上，根据本标准规定，在上下20%浮动范围内，协商确定该建设工程项目的施工监理服务收费合同额。

二、计算其他阶段的相关服务收费

（一）其他相关服务的工作量

经商定，监理人应提供设计方面的高级专家2人，工日数1440；高级专业技术职称监理人员3人，工日数2520；设备采购方面的高级专家1人，工日数840；高级专业技术职称监理人员2人，工日数2160；中级专业技术职称监理人员4人，工日数4320；初级及以下专业技术职称人员3人，工日数3240。

（二）设计阶段相关服务收费额

根据本标准附表四，工日费用标准为：高级专家1000元，高级专业技术职称监理人员900元，中级专业技术职称监理人员700元，初级及以下专业技术职称人员300元。

设计阶段相关服务收费额＝人数×工日费用标准×工日数

＝［（1440＋840）×1000＋（2520＋2160）×900＋4320×700＋3240×300］/10000

＝1048.80（万元）

由于水电工程的周期较长，工程比较复杂，需要提供其他服务的时间较长，如果沿用本标准附表四的标准计算，高级专业技术职称监理人员的人月费为19800元，则与同级别的施工监理人员的费用存在较大的差距，发包人一般不用这种方法计算。所以，根据《建设工程监理与相关服务收费管理规定》第四条中“其他阶段的监理与相关服务收费实行市场调节价”的规定，经过发包人和监理人协商确定，参照现场其他相同级别监理人员的人月费用标准执行。

参考案例七：

某新建水电站枢纽由挡水、泄洪、消能及引水发电等永久建筑物组成。其混凝土双曲拱坝最大坝高305m，坝顶弧长568.6m；泄洪建筑物由坝身四个表孔、五个深孔和右岸泄洪洞组成；二道坝和水垫塘构成坝下消能区；电站装机容量3600MW（6×

600MW），多年平均发电量 166.2 亿 kW·h。水库正常蓄水位 1880m，正常蓄水位以下库容 77.6 亿 m^3，调节库容 49.1 亿 m^3。施工导流前期采用河床断流围堰，左、右岸各一条导流洞导流，左岸 1 号导流洞主洞长约 1213m，右岸 2 号导流洞主洞长约 1220m；导流洞净断面约为 15m×19m，开挖断面达到 16.2m×20.2m，为城门洞型，流洞进口边坡最大开挖高度 135m，后期坝体预留孔口导流，采用全年施工的方案。工程总投资 238 亿元，总工期 128 个月。

大坝工程监理标范围内的工程项目分为四个施工标段，建筑安装工程费为 60.48 亿元。

发包人委托监理人为该建设工程项目大坝工程监理标提供施工阶段的监理服务以及其他相关服务（具体内容附后）。

附：发包人要求监理人提供其他相关服务的主要工作内容：

（一）设计方面

1. 协助发包人与设计人签订施工图供图协议。

2. 检查供图进度、图纸质量和设计人的现场服务等是否满足协议和合同要求，定期（每月）向发包人报告设计合同和供图协议的履行情况及存在的问题。

3. 协助发包人会同设计人、承包人对设计、施工中的重大技术问题进行专题研讨。

4. 代表业主核查设计文件和各项设计变更，提出意见与优化建议。

5. 保管所有与工程建设有关的设计文件及过程资料，并能在任何合理时间内查阅。

（二）采购方面

1. 协助发包人编制机电设备和金属结构设备采购招标进度计划，审查机电设备和金属结构设备采购的招标设计及招标文件，并参加招标、评标及合同谈判工作。

2. 代表发包人组织机电设备和金属结构设备出厂验收。

3. 代表发包人与供货单位谈判交涉安装调试中发现的设备制造缺陷和质量问题。

4. 代表发包人协调设备供货人与承包人之间的关系。

（三）环境保护及水土保持监督

依照国家环境保护法律、法规及标准要求，以经过审批的工程环境影响报告书和水土保持方案报告书及其批复文件、环境保护设计及施工合同中环境保护和水土保持相关条款为依据，监督承包商或环保措施实施单位依照进度、资金、质量、效果要求，完成环境保护和水土保持工作。

（四）工程质量安全鉴定

监理人应配合、参与国家有关部门组织的工程质量安全鉴定工作，并提供相关的工程资料和文件。

（五）咨询方面

1. 和发包人聘请的咨询专家配合工作。

2. 根据咨询合同规定，向咨询专家提供工程资料与文件。

3. 接收并分析研究咨询专家的建议和备忘录，选择合理的内容，并提出书面报告报发包人。

（六）保修阶段

检查和记录工程质量缺陷，对缺陷原因进行调查分析并确定责任归属，审核修复方案，监督修复过程并验收，审核修复费用。

（七）其他

1. 编制工程总进度计划和资金流计划；

2. 编制主要工程材料采购进度计划，检查协调工程材料供应进度；

3. 协调标段承包商之间的施工工艺、工序，生产安全，材料供应等各方面的关系；

4. 协调管理工程施工平面布置及施工交通调度。

该工程项目施工监理与相关服务收费按以下步骤计算：

一、计算施工监理服务收费

施工监理服务收费基准价 = 施工监理服务收费基价 × 专业调整系数 × 工程复杂程度调整系数 × 高程调整系数

（一）计算施工监理服务收费计费额

本项目监理合同范围内的工程项目建筑安装工程费为 60.48 亿元。根据本标准 1.0.3 条的规定，本项目施工监理服务收费计费额为 60.48 亿元。

（二）计算施工监理服务收费基价

根据本标准附表二，采用内插法计算

$$\text{施工监理服务收费基价} = 6835.6 + \frac{8658.4 - 6835.6}{800000 - 600000} \times (604800 - 600000)$$
$$= 6879.35 \text{（万元）}$$

（三）确定专业调整系数：根据本标准附表三，水电工程专业调整系数为 1.2

（四）确定工程复杂程度调整系数：根据本标准表 5.2 - 1 规定，最大坝高 $305m > 100m$，开挖高边坡 $\geqslant 100m$；总装机容量 $3600MW > 1000MW$，库容 77.6 亿 $m^3 > 1$ 亿 m^3，导流洞净断面约为 $15m \times 19m > 10m^2$。该项目的工程复杂程度属于Ⅲ级，工程复杂程度调整系数为 1.15

（五）确定高程调整系数：该建设工程项目所处位置海拔高程小于 2001 米，根据本标准 1.0.9 条规定，高程调整系数为 1.0

（六）计算施工监理服务收费基准价

施工监理服务收费基准价 = 施工监理服务收费基价 × 专业调整系数 × 工程复杂程度调整系数 × 高程调整系数 = $6879.35 \times 1.2 \times 1.15 \times 1.0 = 9493.50$（万元）

该建设工程项目的施工监理服务收费基准价 9493.50 万元。若该建设工程项目属于依法必须实行监理的，监理人和发包人应在此基础上，根据本标准规定，在上下20%浮动范围内，协商确定该建设工程项目的施工监理服务收费合同额。

二、计算其他阶段的相关服务收费

（一）其他相关服务的工作量

经商定，监理人应提供设计方面的高级专家2人，工日数5040，高级专业技术职称监理人员3人，工日数7560；设备采购方面的高级专家1人，工日数1080；高级专业技术职称监理人员2人，工日数2520；中级专业技术职称监理人员6人，工日数6480；初级及以下专业技术职称人员3人，工日数4300。

（二）设计阶段相关服务收费额

根据本标准附表四，工日费用标准为：高级专家1000元，高级专业技术职称监理人员900元，中级专业技术职称监理人员700元，初级及以下专业技术职称人员300元。

设计阶段相关服务收费额＝人数×工日费用标准×工日数＝［（5040＋1080）×1000＋（7560＋2520）×900＋6480×700＋4320×300］/10000＝2102.40（万元）

由于水电工程的周期较长，工程比较复杂，需要提供其他服务的时间较长，如果沿用本标准附表四的标准计算，高级专业技术职称监理人员的人月费为19800元，则与同级别的施工监理人员的费用存在较大的差距，发包人一般不用这种方法计算。所以，根据《建设工程监理与相关服务收费管理规定》第四条中“其他阶段的监理与相关服务收费实行市场调节价”的规定，经过发包人和监理人协商确定，参照现场其他相同级别监理人员的人月费用标准执行。

参考案例八：

某新建火力发电工程，本期工程规模为2×300MW亚临界凝汽式发电机组，同步建设烟气脱硫装置，电厂海拔高程1020米左右。工程静态投资额为266676万元，其中主辅生产工程建筑安装工程费为75953万元，与厂址有关的单项工程（包括灰场、水源地、地基处理、厂区及施工区土石方、脱硫系统工程，不包括交通运输、生活福利工程）建筑安装工程费为14802万元，合计本工程建筑安装工程费总额为90755万元，设备购置费（含脱硫系统）为115929万元，联合试运转费（分系统调试及整套启动试运费）为2105万元。发包人委托监理人对该建设工程项目进行施工阶段的监理服务。施工监理服务收费按以下步骤计算：

施工监理服务收费基准价＝施工监理服务收费基价×专业调整系数×工程复杂程度调整系数×高程调整系数

一、计算施工监理服务收费计费额

1. 确定工程概算投资额

工程概算投资额＝建筑安装工程费＋设备购置费＋联合试运转费

=90755+115929+2105=208789.00（万元）

2. 确定设备购置费和联合试运转费占工程概算投资额的比例

（设备购置费+联合试运转费）÷工程概算投资额=（115929+2105）÷208789=56.5%

3. 确定施工监理服务收费的计费额

设备购置费和联合试运转费占工程概算投资额的比例超过了收费标准1.0.8条规定的40%，则施工监理服务收费计费额应按如下方式确定：

（1）若该建设工程项目的设备购置费和联合试运转费按40%的比例计入计费额，其施工监理服务收费计费额=建筑安装工程费+（设备购置费+联合试运转费）×40%=90755+（115929+2105）×40%=137968.60（万元）

（2）若建设工程项目B的建安工程费与该建设工程项目相同、而设备购置费和联合试运转费等于工程概算投资额的40%，则B项目的施工监理服务收费计费额=建筑安装工程费÷（1－40%）=90755÷（1－40%）=151258.33（万元）

（3）从以上看出，该建设工程项目的设备购置费和联合试运转费之和（118034万元）比项目B的设备购置费和联合试运转费之和（151258.33×40%=60503.33万元）大，但该建设工程项目按（1）式计算出的计费额却小于项目B的计费额，若取（1）式的计算结果为该建设工程项目的施工监理服务计费额，则不符合本标准1.0.8条的规定

根据本标准1.0.8条的规定，该建设工程项目的施工监理服务收费计费额应不小于151258.33万元，故取151258.33万元为该建设工程项目施工监理服务收费计费额。

二、计算施工监理服务收费基价

根据本标准附表二，采用内插法计算

$$\text{施工监理服务收费基价}=1507.0+\frac{2712.5-1507.0}{200000-100000}\times(151258.33-100000)$$

$$=2124.92\text{（万元）}$$

三、确定专业调整系数：根据本标准附表三，火电工程专业调整系数为1.0

四、确定工程复杂程度调整系数：根据本标准表5.2－1，单机容量300MW～600MW凝汽式机组发电工程复杂程度属于Ⅱ级，工程复杂程度调整系数为1.0

五、确定工程高程调整系数：该建设工程项目所处位置海拔小于2001米，根据本标准1.0.9条规定，高程调整系数为1.0

六、施工监理服务收费基准价

施工监理服务收费基准价=施工监理服务收费基价×专业调整系数×工程复杂程度调整系数×高程调整系数=2124.92×1.0×1.0×1.0=2124.92（万元）

该工程施工监理服务收费基准价为2124.92万元。若该建设工程项目属于依法必须

实行监理的，监理人和发包人应在此基础上，根据本标准规定，在上下20%的浮动范围内，协商确定该建设工程项目的施工监理服务收费合同额。

参考案例九：

某500kV送电线路工程，线路全长890公里。工程静态投资为143260万元，其中安装工程费108582万元，设备购置费为0万元，联合试运转费（整套启动调试费）815万元。工程施工计划工期24个月。

发包人拟将全线分为5个标段，由5个监理人对该建设工程项目进行施工阶段的监理服务，其中一个监理人担任工程施工监理服务总负责单位。各标段安装工程费、联合试运转费分别为：A标段20185万元、153万元；B标段24320万元、187万元；C标段23756万元、175万元；D标段19922万元、144万元；E标段20399万元、156万元。其中B、C标段平均海拔高程分别为2330米和2190米，其余各标段平均海拔高程均低于2001米。

发包人聘请一个监理人承担工程设计阶段咨询服务（主要服务内容附后）。

发包人要求各施工监理人在完成相应施工监理服务的同时承担部分工程相关管理服务（主要服务内容附后）。

附：发包人要求监理人提供其他相关服务的主要工作内容：

（一）设计阶段相关服务的主要工作内容

协助发包人完成设计阶段的各项管理工作。包括：对各设计单位进行协调管理，监督合同履行；审查设计进度计划并监督实施，负责各阶段设计文件的催交；核查设计大纲和设计深度、使用技术规范合理性，对设计方案提出优化建议；审核设计概算；审核设计单位提出的施工招标工程量及招标图纸；核对专业接口，国内、国外图纸接口；参加初步设计审查，并监督检查初步设计审查意见的执行情况；负责施工图审查，并签署审核意见；组织、主持施工图会审（形成会审结论）和施工图交底；接收、分发、管理设计文件、图纸；核查设计变更中的工程量、费用等，签署意见并发放（如遇重大设计变更，事先向发包人报告）；核查竣工草图、竣工图。

（二）其他相关管理服务的主要内容

工程前期准备阶段：制定工程施工和施工管理总体规划（含创优计划）；协助发包人办理工程开工手续；协助发包人协调包括当地政府部门、电力部门及地方有关部门等各有关单位的工作关系；协助发包人完成包括征地、拆迁、赔偿等工作。

工程施工招标阶段：协助编制施工招标文件，协助发包人进行招标标段划分，明确各标段接口；协助审核设计单位提出的施工招标工程量及图纸；协助编制施工招标标底；参加投标单位资格预审；协助进行标书发售、现场调查、招标文件答疑和修订等；参加招标发布会、标前会、开标、评标等项招标活动；参加合同谈判，整理合同文件；

建立招标档案，移交给发包人。

工程实施阶段：组织对工程所用的原材料、构配件、设备的现场交接和进场验收；代表发包人参加主要材料的现场开箱检查，对设备保管提出意见，对设备现场消缺进行监督与复核；负责物资设备由项目所在地卸货站、码头至工地的验收、接货、分发、装卸、运输、就位等全过程的协调、管理、监督工作；安排供货商的现场服务；组织工程参建单位配合系统调试、启动、试运行。

工程竣工验收阶段：组织工程初检；参加质监检查、竣工预验收和竣工验收，督促消缺并参加复检；审查施工承包商提出的竣工验收报告；组织工程总结、工程档案资料的编写、整理并移交发包人。

工程后期阶段：组织完成达标投产的自、预检查，督促消缺；参加达标投产、创优、环评验收等检查工作；进行保修期内的各项管理工作。

（三）工程施工监理服务总体协调工作内容

协助发包人完成工程施工阶段的各项总体协调工作。包括：协调工程实施过程中的各参建单位的关系，组织工程总体协调等会议；负责组织编写、审核、汇总工程各项计划（安全、质量、创优、进度、物资供应、资金使用、开工前准备、各阶段验评等）；负责编制工程总体监理规划及监理细则编制要求，组织各施工监理人编制各标段监理规划、监理细则，统一工程各项管理流程、报表、表格、文件格式等；组织全线中间验评、竣工初验、竣工验收、复验等验收验评工作；收集、汇总、整理工程各项信息上报发包人；组织进行工程各项检查、评比等；汇总、整理工程各项总结并移交发包人。

一、计算施工监理服务收费基准价

施工监理服务收费基准价 = 施工监理服务收费基价 × 专业调整系数 × 工程复杂程度调整系数 × 高程调整系数

（一）计算施工监理服务收费计费额

1. 确定工程概算投资额

工程概算投资额 = 建筑安装工程费 + 设备购置费 + 联合试运转费

= 108582 + 0 + 815 = 109397.00（万元）

2. 确定设备购置费和联合试运转费占工程概算投资额的比例

（设备购置费 + 联合试运转费）÷ 工程概算投资额 =（0 + 815）÷ 109397 = 0.7%

3. 确定施工监理服务收费的计费额

因设备购置费和联合试运转费占工程概算投资额的比例未达到 40%，故：

标段施工监理服务收费计费额 = 标段建筑安装工程费 + 标段设备购置费 + 标段联合试运转费，即：

A 标段施工监理服务收费计费额 = 20185 + 0 + 153 = 20338.00（万元）

B 标段施工监理服务收费计费额 = 24320 + 0 + 187 = 24507.00（万元）

C 标段施工监理服务收费计费额 = 23756 + 0 + 175 = 23931.00（万元）

D 标段施工监理服务收费计费额 = 19922 + 0 + 144 = 20066.00（万元）

E 标段施工监理服务收费计费额 = 20399 + 0 + 156 = 20555.00（万元）

（二）计算施工监理服务收费基价

根据本标准附表二，各标段施工监理服务收费基价采用内插法计算，即：

A 标段施工监理服务收费基价 $= 393.4 + \frac{708.2 - 393.4}{40000 - 20000} \times (20338 - 20000)$

$= 398.72$（万元）

B 标段施工监理服务收费基价 $= 393.4 + \frac{708.2 - 393.4}{40000 - 20000} \times (24507 - 20000)$

$= 464.34$（万元）

C 标段施工监理服务收费基价 $= 393.4 + \frac{708.2 - 393.4}{40000 - 20000} \times (23931 - 20000)$

$= 455.27$（万元）

D 标段施工监理服务收费基价 $= 393.4 + \frac{708.2 - 393.4}{40000 - 20000} \times (20066 - 20000)$

$= 394.44$（万元）

E 标段施工监理服务收费基价 $= 393.4 + \frac{708.2 - 393.4}{40000 - 20000} \times (20555 - 20000)$

$= 402.14$（万元）

（三）确定专业调整系数：根据本标准附表三，送变电工程专业调整系数为 1.0

（四）确定工程复杂程度调整系数：根据本标准表 5.2－1，电压等级 ≥500kV 送电、变电工程复杂程度属Ⅲ级，故工程复杂程度调整系数为 1.15

（五）确定工程高程调整系数：该建设工程项目 B、C 标段所处位置海拔高程在 2001～3000 米之间，根据本标准 1.0.9 条规定，高程调整系数为 1.1；A、D、E 标段所处位置海拔高程小于 2001 米，根据本标准 1.0.9 条规定，高程调整系数为 1.0

（六）计算施工监理服务收费基准价

施工监理服务收费基准价 = 施工监理服务收费基价 × 专业调整系数 × 工程复杂程度调整系数 × 高程调整系数

且各标段海拔高程调整系数不同，因此应分别计算各标段施工监理服务收费基准价，分别为：

A 标段施工监理服务收费基准价 = 398.72 × 1.0 × 1.15 × 1.0 = 458.53（万元）

B 标段施工监理服务收费基准价 = 464.34 × 1.0 × 1.15 × 1.1 = 587.39（万元）

C 标段施工监理服务收费基准价 = 455.27 × 1.0 × 1.15 × 1.1 = 575.92（万元）

D 标段施工监理服务收费基准价 =394.44 ×1.0 ×1.15 ×1.0 =453.61（万元）

E 标段施工监理服务收费基准价 =402.14 ×1.0 ×1.15 ×1.0 =462.46（万元）

合计本工程施工监理服务收费基准价为 2537.91 万元。

该工程施工监理服务收费基准价为 2537.91 万元。若该建设工程项目属于依法必须实行监理的，监理人和发包人应在此基础上，根据本标准规定，在上下 20% 的浮动范围内，协商确定该项施工监理服务收费合同额。

二、计算施工监理服务总体协调费

根据收费标准 1.0.11 条规定，经与发包人协商，本工程施工监理服务总体协调费按照各监理人合计监理服务收费额的 5% 计取，即：

工程施工监理服务总体协调费 =2537.91 ×5% =126.90（万元）

三、计算工程设计阶段咨询服务收费

本标准 1.0.2 及 1.0.4 条规定，工程勘察、设计、保修等其他相关服务收费一般按相关服务所需工日和《建设工程监理与相关服务人员人工日费用标准》收费。

根据发包人提出的设计阶段咨询服务主要内容，经测算并与发包人协商确定，本工程设计阶段咨询服务所需工日为 720 工日，要求设计咨询服务人员均具有高级专业技术职称。根据本标准附表四《建设工程监理与相关服务人员人工日费用标准》规定，高级专业技术职称的监理与相关服务人员工日费用标准为 800 ~1000 元，考虑行业工资水平，确定工日费用标准为 1000 元/工日。

设计阶段咨询服务收费 =720 工日 ×1000 元/工日 =72.00（万元）

四、计算工程其他相关管理服务费收费

本标准 1.0.2 及 1.0.4 条规定，工程勘察、设计、保修等其他相关服务收费一般按相关服务所需工日和《建设工程监理与相关服务人员人工日费用标准》收费。

根据发包人提出的工程相关管理服务主要内容，经测算并与发包人协商确定，各标段施工监理人所需工日为 3 人 ×360 日 =1080 工日，要求服务人员高级专业技术职称 1 人，中级专业技术职称 2 人。根据本标准附表四《建设工程监理与相关服务人员人工日费用标准》规定，高级专业技术职称的监理与相关服务人员工日费用标准为 800 ~1000 元，中级专业技术职称的监理与相关服务人员工日费用标准为 600 ~800 元，考虑行业工资及当地物价水平，确定高级职称人员工日费用标准为 1000 元/工日，中级职称人员工日费用标准为 800 元/工日。

各标段监理人工程相关管理服务收费 =1 ×360 工日 ×1000 元/工日 +2 ×360 工日 ×800 元/工日 =93.60（万元）

合计本工程相关管理服务费用 =5 ×93.60 =468.00（万元）

参考案例十：

某新建220kV变电站工程，本期建设1台180MVA三相有载调压降压变压器，220kV进线2回，110kV出线4回，35kV出线7回，3×10Mvar无功补偿电容器，220kV、110kV电气设备为GIS组合电器。工程静态投资7184万元，其中建筑安装工程费1295万元，设备购置费4231万元，联合试运转费（分系统调试及整套启动试运费）132万元。海拔高程55米。发包人委托监理人为该建设工程项目提供施工阶段的监理服务。施工监理服务收费按以下步骤计算：

施工监理服务收费基准价=施工监理服务收费基价×专业调整系数×工程复杂程度调整系数×高程调整系数

一、计算施工监理服务收费计费额

1．确定工程概算投资额

工程概算投资额=建筑安装工程费+设备购置费+联合试运转费

=1295+4231+132

=5658.00（万元）

2．确定设备购置费和联合试运转费占工程概算投资额的比例

（设备购置费+联合试运转费）÷工程概算投资额=（4231+132）÷5658=77.1%

3．施工监理服务收费的计费额

设备购置费和联合试运转费占工程概算投资额的比例超过了收费标准1.0.8条规定的40%，则施工监理服务收费计费额应按如下方式确定：

（1）若该建设工程项目的设备购置费和联合试运转费按40%的比例计入计费额

其施工监理服务收费的计费额=建筑安装工程费+（设备购置费+联合试运转费）×40%=1295+（4231+132）×40%=3040.20（万元）

（2）若建设工程项目B的建安工程费与该建设工程项目相同，而设备购置费和联合试运转费等于工程概算投资额的40%，则B项目的施工监理服务收费计费额=建筑安装工程费÷（1-40%）=1295÷（1-40%）=2158.33（万元）

（3）从以上看出，该建设工程项目按（1）式计算出的计费额大于项目B的计费额，符合收费标准1.0.8条的规定，故取3040.33万元为该建设工程项目的施工监理服务收费计费额

二、计算施工监理服务收费基价

根据本标准附表二，采用内插法计算

$$施工监理服务收费基价=78.1+\frac{120.8-78.1}{5000-3000}\times(3040.33-3000)$$

$$=78.96（万元）$$

三、确定专业调整系数：根据本标准附表三，送变电工程专业调整系数为1.0

四、确定工程复杂程度调整系数：根据本标准表5.2－1，电压等级220kV及以下的送电、变电工程复杂程度为Ⅰ级，工程复杂程度调整系数为0.85

五、确定工程高程调整系数：该建设工程项目所处位置海拔小于2001米，根据本标准1.0.9条规定，高程调整系数为1.0

六、计算施工监理服务收费基准价

施工监理服务收费基准价＝施工监理服务收费基价×专业调整系数×工程复杂程度调整系数×高程调整系数＝78.96×1.0×0.85×1.0＝67.12（万元）

该工程施工监理服务收费基准价为67.12万元。若该建设工程项目属于依法必须实行监理的，监理人和发包人应在此基础上，根据本标准规定，在上下20%浮动范围内，协商确定该建设工程项目的施工监理服务收费合同额。

参考案例十一：

某试验研究堆工程，工程总概算投资为77600万元，其中建筑安装费为19652万元，设备购置费为38345万元，联合试运转费为1555万元。发包人委托监理人为该建设工程项目提供施工阶段的监理服务。施工监理服务收费基准价计算步骤：

施工监理服务收费基准价＝施工监理服务收费基价×专业调整系数×工程复杂程度调整系数×高程调整系数

一、计算施工监理服务收费计费额

1．确定工程概算投资额

工程概算投资额＝建筑安装工程费＋设备购置费＋联合试运转费

＝19652＋38345＋1555

＝59552.00（万元）

2．确定设备购置费和联合试运转费占工程概算投资额的比例

（设备购置费＋联合试运转费）÷工程概算投资额＝（38345＋1555）÷59552＝67.0%

3．确定施工监理服务收费的计费额

设备购置费和联合试运转费占工程概算投资额的比例超过了收费标准1.0.8条规定的40%，则施工监理服务收费计费额应按如下方式确定：

（1）若该建设工程项目的设备购置费和联合试运转费按40%的比例计入计费额

其施工监理服务收费计费额＝建筑安装工程费＋（设备购置费＋联合试运转费）×40%＝19652＋（38345＋1555）×40%＝35612.00（万元）

（2）若建设工程项目B的建安工程费与该建设工程项目相同，而设备购置费和联

合试运转费等于工程概算投资额的40%，则B项目的施工监理服务收费计费额=建筑安装工程费÷（1-40%）=19652÷（1-40%）=32753.33（万元）

（3）从以上看出，该建设工程项目按（1）式计算出的计费额大于项目B的计费额，符合收费标准1.0.8条的规定，故取35612.00万元为该建设工程项目的施工监理服务收费计费额

二、计算施工监理服务收费基价

根据本标准附表二，采用内插法计算

$$施工监理服务收费基价=393.4+\frac{708.2-393.4}{40000-20000}\times(35612-20000)$$
$$=639.13（万元）$$

三、确定专业调整系数：根据本标准附表三，核电及核能工程专业调整系数为1.2

四、确定工程复杂程度调整系数：根据本标准表5.2-1，核电及核能工程工程复杂程度属于Ⅲ级，工程复杂程度调整系数为1.15

五、确定工程高程调整系数：该建设工程项目所处位置海拔小于2001米，根据本标准1.0.9条规定，高程调整系数为1.0

六、计算施工监理服务收费基准价

施工监理服务收费基准价=施工监理服务收费基价×专业调整系数×工程复杂程度调整系数×高程调整系数=639.13×1.2×1.15×1.0=882.00（万元）

该工程施工监理服务收费基准价为882.00万元。若该建设工程项目属于依法必须实行监理的，监理人和发包人应在此基础上，根据本标准规定，在上下20%浮动范围内，协商确定该建设工程项目的施工监理服务收费合同额。

参考案例十二：

某核电站工程，工程总概算投资为1579739万元，其中建筑安装费为394567万元，设备购置费为627551万元，联合试运转费为8185万元。发包人委托监理人为该建设工程项目提供施工阶段的监理服务。施工监理服务收费基准价计算步骤：

一、计算施工监理服务收费计费额

1．确定工程概算投资额

工程概算投资额=建筑安装工程费+设备购置费+联合试运转费

=394567+627551+8185

=1030303.00（万元）

2．确定设备购置费和联合试运转费占工程概算投资额的比例

（设备购置费+联合试运转费）÷工程概算投资额=（627551+8185）÷1030303=61.7%

3．确定施工监理服务收费的计费额

设备购置费和联合试运转费占工程概算投资额的比例超过了收费标准1.0.8条规定的40%，则施工监理服务收费计费额应按如下方式确定：

（1）若该建设工程项目的设备购置费和联合试运转费按40%的比例计入计费额，其施工监理服务收费计费额=建筑安装工程费+（设备购置费+联合试运转费）×40%=394567+（627551+8185）×40%=648861.40（万元）

（2）若建设工程项目B的建安工程费与该建设工程项目相同、而设备购置费和联合试运转费等于工程概算投资额的40%，则B项目的施工监理服务收费计费额=建筑安装工程费÷（1-40%）=394567÷（1-40%）=657611.67（万元）

（3）从以上看出，该建设工程项目的设备购置费和联合试运转费之和（635736万元）比项目B的设备购置费和联合试运转费之和（657611.67×40%=263044.67万元）大，但该建设工程项目按（1）式计算出的计费额却小于项目B的计费额，若取（1）式的计算结果为该建设工程项目的施工监理服务收费计费额，则不符合本标准1.0.8条的规定

根据本标准1.0.8条的规定，该建设工程项目的施工监理服务收费计费额应不小于657611.67万元，故取657611.67万元为该建设工程项目施工监理服务收费计费额。

二、计算施工监理服务收费基价

根据本标准附表二，采用内插法计算

$$施工监理服务收费基价=6835.6+\frac{8658.4-6835.6}{800000-600000}\times（657611.67-600000）$$

$$=7360.67（万元）$$

三、确定专业调整系数：根据本标准附表三，核电工程专业调整系数为1.2

四、确定工程复杂程度调整系数：根据本标准表5.2-1，核电工程工程复杂程度属于Ⅲ级，工程复杂程度调整系数为1.15

五、确定高程调整系数：该工程位于海拔高程2001米以下，根据本标准1.0.9条规定，高程调整系数为1.0

六、计算施工监理服务收费基准价

施工监理服务收费基准价=施工监理服务收费基价×专业调整系数×工程复杂程度调整系数×高程调整系数=7360.67×1.2×1.15×1.0=10157.72（万元）

该工程施工监理服务收费基准价为10157.72万元。若该建设工程项目属于依法必须实行监理的，监理人和发包人应在此基础上，根据本标准规定，在上下20%浮动范围内，协商确定该建设工程项目的施工监理服务收费合同额。

【原文】 **5.2.2** 其他水利工程

其他水利工程复杂程度表 表5.2－2

等级	工程特征
Ⅰ级	1. 流量＜$15m^3/s$的引调水渠道管线工程； 2. 堤防等级Ⅴ级的河道治理建（构）筑物及河道堤防工程； 3. 灌区田间工程； 4. 水土保持工程。
Ⅱ级	1. $15m^3/s$≤流量＜$25m^3/s$的引调水渠道管线工程； 2. 引调水工程中的建筑物工程； 3. 丘陵、山区、沙漠地区的引调水渠道管线工程； 4. 堤防等级Ⅲ、Ⅳ级的河道治理建（构）筑物及河道堤防工程。
Ⅲ级	1. 流量≥$25m^3/s$的引调水渠道管线工程； 2. 丘陵、山区、沙漠地区的引调水建筑物工程； 3. 堤防等级Ⅰ、Ⅱ级的河道治理建（构）筑物及河道堤防工程； 4. 护岸、防波堤、围堰、人工岛、围垦工程，城镇防洪、河口整治工程。

【解释】 本表对其他水利工程复杂程度作出规定。工程复杂程度分为Ⅰ、Ⅱ、Ⅲ三级。

1. 渠道管线工程。流量＜$15m^3/s$的引调水渠道管线工程为Ⅰ级工程复杂程度；丘陵、山区、沙漠（含戈壁）地区的引调（供）水渠道管线工程，或$15m^3/s$≤流量＜$25m^3/s$的引调水渠道管线工程，均为Ⅱ级工程复杂程度；流量≥$25m^3/s$的引调水渠道管线工程为Ⅲ级工程复杂程度。

2. 引调水工程中的建筑物工程，主要包括隧洞、渡槽、倒虹吸、泵站、渠首闸、节制闸和分水闸、水处理工程、沉砂池、交通桥（涵）等。平原地区引调水工程中的建筑物工程为Ⅱ级工程复杂程度；丘陵、山区、沙漠（含戈壁）地区的引调（供）水工程中的建筑物工程，或流量≥$25m^3/s$的引调（供）水工程中的建筑物工程，均为Ⅲ级工程复杂程度。

3. 河道治理建（构）筑物及河道堤防工程（含水闸、倒虹吸、泵站、交通桥涵等）。堤防等级Ⅴ级的河道治理建（构）筑物及河道堤防工程为Ⅰ级工程复杂程度，堤防等级Ⅲ、Ⅳ级的河道治理建（构）筑物及河道堤防工程为Ⅱ级工程复杂程度，堤防等级Ⅰ、Ⅱ级的河道治理建（构）筑物及河道堤防工程为Ⅲ级工程复杂程度。

4. 独立建设的水闸、泵站和水处理工程为Ⅲ级工程复杂程度。

5. 灌区田间工程为Ⅰ级工程复杂程度。

6. 水土保持工程（不包括骨干坝）为Ⅰ级工程复杂程度。

7. 护岸、防波堤（含挡潮闸）、围堰、人工岛、围垦工程、城镇防洪（含河堤整治、河道治理）、河口整治工程（含疏浚工程）为Ⅲ级工程复杂程度。

参考案例十三：

某平原引水工程，海拔高度600m，设计流量14.5m^3/s。工程由引水明渠、分水闸、输水渡槽、排洪涵、交通桥等组成。工程设计概算86780亿元，工程建筑安装工程费45450万元（引水明渠工程建筑安装工程费36850万元，引水建筑物的建筑安装工程费8600万元）；设备购置费1450万元，联合试运转费0万元。发包人委托监理人为该建设工程项目提供施工阶段的监理服务。施工监理服务收费按以下步骤计算：

施工监理服务收费基准价 = 施工监理服务收费基价 × 专业调整系数 × 工程复杂程度调整系数 × 高程调整系数

一、计算施工监理服务收费计费额

1. 确定工程概算投资额

工程概算投资额 = 建筑安装工程费 + 设备购置费 + 联合试运转费

= 45450 + 1450 + 0 = 46900.00（万元）

2. 确定设备购置费和联合试运转费占工程概算投资额的比例

（设备购置费 + 联合试运转费）÷ 工程概算投资额 = （1450 + 0）÷ 46900 = 3.1%

3. 确定施工监理服务收费的计费额

因设备购置费和联合试运转费占工程概算投资额的比例未达到40%，故：

施工监理服务收费计费额 = 建筑安装工程费 + 设备购置费 + 联合试运转费

= 45450 + 1450 + 0 = 46900.00（万元）

二、计算施工监理服务收费基价

根据本标准附表二，采用内插法计算

$$施工监理服务收费基价 = 708.2 + \frac{991.4 - 708.2}{60000 - 40000} \times (46900 - 40000)$$

$$= 805.90\ (万元)$$

三、确定专业调整系数：根据本标准附表三，其他水利工程的专业调整系数为0.9

四、确定工程复杂程度调整系数：根据本标准表5.2-2规定，

1. 引水明渠工程复杂程度调整系数

该工程引水流量14.5$m^3/s < 15m^3/s$，确定该工程明渠工程复杂程度为Ⅰ级，工程复杂程度调整系数为0.85。

2. 引水工程建筑物复杂程度调整系数

该引水工程处于平原地区，且引水流量 $14.5m^3/s < 25m^3/s$（未达到工程复杂程度Ⅲ级的工程特征第2项规定流量），确定该引水工程建筑物复杂程度为Ⅱ级，工程复杂程度调整系数为1.0。

五、确定高程调整系数：该建设工程项目所处位置海拔高程600m，根据本标准1.0.9条规定，高程调整系数为1.0

六、计算施工监理服务收费基准价

1. 引水明渠工程施工监理服务收费基准价 = 施工监理服务收费基价 × 专业调整系数 × 明渠复杂程度调整系数 × 高程调整系数 × 明渠工程建筑安装工程费/施工监理服务收费计费额 = 805.91 × 0.9 × 0.85 × 1.0 × 36850/46900 = 484.41（万元）

2. 引水建筑物施工监理服务收费基准价

施工监理服务收费基价 × 专业调整系数 × 建筑物复杂程度调整系数 × 高程调整系数 ×（建筑物的建筑安装工程费 + 设备购置费 + 联合试运转费）/施工监理服务收费计费额 = 805.91 × 0.9 × 1.0 × 1.0 ×（8600 + 1450）/46900 = 155.43（万元）

工程施工监理服务收费基准价 = 484.41 + 155.43 = 639.84（万元）

该工程施工监理服务收费基准价为639.84万元。若该建设工程项目属于依法必须实行监理的，监理人和发包人应在此基础上，根据本标准规定，在上下20%浮动范围内，协商确定该建设工程项目的施工监理服务收费合同额。

参考案例十四：

某引水工程设计流量 $6m^3/s$，海拔高程310m。工程由提水泵站、加压泵站、隧洞、渡槽、管线等组成。工程设计概算56800万元，建筑安装工程费38970万元，设备购置费4770万元，联合试运转费19.2万元。其中，管线工程建筑安装工程费19500万元（其中丘陵地区2200万元，平原地区17300万元）；提水泵站、隧洞、渡槽等建筑物处于丘陵、山区，建筑安装工程费15600万元，设备购置费3350万元，联合试运转费12万元；加压泵站处于平原地区，建筑安装工程费3870万元，设备购置费1420万元，联合试运转费7.2万元。发包人委托监理人为该建设工程项目提供施工阶段的监理服务。施工监理服务收费按以下步骤计算：

施工监理服务收费基准价 = 施工监理服务收费基价 × 专业调整系数 × 工程复杂程度调整系数 × 高程调整系数

一、计算施工监理服务收费计费额

1. 确定工程概算投资额

工程概算投资额 = 建筑安装工程费 + 设备购置费 + 联合试运转费

= 38970 + 4770 + 19.2 = 43759.20（万元）

2. 确定设备购置费和联合试运转费占工程概算投资额的比例

（设备购置费 + 联合试运转费）÷工程概算投资额 = （4770 + 19.2）÷43759.20 = 10.9%

3. 确定施工监理服务收费的计费额

因设备购置费和联合试运转费占工程概算投资额的比例未达到40%，故：

施工监理服务收费计费额 = 建筑安装工程费 + 设备购置费 + 联合试运转费

= 38970 + 4770 + 19.2 = 43759.20（万元）

二、计算施工监理服务收费基价

根据本标准附表二，采用内插法计算

$$施工监理服务收费基价 = 708.2 + \frac{991.4 - 708.2}{60000 - 40000} \times (43759.20 - 40000)$$

$$= 761.43（万元）$$

三、确定专业调整系数：根据本标准附表三，其他水利工程的专业调整系数为0.9

四、确定工程复杂程度调整系数：根据本标准表5.2-2规定，

1. 引水管线工程复杂程度调整系数

该工程引水流量 $6m^3/s < 15m^3/s$，确定平原地区的引水管线工程复杂程度为Ⅰ级，工程复杂程度调整系数为0.85；

该工程引水流量 $6m^3/s < 25m^3/s$，确定处于丘陵、山区的引水管线工程复杂程度为Ⅱ级，工程复杂程度调整系数为1.0。

2. 引水工程建筑物复杂程度调整系数

该引水工程引水流量 $6m^3/s < 25m^3/s$，故确定处于平原地区的加压泵站的复杂程度为Ⅱ级，工程复杂程度调整系数为1.0；确定丘陵、山区的提水泵站、隧洞、渡槽等建筑物的工程复杂程度为Ⅲ级，工程复杂程度调整系数为1.15。

五、确定高程调整系数：该建设工程项目所处位置海拔高程310m，根据本标准1.0.9条规定，高程调整系数为1.0

六、计算施工监理服务收费基准价

1. 平原地区引水管线工程施工监理服务收费基准价

施工监理服务收费基准价 = 施工监理服务收费基价 × 专业调整系数 × 明渠工程复杂程度调整系数 × 高程调整系数 × 平原管线工程建筑安装工程费/施工监理服务收费计费额 = 761.43 × 0.9 × 0.85 × 1.0 × 17300/43759.20 = 230.29（万元）

2. 丘陵、山区引水管线工程施工监理服务收费基准价

施工监理服务收费基准价 = 施工监理服务收费基价 × 专业调整系数 × 明渠工程复杂程度调整系数 × 高程调整系数 × 丘陵、山区管线工程建筑安装工程费/施工监理服务收费计费额 = 761.43 × 0.9 × 1.0 × 1.0 × 2200/43759.20 = 34.45（万元）

3. 平原建筑物施工监理服务收费基准价

施工监理服务收费基准价＝施工监理服务收费基价×专业调整系数×明渠工程复杂程度调整系数×高程调整系数×平原建筑物设计概算投资额/施工监理服务收费计费额＝761.43×0.9×1.0×1.0×（3870＋1420＋7.2）/43759.20＝82.96（万元）

4．丘陵、山区建筑物施工监理服务收费基准价

施工监理服务收费基准价＝施工监理服务收费基价×专业调整系数×明渠工程复杂程度调整系数×高程调整系数×丘陵、山区建筑物设计概算投资额/施工监理服务收费计费额＝761.43×0.9×1.15×1.0×（15600＋3350＋12）/43759.20＝341.50（万元）

该工程施工监理服务收费基准价＝230.29＋34.45＋82.96＋341.50＝689.20（万元）

该工程施工监理服务收费基准价为689.20万元。若该建设工程项目属于依法必须实行监理的，监理人和发包人应在此基础上，根据本标准规定，在上下20%浮动范围内，协商确定该建设工程项目的施工监理服务收费合同额。

参考案例十五：

某城市防洪工程，海拔高程80m，河道治理建筑物（防洪闸）及河道堤防工程建安费12800万元，设备购置费90万元，联合试运转费0万元。发包人委托监理人为该建设工程项目提供施工阶段的监理服务。施工监理服务收费按以下步骤计算：

施工监理服务收费基准价＝施工监理服务收费基价×专业调整系数×工程复杂程度调整系数×高程调整系数

一、计算施工监理服务收费计费额

1．确定工程概算投资额

工程概算投资额＝建筑安装工程费＋设备购置费＋联合试运转费

＝12800＋90＋0＝12890.00（万元）

2．确定设备购置费和联合试运转费占工程概算投资额的比例

（设备购置费＋联合试运转费）÷工程概算投资额＝（90＋0）÷12890＝0.7%

3．确定施工监理服务收费的计费额

因设备购置费和联合试运转费占工程概算投资额的比例未达到40%，故：

施工监理服务收费计费额＝建筑安装工程费＋设备购置费＋联合试运转费

＝12800＋90＋0＝12890.00（万元）

二、计算施工监理服务收费基价

根据本标准附表二，采用内插法计算

$$施工监理服务收费基价=218.6+\frac{393.4-218.6}{20000-10000}\times(12890-10000)$$

$$=269.12（万元）$$

三、确定专业调整系数：根据本标准附表三，其他水利工程的专业调整系数为0.9

四、确定工程复杂程度调整系数：根据本标准表5.2－2规定，该工程复杂程度为Ⅲ级，工程复杂程度调整系数为1.15

五、确定高程调整系数：该建设工程项目所处位置海拔高程80m，根据本标准1.0.9条规定，高程调整系数为1.0

六、计算施工监理服务收费基准价

施工监理服务收费基准价＝施工监理服务收费基价×专业调整系数×工程复杂程度调整系数×高程调整系数＝269.12×0.9×1.15×1.0＝278.54（万元）

该工程施工监理服务收费基准价为278.54万元。若该建设工程项目属于依法必须实行监理的，监理人和发包人应在此基础上，根据本标准规定，在上下20%浮动范围内，协商确定该建设工程项目的施工监理服务收费合同额。

参考案例十六：

某排涝泵站工程，设计流量60m^3/s。工程由进水间、前池、进水流到、主副厂房、出水流到及附属建筑物等组成。海拔高程100m。工程设计概算7800万元，其中：建筑安装工程费4600万元，设备购置费3850万元，联合试运转费8.2万元。发包人委托监理人为该建设工程项目提供施工阶段的监理服务。施工监理服务收费按以下步骤计算：

施工监理服务收费基准价＝施工监理服务收费基价×专业调整系数×工程复杂程度调整系数×高程调整系数

一、计算施工监理服务收费计费额

1. 确定工程概算投资额

工程概算投资额＝建筑安装工程费＋设备购置费＋联合试运转费

＝4600＋3850＋8.2＝8458.20（万元）

2. 确定设备购置费和联合试运转费占工程概算投资额的比例

（设备购置费＋联合试运转费）÷工程概算投资额＝（3850＋8.2）÷8458.2＝45.6%

3. 确定施工监理服务收费的计费额

设备购置费和联合试运转费占工程概算投资额的比例超过了收费标准1.0.8条规定的40%，则施工监理服务收费计费额应按如下方式确定：

（1）若该建设工程项目的设备购置费和联合试运转费按40%的比例计入计费额，其施工监理服务收费计费额＝建筑安装工程费＋（设备购置费＋联合试运转费）×40%＝4600＋（3850＋8.2）×40%＝6143.28（万元）

（2）若建设工程项目B的建安工程费与该建设工程项目相同，而设备购置费和联合试运转费等于工程概算投资额的40%，则B项目的施工监理服务收费计费额＝建筑安装工程费÷（1－40%）＝4600÷（1－40%）＝7666.67（万元）

（3）从以上看出，该建设工程项目的设备购置费和联合试运转费之和（3858.2 万元）比项目 B 的设备购置费和联合试运转费之和（7666.67 ×40% =3066.67 万元）大，但该建设工程项目按（1）式计算出的计费额却小于项目 B 的计费额，若取（1）式的计算结果为该建设工程项目的施工监理服务计费额，则不符合本标准 1.0.8 条的规定

根据本标准 1.0.8 条的规定，该建设工程项目的施工监理服务收费计费额应不小于 7666.67 万元，故取 7666.67 万元为该建设工程项目施工监理服务收费计费额。

二、计算施工监理服务收费基价

根据本标准附表二，采用内插法计算

$$施工监理服务收费基价 = 120.8 + \frac{181 - 120.8}{8000 - 5000} \times (7666.67 - 5000) = 174.31\ (万元)$$

三、确定专业调整系数：根据本标准附表三，其他水利工程的专业调整系数为 0.9

四、确定工程复杂程度调整系数：该工程为独立建设的泵站工程，根据本标准表 5.2 -2 规定，该工程复杂程度为Ⅲ级，工程复杂程度调整系数为 1.15

五、确定高程调整系数：该建设工程项目所处位置海拔高程 100m，根据本标准 1.0.9 条规定，高程调整系数为 1.0

六、计算施工监理服务收费基准价

施工监理服务收费基准价 = 施工监理服务收费基价 × 专业调整系数 × 工程复杂程度调整系数 × 高程调整系数 = 174.31 ×0.9 ×1.15 ×1.0 = 180.41（万元）

该工程施工监理服务收费基准价为 180.41 万元。若该建设工程项目属于依法必须实行监理的，监理人和发包人应在此基础上，根据本标准规定，在上下 20% 浮动范围内，协商确定该建设工程项目的施工监理服务收费合同额。

6 交通运输工程

6.1 交通运输工程范围

【原文】 适用于铁路、公路、水运、城市交通、民用机场、索道工程。

【解释】 本章适用于铁路、公路、水运、城市交通、民用机场、索道工程施工监理服务收费。本章各类工程具体包括以下主要工程类型：

1. 铁路工程：主要包括新建、改建铁路，工程内容包括线路、轨道、路基、桥涵、隧道、站场和枢纽、电气化（牵引供电、变电、接触网、供电段）、机务设备、车辆设备、动车组设备、给水排水、通信（有线、无线）、信号、电力、信息系统及其他附属工程。

2. 公路工程：主要包括公路、公路桥涵、公路隧道、互通式立交、交通工程及附属工程。

3. 水运工程：主要包括码头工程、通航建筑物工程、航道工程、各类疏浚、吹填、造陆工程和水上交通管制工程等。

4. 城市交通工程：主要包括城市道路、城市桥梁、城市隧道、城市立交桥、城市地铁、城市轻轨工程等。

5. 民用机场工程：主要包括机场场道、空中管制、助航灯光工程及附属工程。

6. 索道工程：主要包括客运索道和货运索道工程。

6.2 交通运输工程复杂程度

【原文】 **6.2.1** 铁路工程

铁路工程复杂程度表 表 6.2－1

等级	工 程 特 征
Ⅰ级	Ⅱ、Ⅲ、Ⅳ级铁路。
Ⅱ级	1. 时速 200km 客货共线； 2. Ⅰ级铁路； 3. 货运专线； 4. 独立特大桥；

续表 6.2－1

等级	工 程 特 征
	5. 独立隧道。
Ⅲ级	1. 客运专线； 2. 技术特别复杂的工程。

注：1. 复杂程度调整系数Ⅰ级为 0.85，Ⅱ级为 1，Ⅲ级为 0.95；

2. 复杂程度等级Ⅱ级的新建双线复杂程度调整系数为 0.85。

【解释】 本条对铁路工程施工监理服务工作的复杂程度分类作出规定。复杂程度划分依据和各等级的主要特征：

Ⅰ级：

1. Ⅱ级铁路是指铁路网中起联络、辅助作用的铁路，或近期年客货运量 10Mt≤近期年客货运量＜20Mt 的铁路；

2. Ⅲ级铁路是指为某一地区或企业服务的铁路，或近期年客货运量 5Mt≤近期年客货运量＜10Mt 的铁路；

3. Ⅳ级铁路是指为某一地区或企业服务的铁路，或近期年客货运量＜5Mt 的铁路。

Ⅱ级：

1. 时速 200 公里客货共线是指主要干线旅客列车设计速度≤200 公里/小时的客货共线铁路；

2. Ⅰ级铁路是指在铁路网中起骨干作用的铁路，或近期年客货运量≥20Mt 的铁路（包括枢纽、集装箱中心站）；

3. 货运专线是指设计速度≤160 公里/小时的货物列车专线铁路；

4. 独立特大桥是指独立委托监理的 1 公里及以上的特大桥；

5. 独立隧道是指独立委托监理的 4 公里及以上的隧道。

Ⅲ级：

1. 客运专线是指设计速度为 200～350 公里/小时的旅客列车专线铁路；

2. 技术特别复杂的工程是指新技术含量高且有相当难度的特殊工程。

参考案例一：

某海拔高程在 2000m 以下，新建设计时速 200km 的双线客货共线铁路，投资额为 1415200 万元，工程概（预）算编制的建筑安装工程费 800934.1 万元。发包人委托监理人为该建设工程项目提供施工阶段的监理服务。

施工监理服务收费基准价计算步骤：

施工监理服务收费基准价 = 施工监理服务收费基价 × 专业调整系数 × 工程复杂程度调整系数 × 高程调整系数

一、确定施工监理服务收费计费额

铁路工程施工监理服务收费计费额为建筑安装工程费，该建设项目施工监理服务收费计费额为 800934.1 万元。

二、计算施工监理服务收费基价

根据本标准附表二，采用内插法计算

$$施工监理服务收费基价 = 8658.4 + \frac{10390.1 - 8658.4}{1000000 - 800000} \times (800934.1 - 800000)$$

$$= 8666.49（万元）$$

三、确定专业调整系数：根据本标准附表三，铁路工程专业调整系数为 1.0

四、确定工程复杂程度调整系数

1. 根据本标准表 6.2-1，时速客货共线铁路工程复杂程度等级为Ⅱ级

2. 根据表 6.2-1 注解对工程复杂程度进行修正，工程复杂程度等级Ⅱ级的新建双线工程复杂调整系数为 0.85

五、确定高程调整系数：该项目海拔高程小于 2001 米，根据本标准 1.0.9 条规定，高程调整系数为 1.0

六、计算施工监理服务收费基准价

施工监理服务收费基准价 = 施工监理服务收费基价 × 专业调整系数 × 工程复杂程度调整系数 × 高程调整系数 = 8666.49 × 1.0 × 0.85 × 1.0 = 7366.52（万元）

该项目施工监理基准收费额为 7366.52 万元。若该建设工程项目属于依法必须实行监理的，监理人和发包人在此基础上，根据本标准规定，在上下 20% 浮动范围内，协商确定该建设工程项目的施工监理服务收费合同额。

参考案例二：

某海拔高程在 2000m 以下，新建设计时速 300km 的客运专线铁路，投资额为 470000 万元，工程概（预）算编制的建筑安装工程费 245000 万元。发包人委托监理人为该建设工程项目提供施工阶段的监理服务。

施工监理服务收费基准价计算步骤：

施工监理服务收费基准价 = 施工监理服务收费基价 × 专业调整系数 × 工程复杂程度调整系数 × 高程调整系数

一、确定施工监理服务收费计费额

铁路工程施工监理服务收费计费额为建筑安装工程费，该项目施工监理服务收费计费额为 245000 万元。

二、计算施工监理服务收费基价

根据本标准附表二，采用内插法计算

$$施工监理服务收费基价 = 2712.5 + \frac{4882.6 - 2712.5}{400000 - 200000} \times (245000 - 200000)$$

$$= 3200.77（万元）$$

三、确定专业调整系数：根据本标准附表三，铁路工程专业调整系数取1.0

四、确定工程复杂程度调整系数

1. 根据本标准表6.2－1，客运专线铁路，工程复杂程度等级为Ⅲ级；

2. 根据表6.2－1注解对工程复杂程度进行修正，工程复杂程度等级Ⅲ级的工程复杂程度调整系数为0.95

五、确定高程调整系数：该项目海拔高程小于2001米，根据本标准1.0.9条规定，高程调整系数为1.0

六、计算施工监理服务收费基准价

施工监理服务收费基准价＝施工监理服务收费基价×专业调整系数×工程复杂程度调整系数×高程调整系数＝3200.77×1.0×0.95×1.0＝3040.73（万元）

该项目施工监理基准收费额为3040.73万元。若该建设工程项目属于依法必须实行监理的，监理人和发包人在此基础上，根据本标准规定，在上下20%浮动范围内，协商确定该建设工程项目的施工监理服务收费合同额。

参考案例三：

某新建Ⅰ级单线铁路，海拔高程在1400～1500米之间，工程概算263723.11万元，其中建筑安装费177606.18万元。发包人委托监理人为该建设工程项目提供施工阶段的监理服务。

施工监理服务收费基准价计算步骤：

施工监理服务收费基准价＝施工监理服务收费基价×专业调整系数×工程复杂程度调整系数×高程调整系数

一、确定施工监理服务收费计费额

铁路工程施工监理服务收费计费额为建筑安装工程费，该项目施工监理服务收费计费额为177606.18万元。

二、计算施工监理服务收费基价

根据本标准附表二，采用内插法计算

$$施工监理服务收费基价 = 1507 + \frac{2712.5 - 1507}{200000 - 100000} \times (177606.18 - 100000)$$

$$= 2442.54（万元）$$

三、确定专业调整系数：根据本标准附表三，铁路工程的专业调整系数为1.0

四、确定工程复杂程度调整系数：根据本标准表6.2－1规定，Ⅰ级单线铁路工程复杂程度等级为Ⅱ级，工程复杂程度调整系数为1.0

五、确定高程调整系数：该工程项目海拔高程小于2001米，根据本标准1.0.9条规定，高程调整系数为1.0

六、计算施工监理服务收费基准价

施工监理服务收费基准价＝施工监理服务收费基价×专业调整系数×工程复杂程度调整系数×高程调整系数＝2442.54×1.0×1.0×1.0＝2442.54（万元）

该工程施工监理基准收费额为2442.54万元。若该建设工程项目属于依法必须实行监理的，监理人和发包人在此基础上，根据本标准规定，在上下20%浮动范围内，协商确定该建设工程项目的施工监理服务收费合同额。

参考案例四：

某Ⅰ级双线铁路电气化改建工程，海拔高程为1200米以下，工程概算32923.08万元，其中建筑安装费21400万元。发包人委托监理人为该建设工程项目提供施工阶段的监理服务。

施工监理服务收费基准价计算步骤：

施工监理服务收费基准价＝施工监理服务收费基价×专业调整系数×工程复杂程度调整系数×高程调整系数

一、确定施工监理服务收费计费额

铁路工程施工监理服务收费计费额为建筑安装工程费，该工程施工监理服务收费计费额为21400万元。

二、计算施工监理服务收费基价

根据本标准附表二，采用内插法计算

$$\text{施工监理服务收费基价} = 393.4 + \frac{708.2 - 393.4}{40000 - 20000} \times (21400 - 20000)$$

$$= 415.44\text{（万元）}$$

三、确定专业调整系数：根据本标准附表三，铁路工程的专业调整系数为1.0

四、确定工程复杂程度调整系数

1. 根据本标准表6.2－1规定，Ⅰ级铁路工程复杂程度等级为Ⅱ级

2. 该工程为改建双线铁路，工程复杂程度调整系数为1.0

五、确定高程调整系数：该工程海拔高程小于2001米，根据本标准1.0.9条规定，高程调整系数为1.0

六、计算施工监理服务收费基准价

施工监理服务收费基准价＝施工监理服务收费基价×专业调整系数×工程复杂程度

调整系数×高程调整系数=415.44×1.0×1.0×1.0=415.44（万元）

该工程施工监理基准收费额为415.44万元。若该建设工程项目属于依法必须实行监理的，监理人和发包人在此基础上，根据本标准规定，在上下20%浮动范围内，协商确定该建设工程项目的施工监理服务收费合同额。

【原文】 **6.2.2** 公路、城市道路、轨道交通、索道工程

公路、城市道路、轨道交通、索道工程复杂程度表 表6.2-2

等级	工 程 特 征
Ⅰ级	1. 三级、四级公路及相应的机电工程； 2. 一级公路、二级公路的机电工程。
Ⅱ级	1. 一级公路、二级公路； 2. 高速公路的机电工程； 3. 城市道路、广场、停车场工程。
Ⅲ级	1. 高速公路工程； 2. 城市地铁、轻轨； 3. 客（货）运索道工程。

注：穿越山岭重丘区的复杂程度Ⅱ、Ⅲ级公路工程项目的部分复杂程度调整系数分别为1.1和1.26。

【解释】 本条对公路工程、城市道路工程、轨道交通工程、索道工程施工监理服务的复杂程度分类作出规定。公路工程、城市道路工程、轨道交通工程、索道工程施工监理服务的复杂程度，主要依据公路等级、城市道路、城市地铁、城市轻轨、索道工程等工程类别划分为三级。主要特征如下：

工程复杂程度Ⅰ级的工程项目主要有以下特征：

1. 公路工程中的三级、四级公路及附属工程，以及三级、四级公路配套的机电工程。
2. 公路工程中一级公路、二级公路的机电工程。

工程复杂程度Ⅱ级的工程项目主要有以下特征：

1. 公路工程中的一级公路、二级公路及附属工程。
2. 高速公路的机电工程；
3. 城市道路工程包括城市快速路、主干路、次干路、城市街区道路等。
4. 城市广场、停车场工程等。

工程复杂程度Ⅲ级的工程项目主要有以下特征：

1. 公路工程中的高速公路工程。

2. 城市地铁、轻轨工程。

3. 客（货）运索道工程。

参考案例五：

某高速公路某监理标段，穿越山岭重丘区，海拔高程530~800米，全长22.9公里，工程概算221857万元，其中建筑安装工程费155300万元（未含机电工程），包括路基、路面、桥涵、隧道工程及附属工程。发包人委托监理人对该建设工程项目进行施工阶段的监理服务，并要求监理人在保修期内派出一名高级工程师和一名工程师，进行保修阶段的相关服务。保修期阶段的服务工作日为540天。

该工程项目施工监理与相关服务收费按以下步骤计算：

一、施工监理服务收费

施工监理服务收费基准价=施工监理服务收费基价×专业调整系数×工程复杂程度调整系数×高程调整系数

（一）确定施工监理服务收费计费额

公路工程的施工监理服务收费计费额为建筑安装工程费。该建设工程项目的施工监理服务收费的计费额为155300万元。

（二）计算施工监理服务收费基价

根据本标准附表二，采用内插法计算

$$\text{施工监理服务收费基价} = 1507 + \frac{2712.5 - 1507}{200000 - 100000} \times (155300 - 100000)$$

$$= 2713.64\ (\text{万元})$$

（三）确定专业调整系数：根据本标准附表三，公路工程的专业调整系数为1.0

（四）确定工程复杂程度调整系数：根据本标准表6.2-2表规定，高速公路的工程复杂程度属于Ⅲ级，且是穿越山岭重丘区的高速公路，工程复杂程度调整系数为1.26

（五）确定高程调整系数：本建设工程项目所处位置海拔高程小于2001米，根据本标准1.0.9条规定，高程调整系数为1.0

（六）计算施工监理服务收费基准价

施工监理服务收费基准价=施工监理服务收费基价×专业调整系数×工程复杂程度调整系数×高程调整系数=2173.64×1.0×1.26×1.0=2738.79（万元）

该建设工程项目的施工监理服务收费基准价2738.79万元。若该建设工程项目属于依法必须实行监理的，监理人和发包人在此基础上，根据本标准规定，在上下20%浮动范围内，协商确定该建设工程项目的施工监理服务收费合同额。

二、计算其他相关服务费

根据本标准1.0.4条：其他阶段的相关服务收费一般按相关服务工作所需工日和

《建设工程监理与相关服务人员人工日费用标准》（附表四）收费。

（一）明确相关服务的内容

工程保修阶段的服务内容包括：检查和记录工程质量缺陷，对缺陷原因进行调查分析并确定责任归属，审核修复方案，监督修复过程并验收，审核修复费用。

（二）确定服务工作日数量：50日

（三）确定服务人员数量：高级工程师1名，工程师1名

工程前期相关服务费 =（高工工日费用标准 + 工程师工日费用标准）×工日

按照本标准附表四，高级工程师工日费用标准取900元/日，工程师工日费用标准取700元/日。工日数为50日。

前期工作监理服务费 =（900 + 700）×50 = 80000.00（元）

参考案例六：

某三级公路位于海拔高程3010～3480米处，长89公里，工程概算6923万元，其中建筑安装工程费4500万元（未含机电工程），包括土石方、小桥、涵洞、路面砂砾垫层等。发包人委托监理人对该建设工程项目进行施工阶段的监理服务。施工监理服务收费按以下步骤计算：

施工监理服务收费基准价 = 施工监理服务收费基价 × 专业调整系数 × 工程复杂程度调整系数 × 高程调整系数

一、确定施工监理服务收费计费额

公路工程的施工监理服务收费计费额为建筑安装工程费，该建设工程项目的施工监理服务收费的计费额为4500万元。

二、计算施工监理服务收费基价

根据本标准附表二，采用内插法计算

$$施工监理服务收费基价 = 78.1 + \frac{120.8 - 78.1}{5000 - 3000} \times (4500 - 3000)$$

$$= 110.13\ (万元)$$

三、确定专业调整系数：根据本标准附表三，公路工程的专业调整系数为1.0

四、确定工程复杂程度调整系数：根据本标准表6.2－2规定，三级公路的工程复杂程度属于Ⅰ级，工程复杂程度调整系数为0.85

五、确定高程调整系数：该建设工程项目所处位置海拔高程3010～3480米，根据本标准1.0.9条规定，高程调整系数为1.2

六、计算施工监理服务收费基准价

施工监理服务收费基准价 = 施工监理服务收费基价 × 专业调整系数 × 工程复杂程度调整系数 × 高程调整系数 = 110.13 × 1.0 × 0.85 × 1.2 = 112.33（万元）

该建设工程项目的施工监理服务收费基准价 112.33 万元。若该建设工程项目属于依法必须实行监理的，监理人和发包人在此基础上，根据本标准规定，在上下 20% 浮动范围内，协商确定该建设工程项目的施工监理服务收费合同额。

参考案例七：

某城市新建道路工程项目，包括道路、雨污水管道、跨线桥梁、人行天桥等工程内容，工程概算 64666 万元，其中建筑安装工程费 36060 万元、设备购置费 2560 万元、联合试运转费 180 万元，三项总计 38800 万元。发包人委托监理人对该建设工程项目进行施工阶段的监理服务。施工监理服务收费按以下步骤计算：

施工监理服务收费基准价 = 施工监理服务收费基价 × 专业调整系数 × 工程复杂程度调整系数 × 高程调整系数

一、计算施工监理服务收费计费额

1. 确定工程概算投资额

工程概算投资额 = 建筑安装工程费 + 设备购置费 + 联合试运转费

= 36060 + 2560 + 180 = 38800.00（万元）

2. 确定设备购置费和联合试运转费占工程概算投资额的比例

（设备购置费 + 联合试运转费）÷ 工程概算投资额 =（2560 + 180）÷ 38800 = 7.1%

3. 确定施工监理服务收费的计费额

因设备购置费和联合试运转费占工程概算投资额的比例未达到 40%，故：

施工监理服务收费计费额 = 建筑安装工程费 + 设备购置费 + 联合试运转费

= 36060 + 2560 + 180 = 38800.00（万元）

二、计算施工监理服务收费基价

根据本标准附表二，采用内插法计算

$$施工监理服务收费基价 = 393.4 + \frac{708.2 - 393.4}{40000 - 20000} \times (38800 - 20000)$$

$$= 689.31（万元）$$

三、确定专业调整系数：根据本标准附表三，城市道路工程的专业调整系数为 1.0

四、确定工程复杂程度调整系数：根据本标准表 6.2－2 规定，城市道路工程的工程复杂程度属于Ⅱ级，工程复杂程度调整系数为 1.0

五、确定高程调整系数：该建设工程项目所处位置海拔高程小于 2001 米，根据本标准 1.0.9 条规定，高程调整系数为 1.0

六、计算施工监理服务收费基准价

施工监理服务收费基准价 = 施工监理服务收费基价 × 专业调整系数 × 工程复杂程度

调整系数×高程调整系数=689.31×1.0×1.0×1.0=689.31（万元）

该建设工程项目的施工监理服务收费基准价689.31万元。若该建设工程项目属于依法必须实行监理的，监理人和发包人在此基础上，根据本标准规定，在上下20%浮动范围内，协商确定该建设工程项目的施工监理服务收费合同额。

参考案例八：

城市地铁土建施工监理某标段，包括1个车站和2个区间的土建工程内容。工程概算57920万元，其中建筑安装工程费36000万元、设备购置费180万元、联合试运转费20万元，三项总计36200万元。发包人委托监理人对该建设工程项目进行施工阶段的监理服务。施工监理服务收费按以下步骤计算：

施工监理服务收费基准价=施工监理服务收费基价×专业调整系数×工程复杂程度调整系数×高程调整系数

一、计算施工监理服务收费计费额

1. 确定工程概算投资额

工程概算投资额=建筑安装工程费+设备购置费+联合试运转费

=36000+180+20=36200.00（万元）

2. 确定设备购置费和联合试运转费占工程概算投资额的比例

（设备购置费+联合试运转费）÷工程概算投资额=（180+20）÷36200=0.6%

3. 确定施工监理服务收费的计费额

因设备购置费和联合试运转费占工程概算投资额的比例未达到40%，故：

施工监理服务收费计费额=建筑安装工程费+设备购置费+联合试运转费

=36000+180+20=36200.00（万元）

二、计算施工监理服务收费基价

根据本标准附表二，采用内插法计算

$$施工监理服务收费基价=393.4+\frac{708.2-393.4}{40000-20000}\times(36200-20000)$$

$$=648.39（万元）$$

三、确定专业调整系数：根据本标准附表三，地铁工程的专业调整系数为1.1

四、确定工程复杂程度调整系数：根据本标准表6.2-2规定，城市地铁的工程复杂程度属于Ⅲ级，工程复杂程度调整系数为1.15

五、确定高程调整系数：该建设工程项目所处位置海拔高程小于2001米，根据本标准1.0.9条规定，高程调整系数为1.0

六、计算施工监理服务收费基准价

施工监理服务收费基准价=施工监理服务收费基价×专业调整系数×工程复杂程度

调整系数×高程调整系数=648.39×1.1×1.15×1.0=820.21（万元）

该建设工程项目的施工监理服务收费基准价820.21万元。若该建设工程项目属于依法必须实行监理的，监理人和发包人在此基础上，根据本标准规定，在上下20%浮动范围内，协商确定该建设工程项目的施工监理服务收费合同额。

【原文】 **6.2.3** 公路桥梁、城市桥梁和隧道工程

公路桥梁、城市桥梁和隧道工程复杂程度表 表6.2-3

等级	工程特征
Ⅰ级	1. 总长<1000m或单孔跨径<150m的公路桥梁； 2. 长度<1000m的隧道工程； 3. 人行天桥、涵洞工程。
Ⅱ级	1. 总长≥1000m或150m≤单孔跨径<250m的公路桥梁； 2. 1000m≤长度<3000m的隧道工程； 3. 城市桥梁、分离式立交桥，地下通道工程。
Ⅲ级	1. 主跨≥250m拱桥，单跨≥250m预应力混凝土连续结构，≥400m斜拉桥，≥800m悬索桥； 2. 连拱隧道、水底隧道、长度≥3000m的隧道工程； 3. 城市互通式立交桥。

【解释】 本条对公路桥梁、城市桥梁、隧道工程施工监理服务的复杂程度分类做出规定。公路桥梁、城市桥梁、隧道工程施工监理服务的复杂程度，主要依据建筑物长度、跨径、结构形式、地质条件等因素划分为三级。主要有以下特征：

工程复杂程度Ⅰ级的工程项目主要有以下特征：

1. 总长<1000m或单孔跨径<150m的公路桥梁工程；
2. 长度<1000m的隧道工程；
3. 城市交通工程中的人行天桥和涵洞工程。

工程复杂程度Ⅱ级的工程项目主要有以下特征：

1. 总长≥1000m或150m≤单孔跨径<250m的公路桥梁工程；
2. 1000m≤长度<3000m的隧道工程；
3. 城市桥梁、分离式立交桥，地下通道工程。

工程复杂程度Ⅲ级的工程项目主要有以下特征：

1. 主跨≥250m拱桥，单跨≥250m预应力混凝土连续结构，≥400m斜拉桥，

≥800m悬索桥；

2. 连拱隧道、水底隧道、长度≥3000m 的隧道工程；

3. 城市互通式立交桥。

参考案例九：

某长江公路大桥分两个施工监理标段（A、B 标），A 标桥梁长度 7.5 公里，包括主桥、北岸引桥、互通及接线工程（含路面），主跨 926 米斜拉桥。工程概算 197320 万元，其中建筑安装工程费 138124 万元。B 标施工监理服务收费为 2000 万元。发包人委托 A 标监理人对该建设工程项目施工监理服务总负责，并负责 A 标段的施工监理。A 标施工监理服务收费按以下步骤计算：

施工监理服务收费基准价 = 施工监理服务收费基价 × 专业调整系数 × 工程复杂程度调整系数 × 高程调整系数

一、确定施工监理服务收费计费额

公路工程的施工监理服务收费计费额为建筑安装工程费。该建设工程项目的施工监理服务收费的计费额为 138124 万元。

二、计算施工监理服务收费基价

根据本标准附表二，采用内插法计算

$$施工监理服务收费基价 = 1507 + \frac{2712.5 - 1507}{200000 - 100000} \times (138124 - 100000)$$

$$= 1966.58（万元）$$

三、确定专业调整系数：根据本标准附表三，公路桥梁的专业调整系数为 1.1

四、确定工程复杂程度调整系数：根据本标准表 6.2－3 规定，跨度≥400m 斜拉桥的工程复杂程度属于Ⅲ级，工程复杂程度调整系数为 1.15

五、确定高程调整系数：该建设工程项目所处位置海拔高程小于 2001 米，根据本标准 1.0.9 条规定，高程调整系数为 1.0

六、计算施工监理服务收费基准价

施工监理服务收费基准价 = 施工监理服务收费基价 × 专业调整系数 × 工程复杂程度调整系数 × 高程调整系数 = 1966.58 × 1.1 × 1.15 × 1.0 = 2487.72（万元）

七、计算总体协调费

鉴于发包人委托 A 标监理人对该建设工程项目进行施工阶段的监理服务的同时，还要求对该建设工程项目施工监理服务总负责。故根据本标准 1.0.11 条规定，监理人与发包人协商，确定该工程监理服务总体协调费按照各监理人合计施工监理服务收费额的 5% 计取，即：（2487.72 + 2000） × 5% = 224.39（万元）

八、计算 A 标施工监理服务收费和总体协调费

A标施工监理服务收费和总体协调费 = 2487.72 + 224.39 = 2712.11（万元）

该建设工程项目A标的施工监理服务收费基准价为2712.11万元。若该建设工程项目属于依法必须实行监理的，监理人和发包人在此基础上，根据本标准规定，在上下20%浮动范围内，协商确定该建设工程项目一标的施工监理服务收费合同额。

参考案例十：

某独立大型桥梁监理标段，长度9.65公里。工程概算143591万元，其中建筑安装工程费100514万元。发包人委托监理人对该建设工程项目进行施工阶段的监理服务。施工监理服务收费按以下步骤计算：

施工监理服务收费基准价 = 施工监理服务收费基价 × 专业调整系数 × 工程复杂程度调整系数 × 高程调整系数

一、确定施工监理服务收费计费额

公路工程的施工监理服务收费计费额为建筑安装工程费。该建设工程项目的施工监理服务收费的计费额为100514万元。

二、计算施工监理服务收费基价

根据本标准附表二，采用内插法计算

$$\text{施工监理服务收费基价} = 1507 + \frac{2712.5 - 1507}{200000 - 100000} \times (100514 - 100000)$$

$$= 1513.20\ （万元）$$

三、确定专业调整系数：根据本标准附表三，公路桥梁的专业调整系数为1.1

四、确定工程复杂程度调整系数：根据本标准表6.2-3规定，长度9.65公里公路桥梁的工程复杂程度属于Ⅱ级，工程复杂程度调整系数为1.0

五、确定高程调整系数：该建设工程项目所处位置海拔高程小于2001米，根据本标准1.0.9条规定，高程调整系数为1.0

六、计算施工监理服务收费基准价

施工监理服务收费基准价 = 施工监理服务收费基价 × 专业调整系数 × 工程复杂程度调整系数 × 高程调整系数 = 1513.20 × 1.1 × 1.0 × 1.0 = 1664.52（万元）

该建设工程项目的施工监理服务收费基准价1664.52万元。若该建设工程项目属于依法必须实行监理的，监理人和发包人在此基础上，根据本标准规定，在上下20%浮动范围内，协商确定该建设工程项目的施工监理服务收费合同额。

参考案例十一：

某城市新建高架桥梁工程项目，总长5518m，单孔跨径均小于50m，海拔高程240米，工程概算162300万元，其中建筑安装工程费98535万元、设备购置费3075万元、联合试运转费190万元。发包人委托监理人对该建设工程项目进行施工阶段的监理服务。

在施工监理服务工作正式开始之前，发包人要求监理人派出两名监理人员（高工、工程师各一名），协助发包人开展工程前期工作。工作时间为50天。

该工程项目施工监理与相关服务收费按以下步骤计算：

一、计算施工监理服务收费

施工监理服务收费基准价 = 施工监理服务收费基价 × 专业调整系数 × 工程复杂程度调整系数 × 高程调整系数

（一）计算施工监理服务收费计费额

1. 确定工程概算投资额

工程概算投资额 = 建筑安装工程费 + 设备购置费 + 联合试运转费

= 98535 + 3075 + 190 = 101800.00（万元）

2. 确定设备购置费和联合试运转费占工程概算投资额的比例

（设备购置费 + 联合试运转费） ÷ 工程概算投资额 = （3075 + 190） ÷ 101800 = 3.2%

3. 确定施工监理服务收费的计费额

因设备购置费和联合试运转费占工程概算投资额的比例未达到40%，故：

施工监理服务收费计费额 = 建筑安装工程费 + 设备购置费 + 联合试运转费

= 98535 + 3075 + 190 = 101800.00（万元）

（二）计算施工监理服务收费基价

根据本标准附表二，采用内插法计算

$$施工监理服务收费基价 = 1507 + \frac{2712.5 - 1507}{200000 - 100000} \times (101800 - 100000)$$

= 1528.70（万元）

（三）确定专业调整系数：根据本标准附表三，桥梁工程的专业调整系数为1.1

（四）确定工程复杂程度调整系数：根据本标准表6.2 - 3规定，城市桥梁的工程复杂程度属于Ⅱ级，工程复杂程度调整系数为1.0

（五）确定高程调整系数：该建设工程项目所处位置海拔高程小于2001米，根据本标准1.0.9条规定，高程调整系数为1.0

（六）计算施工监理服务收费基准价

施工监理服务收费基准价 = 施工监理服务收费基价 × 专业调整系数 × 工程复杂程度调整系数 × 高程调整系数 = 1528.70 × 1.1 × 1.0 × 1.0 = 1681.57（万元）

该建设工程项目的施工监理服务收费基准价1681.57万元。若该建设工程项目属于依法必须实行监理的，监理人和发包人在此基础上，根据本标准规定，在上下20%浮动范围内，协商确定该建设工程项目的施工监理服务收费合同额。

二、计算其他相关服务费

根据本标准 1.0.4 条，其他阶段的相关服务收费一般按相关服务工作所需工日和《建设工程监理与相关服务人员人工日费用标准》（附表四）收费。

（一）明确相关服务的内容：在施工监理服务工作正式开始之前，协助业主进行施工招标工作

（二）确定服务工作日数量：50 日

（三）确定服务人员数量：高级工程师 1 名，工程师 1 名

工程前期相关服务费 =（高工工日费用标准 + 工程师工日费用标准）×工日

按照本标准附表四，高级工程师工日费用标准取 900 元/日，工程师工日费用标准取 700 元/日。工日数为 50 日。

前期工作监理服务费 =（900 + 700）×50 = 80000（元）

【原文】 **6.2.4** 水运工程

水运工程复杂程度表　　表 6.2-4

等级	工 程 特 征
Ⅰ级	1. 沿海港口、航道工程：码头 <1000t 级，航道 <5000t 级； 2. 内河港口、航道整治、通航建筑工程：码头、航道整治、船闸 <100t 级； 3. 修造船厂水工工程：船坞、舾装码头 <3000t 级，船台、滑道船体重量 <1000t； 4. 各类疏浚、吹填、造陆工程。
Ⅱ级	1. 沿海港口、航道工程：1000t 级≤码头 <10000t 级，5000t 级≤航道 <30000t 级，护岸、引堤、防波堤等建筑物； 2. 油、气等危险品码头工程 <1000t 级； 3. 内河港口、航道整治、通航建筑工程：100t 级≤码头 <1000t 级，100t 级≤航道整治 <1000t 级，100t 级≤船闸 <500t 级，升船机 <300t 级； 4. 修造船厂水工工程：3000t 级≤船坞、舾装码头 <10000t 级，1000t≤船台、滑道船体重量 <5000t。
Ⅲ级	1. 沿海港口、航道工程：码头≥10000t 级，航道≥30000t 级； 2. 油、气等危险品码头工程≥1000t 级； 3. 内河港口、航道整治、通航建筑工程：码头、航道整治≥1000t 级，船闸≥500t 级，升船机≥300t 级； 4. 航运（电）枢纽工程； 5. 修造船厂水工工程：船坞、舾装码头≥10000t 级，船台、滑道船体重量≥5000t； 6. 水上交通管制工程。

【解释】 本条对水运工程施工监理服务的复杂程度分类作出规定。水运工程施工监理服务的复杂程度，主要依据建设内容、建设规模等因素划分为三级。建设内容如下：

1. 码头工程是指包括码头工程在内的港口工程，包括各类水工建筑物，含码头、防波堤、防沙堤、导流堤、护岸、引堤、围堰、人工岛与平台、栈桥等；包括港区疏浚工程，含港池、航道的疏浚工程；包括港区辅助配套工程，含陆域形成及地基处理、道路、堆场、铁路、仓库、陆域建筑物、供电、给排水等。本表Ⅱ级和Ⅲ级中的油码头，均指成品油码头。

2. 通航建筑物工程是指包括船闸工程在内的渠化工程，含船闸、升船机、引航道、导航建筑物、挡水建筑物、泄水建筑物、护坡工程、助导航设施等。

3. 内河航道整治工程和沿海航道工程，包括各类整治建筑物，含导堤、顺坝、丁坝、潜坝、锁坝、鱼嘴、护底、护滩、护岸、围堤、围堰、工作船码头等；包括各类独立的清障工程，含航道疏浚、水下炸礁清渣等。

4. 各类疏浚、吹填、造陆工程是指单独的疏浚、吹填、造陆工程，包括河道疏浚、湖泊疏浚、围海造地、海上机场吹填、人工岛吹填、陆地加高工程等。

5. 各类水上交通管制工程是指航标工程、导助航与警戒标志设施工程等。

参考案例十二：

某沿海100000吨级集装箱泊位码头工程，岸线长410米，工程概算31000万元，其中建筑安装工程费25000万元。发包人委托监理人对该建设工程项目进行施工阶段的监理服务。施工监理服务收费按以下步骤计算：

施工监理服务收费基准价＝施工监理服务收费基价×专业调整系数×工程复杂程度调整系数×高程调整系数

一、确定施工监理服务收费计费额

水运工程的施工监理服务收费计费额为建筑安装工程费。该建设工程项目的施工监理服务收费的计费额为25000万元。

二、计算施工监理服务收费基价

根据本标准附表二，采用内插法计算

$$\text{施工监理服务收费基价} = 393.4 + \frac{708.2 - 393.4}{40000 - 20000} \times (25000 - 20000)$$

$$= 472.10\ (\text{万元})$$

三、确定专业调整系数：根据本标准附表三，水运工程的专业调整系数为1.1

四、确定工程复杂程度调整系数：根据本标准表6.2－4，100000吨级码头的工程复杂程度属于Ⅲ级，工程复杂程度调整系数为1.15

五、确定高程调整系数：该建设工程项目所处位置海拔高程小于2001米，根据本标准1.0.9条规定，高程调整系数为1.0

六、计算施工监理服务收费基准价

施工监理服务收费基准价=施工监理服务收费基价×专业调整系数×工程复杂程度调整系数×高程调整系数=472.10×1.1×1.15×1.0=597.21（万元）

该建设工程项目的施工监理服务收费基准价597.21万元。若该建设工程项目属于依法必须实行监理的，监理人和发包人在此基础上，根据本标准规定，在上下20%浮动范围内，协商确定该项建设工程项目的施工监理服务收费合同额。

参考案例十三：

某沿海100000吨级航道疏浚工程，全长10.5公里，工程概算22000万元，其中建筑工程安装费19200万元。发包人委托监理人对该建设工程项目进行施工阶段的监理服务。施工监理服务收费按以下步骤计算：

施工监理服务收费基准价=施工监理服务收费基价×专业调整系数×工程复杂程度调整系数×高程调整系数

一、计算施工监理服务收费计费额

水运工程的施工监理服务收费计费额为建筑安装工程费。该建设工程项目的施工监理服务收费的计费额为19200万元。

二、计算施工监理服务收费基价

根据本标准附表二，采用内插法计算

$$施工监理服务收费基价=218.6+\frac{393.4-218.6}{20000-10000}\times(19200-10000)$$

$$=379.42\ (万元)$$

三、确定专业调整系数：根据本标准附表三，水运工程的专业调整系数为1.1

四、确定工程复杂程度调整系数：根据本标准表6.2-4，100000吨级航道的工程复杂程度属于Ⅲ级，工程复杂程度调整系数为1.15

五、确定高程调整系数：该建设工程项目所处位置海拔高程小于2001米，根据本标准1.0.9条规定，高程调整系数为1.0

六、计算施工监理服务收费基准价

施工监理服务收费基准价=施工监理服务收费基价×专业调整系数×工程复杂程度调整系数×高程调整系数=379.42×1.1×1.15×1.0=479.97（万元）

该建设工程项目的施工监理服务收费基准价479.97万元。若该建设工程项目属于依法必须实行监理的，监理人和发包人在此基础上，根据本标准规定，在上下20%浮动范围内，协商确定该建设工程项目的施工监理服务收费合同额。

【原文】 **6.2.5** 民用机场工程

民用机场工程复杂程度表 表6.2-5

等级	工 程 特 征
Ⅰ级	3C及以下场道、空中交通管制及助航灯光工程（项目单一或规模较小工程）；
Ⅱ级	4C、4D场道、空中交通管制及助航灯光工程（中等规模工程）；
Ⅲ级	4E及以上场道、空中交通管制及助航灯光工程（大型综合工程含配套措施）。

注：工程项目规模划分标准见《民用机场飞行区技术标准》。

【解释】 本条对民用机场施工监理服务的复杂程度分类作出规定。民用机场工程中的场道、空中交通管制工程和助航灯光工程的复杂程度根据机场飞行区指标分为三级。主要特征如下：

工程复杂程度Ⅰ级的工程项目主要有以下特征：

1. 飞行区指标为3C及以下的机场所属场道、空管及航站楼弱电工程；

2. 根据机场助航灯光系统等级，助航灯光工程配备非精密进近灯光系统及简易灯光系统的工程。

工程复杂程度Ⅱ级的工程项目主要有以下特征：

1. 飞行区指标为4C、4D的机场所属场道、空管及航站楼弱电工程；

2. 根据机场助航灯光系统等级，助航灯光工程配备Ⅰ类精密进近灯光系统的工程；配备双向助航灯光系统的工程复杂程度系数，以其中的高级别为准。例如，一条跑道，一端配Ⅰ类精密进近灯光系统，另一端配Ⅱ类精密进近灯光系统，则该条跑道助航灯光工程复杂程度为Ⅱ级。

工程复杂程度Ⅲ级的工程项目主要有以下特征：

1. 飞行区指标为4E及以上的机场所属场道、空管及航站楼弱电工程；

2. 根据机场助航灯光系统等级，助航灯光工程配备Ⅱ类及以上精密进近灯光系统的工程。

其他有关问题说明：

民用机场房建工程、市政配套工程、供油供水供电供气工程、污水污物处理工程、通信工程等按照本标准相应专业确定其专业调整系数及工程复杂程度调整系数。

参考案例十四：

某华南国际机场飞行区工程，海拔高度低于500米。工程内容主要包括滑行道、停机坪、跑道、部分土面区平整及助航灯光工程等。飞行区等级4F，工程概算84286万元，其中建筑安装工程费56460万元、设备购置费2420万元、联合试运转费120万元，三项总计59000万元。发包人委托监理人对该建设工程项目进行施工阶段的监理服务。施工监理服务收费按以下步骤计算：

施工监理服务收费基准价＝施工监理服务收费基价×专业调整系数×工程复杂程度调整系数×高程调整系数

一、计算施工监理服务收费计费额

1．确定工程概算投资额

工程概算投资额＝建筑安装工程费＋设备购置费＋联合试运转费

＝56460＋2420＋120＝59000.00（万元）

2．确定设备购置费和联合试运转费占工程概算投资额的比例

（设备购置费＋联合试运转费）÷工程概算投资额＝（2420＋120）÷59000＝4.3%

3．确定施工监理服务收费的计费额

因设备购置费和联合试运转费占工程概算投资额的比例未达到40%，故：

施工监理服务收费计费额＝建筑安装工程费＋设备购置费＋联合试运转费

＝56460＋2420＋120＝59000.00（万元）

二、计算施工监理服务收费基价

根据本标准附表二，采用内插法计算

$$施工监理服务收费基价 = 708.20 + \frac{991.4 - 708.2}{60000 - 40000} \times (59000 - 40000)$$

$$= 977.24\ （万元）$$

三、确定专业调整系数：根据本标准附表三，机场场道、助航灯光工程的专业调整系数为0.90

四、确定工程复杂程度调整系数：根据本标准表6.2－5规定，4F类别飞行区的工程复杂程度属于Ⅲ级，工程复杂程度调整系数为1.15

五、确定高程调整系数：该建设工程项目所处位置海拔高程小于2001米，根据本标准1.0.9条规定，高程调整系数为1.0

六、计算施工监理服务收费基准价

施工监理服务收费基准价＝施工监理服务收费基价×专业调整系数×工程复杂程度调整系数×高程调整系数＝977.24×0.90×1.15×1.0＝1011.44（万元）

该建设工程项目的施工监理服务收费基准价1011.44万元。若该建设工程项目属于依法必须实行监理的，监理人和发包人在此基础上，根据本标准规定，在上下20%浮动范围内，协商确定该建设工程项目的施工监理服务收费合同额。

参考案例十五：

某西南支线机场飞行区工程，海拔高度约4300米。工程内容包括新建飞行区工程

及助航灯光工程等。飞行区等级4C，工程概算6286万元，其中建筑安装工程费3944万元、设备购置费396万元、联合试运转费60万元，三项总计4400万元。发包人委托监理人对该建设工程项目进行施工阶段的监理服务。施工监理服务收费按以下步骤计算：

施工监理服务收费基准价 = 施工监理服务收费基价 × 专业调整系数 × 工程复杂程度调整系数 × 高程调整系数

一、计算施工监理服务收费计费额

1. 确定工程概算投资额

工程概算投资额 = 建筑安装工程费 + 设备购置费 + 联合试运转费

= 3944 + 396 + 60 = 4400.00（万元）

2. 确定设备购置费和联合试运转费占工程概算投资额的比例

（设备购置费 + 联合试运转费）÷ 工程概算投资额 = （396 + 60） ÷ 4400 = 9.9%

3. 确定施工监理服务收费的计费额

因设备购置费和联合试运转费占工程概算投资额的比例未达到40%，故：

施工监理服务收费计费额 = 建筑安装工程费 + 设备购置费 + 联合试运转费

= 3944 + 396 + 60 = 4400.00（万元）

二、计算施工监理服务收费基价，

根据本标准附表二，采用内插法计算

$$施工监理服务收费基价 = 78.20 + \frac{120.8 - 78.2}{5000 - 3000} \times (4400 - 3000)$$

$$= 108.02 \text{（万元）}$$

三、确定专业调整系数：根据本标准附表三，机场场道、助航灯光工程的专业调整系数为0.90

四、确定工程复杂程度调整系数：根据本标准表6.2－5规定，4C类别飞行区的工程复杂程度属于Ⅱ级，工程复杂程度调整系数为1.0

五、确定高程调整系数：该建设工程项目所处位置海拔高程4300米，根据本标准1.0.9条规定，高程调整系数为1.3

六、计算施工监理服务收费基准价

施工监理服务收费基准价 = 施工监理服务收费基价 × 专业调整系数 × 工程复杂程度调整系数 × 高程调整系数 = 108.02 × 0.90 × 1.0 × 1.3 = 126.38（万元）

该建设工程项目的施工监理服务收费基准价126.38万元。若该建设工程项目属于依法必须实行监理的，监理人和发包人在此基础上，根据本标准规定，在上下20%浮动范围内，协商确定该建设工程项目的施工监理服务收费合同额。

7 建筑市政工程

7.1 建筑市政工程范围

【原文】 适用于建筑、人防、市政公用、园林绿化、广播电视、邮政、电信工程。

【解释】 本条适用于建筑、人防、市政公用、园林绿化、广播电视、邮政、电信工程监理与相关服务收费。本条各类工程具体包括以下主要工程类型：

1. 建筑工程主要包括：公共建筑、居住建筑、厂房及仓储建筑、古建筑（含仿古建筑及保护性建筑修复）、地下建筑、人防工程、装饰装修、建筑环境和室外工程，以及智能建筑弱电系统工程等。

2. 人防工程主要包括：人防指挥、医疗救护、防空隐蔽及配套工程等。

3. 市政公用工程主要包括：给水、排水、燃气、热力、泵站、污水处理、垃圾处理工程等。

4. 园林绿化工程主要包括：道路、广场、庭院、公共环境、花园、居住区、风景区、公园的绿化工程等。

5. 广播电视工程主要包括：广播中心、电视中心、广播电视中心、广播电视发射塔（台）、广播电视接收和传输系统、数字影院、特殊声学装修及演播室灯光工程等。

6. 邮政工程主要包括：邮件处理中心、邮件转运站、支局所、邮票印制、邮政机械设备安装工程、邮政信息监控设备安装工程等。

7. 电信工程主要包括：通信管道工程、通信线路工程、通信设备安装工程、通信电源工程、通信铁塔工程以及通信配套设备工程等。

7.2 建筑市政工程复杂程度

【原文】 **7.2.1** 建筑、人防工程

建筑、人防工程复杂程度表 表 7.2－1

等级	工程特征
Ⅰ级	1. 高度 <24m 的公共建筑和住宅工程； 2. 跨度 <24m 的厂房和仓储建筑工程； 3. 室外工程及简单的配套用房； 4. 高度 <70m 的高耸构筑物。

续表 7.2－1

等级	工 程 特 征
Ⅱ级	1. 24m≤高度＜50m 的公共建筑工程； 2. 24m≤跨度＜36m 的厂房和仓储建筑工程； 3. 高度≥24m 的住宅工程； 4. 仿古建筑，一般标准的古建筑、保护性建筑以及地下建筑工程； 5. 装饰、装修工程； 6. 防护级别为四级及以下的人防工程； 7. 70m≤高度＜120m 的高耸构筑物。
Ⅲ级	1. 高度≥50m 的公共建筑工程，或跨度≥36m 的厂房和仓储建筑工程； 2. 高标准的古建筑、保护性建筑； 3. 防护级别为四级以上的人防工程； 4. 高度≥120m 的高耸构筑物。

【解释】 本条对建筑、人防工程的复杂程度分级作出了规定。由于建筑、人防工程的复杂程度直接影响到施工监理工作的技术含量、人员投入和管理难易程度，因此工程的复杂程度是在施工阶段监理取费中应考虑的重要因素。

根据工程性质、设计标准、建筑高度或跨度等工程特征将建筑工程的复杂程度划分为三个等级。

工程复杂程度为Ⅰ级的工程项目主要特征：

1. 建筑高度小于24m，建筑、结构、设备等技术要求简单的，普通建筑装修材料、简单朴素的室内装修设计的公共建筑和住宅工程。

2. 跨度24米以下，设备简单的厂房、仓库、车库、小型仓储建筑等工程。

3. 为主体建筑服务的、建筑结构简单的设备用房及其他配套用房，如低压配电房、给水泵房、消防泵房、污水处理机房、传达室等。与主体建筑分离的配套设施，其工程复杂程度为Ⅰ级，与主体建筑相连的配套设施，可按主体建筑确定其工程复杂程度。

4. 独立于主体建筑之外的围墙、大门、自行车棚、地面停车场、旗杆、台阶挡墙、栏杆及小区园林中的其他构筑物等。

5. 高度小于70米的水塔、烟囱、观光塔、瞭望塔等高耸构筑物。

工程复杂程度为Ⅱ级的工程项目主要特征：

1. 建筑高度大于等于24m、小于50m的一般公共建筑，建筑、结构、设备等专业有较高要求、技术较复杂的公共建筑。如实验楼、文化馆、礼堂、纪念馆等。

2. 跨度大于等于24m、小于36m的单层或多层厂房及大中型仓储建筑工程等。

3. 高度大于等于24m、单一居住功能的普通住宅和普通公寓的居住工程。

4. 省级以下文物保护建筑的修复或重建工程，如一般标准的寺庙、宝塔、陵墓、古典园林建筑等。

5. 采用古典或传统建筑形式的仿古建筑工程。

6. 地下停车场、地下仓库、地下超市、地下商场等地下建筑工程。

7. 采用较高级建筑装修、装饰材料，或者相当于三星及以上星级饭店标准的室内装修工程，如饭店、宾馆、高智能型写字楼、音乐厅、影剧院、大会堂、体育馆、娱乐场馆、高档别墅等，包括含加固改造和改变使用功能的装修工程。

8. 防护级别为四级以下，采用普通标准设计的人防工程，和平时期作为地下商场、文体场所、停车库、物资库等，战时作为人员掩蔽部、人防车库、物资储备库、救护站等的人防工程。

9. 高度大于等于70m、小于120m的水塔、烟囱、观光塔、瞭望塔等高耸构筑物。

工程复杂程度为Ⅲ级的工程项目主要特征：

1. 建筑高度大于等于50m，使用功能要求较高，高级装修的公共建筑。如高级饭店、金融商业楼、综合大厦、医院、邮电大厦、广播电视中心、会议中心、体育中心、机场候机楼、图书馆等。

2. 跨度大于等于36m的厂房和仓储建筑工程。

3. 省级及以上文物保护建筑，以及经典古建筑的修复或重建，如古寺名刹、重要的纪念馆、全国名人故居等。

4. 防护级别为四级以上或采用较高标准设计的人防工程，和平时期作为人防应急指挥中心、地下商场、文体场所、停车库、地下医院等，战时作为人防指挥所、人防中心医院、急救医院、防空专业队人员掩蔽部等的大型骨干人防工程。

5. 高度大于等于120m的水塔、烟囱、观光塔、瞭望塔等高耸构筑物。

参考案例一：

北京市新建一住宅小区，该小区总建筑面积24.6万平方米，结构形式为全现浇剪力墙结构，其中，多层住宅下建有地下车库。工程概算53966万元，其中建筑安装工程费为37400万元人民币，建筑物概况见下表：

序号	建筑物类别	建筑面积（m^2）	建筑物高度（m）	层数 地上/地下	建筑安装工程费（万元）
1	多层住宅4栋	3581×4	20.80	7/2	396×4=1584
2	高层塔楼5栋	20652×5	76.40	26/2	2856×5=14280
3	板式住宅4栋	26658×4	48.80	17/2	4014×4=16056
4	地下车库	21868		地下2层	5522

发包人将该住宅小区工程分别委托给甲、乙两个监理人承担施工阶段监理，其中甲监理人负责多层住宅，多层住宅建有地下车库；乙监理人负责高层塔楼、板式住宅，并负责工程监理的总体协调工作，施工监理服务收费按以下步骤计算：

施工监理服务收费基准价 = 施工监理服务收费基价 × 专业调整系数 × 工程复杂程度调整系数 × 高程调整系数

一、计算施工监理服务收费计费额

1. 确定工程概算投资额

因本工程未列设备购置费、联合试运转费，因此，工程概算投资额等于建筑安装工程费。

甲监理人所监理工程的工程概算投资额 = 1584 + 5522 = 7106.00（万元）；

乙监理人所监理工程的工程概算投资额 = 14280 + 16056 = 30336.00（万元）；

2. 确定施工监理服务收费的计费额

甲监理人施工监理服务收费计费额 = 建筑安装工程工程费 = 7160.00（万元）

乙监理人施工监理服务收费计费额 = 建筑安装工程工程费 = 30336.00（万元）

二、计算施工监理服务收费基价

根据本标准附表二，采用内插法计算

$$甲监理人的施工监理服务收费基价 = 120.8 + \frac{181.0 - 120.8}{8000 - 5000} \times (7106 - 5000)$$

$$= 163.06（万元）$$

$$乙监理人的施工监理服务收费基价 = 393.4 + \frac{708.2 - 393.4}{40000 - 20000} \times (30336 - 20000)$$

$$= 556.09（万元）$$

三、确定专业调整系数：根据本标准附表三，建筑工程的专业调整系数为 1.0

四、确定工程复杂程度调整系数：甲监理人负责的多层住宅，建有地下车库，根据本标准表 7.2－1 规定，其工程复杂程度为Ⅱ级，工程复杂程度调整系数为 1.0；乙监理人负责的高层塔楼、板式住宅楼，高度均大于 24 米，根据本标准表 7.2－1 规定，其工程复杂程度为Ⅱ级，工程复杂程度调整系数为 1.0

五、确定高程调整系数：该建设工程项目所处位置海拔高程小于 2001 米，根据本标准 1.0.9 条规定，高程调整系数为 1.0

六、计算施工监理服务收费基准价

施工监理服务收费基准价 = 施工监理服务收费基价 × 专业调整系数 × 工程复杂程度调整系数 × 高程调整系数

甲监理人施工监理服务收费基准价 = 163.06 × 1.0 × 1.0 × 1.0 = 163.06（万元）

乙监理人施工监理服务收费基准价 = 556.09 × 1.0 × 1.0 × 1.0 = 556.09（万元）

该建设工程项目甲监理人的施工监理服务收费基准价 163.06 万元，乙监理人的施工监理服务收费基准价 556.09 万元。若该建设工程项目属于依法必须实行监理的，监理人和发包人在此基础上，根据本标准规定，在上下 20% 浮动范围内，协商确定该建设工程项目的施工监理服务收费合同额。

因乙监理人负责工程监理的总体协调工作，经合同双方协商，根据本标准 1.0.11 条，乙监理人按监理人合计监理服务收费额的 5% 收取总体协调费：

总体协调费 =（163.06 + 556.09）×5% = 35.96（万元）

参考案例二：

某新建高档饭店工程，总建筑面积 43200 平方米，地下 1 层，地上 5 层，建筑物高度 23.7 米，工程概算为 28000 万元，建筑安装工程费 19094 万元，其中含高档装修工程费 7776 万元，设备购置费及联合试运转费合计为 1670 万元，建筑物所在地海拔高度为 2035 米。发包人委托监理人承担施工阶段监理和设计阶段的相关服务工作（设计阶段服务内容附后）。

附：发包人要求监理人在设计阶段提供相关服务的工作内容有：①协助业主编制设计要求；②选择设计单位；③组织评选设计方案；④对各设计单位进行协调管理；⑤审查设计进度计划并监督实施；⑥核查设计大纲和设计深度；⑦协助审核设计概算。

建设工程监理与相关服务收费按以下步骤计算：

一、计算施工监理服务收费

施工监理服务收费基准价 = 施工监理服务收费基价 × 专业调整系数 × 工程复杂程度调整系数 × 高程调整系数

（一）计算施工监理服务收费计费额

1. 确定工程概算投资额

工程概算投资额 = 建筑安装工程费 + 设备购置费 + 联合试运转费

= 19094 + 1670 = 207641.00（万元）

2. 确定设备购置费和联合试运转费占工程概算投资额的比例

（设备购置费 + 联合试运转费）÷ 工程概算投资额 = 1670 ÷ 20764 = 8.0%

3. 确定施工监理服务收费的计费额

因设备购置费和联合试运转费占工程概算投资额的比例未达到 40%，故：

施工监理服务收费计费额 = 建筑安装工程费 + 设备购置费 + 联合试运转费

= 19094 + 1670 = 207641.00（万元）

（二）计算施工监理服务收费基价

根据本标准附表二，采用内插法计算

$$施工监理服务收费基价 = 393.4 + \frac{708.2 - 393.4}{40000 - 20000} \times （20764 - 20000）$$

$$= 405.43（万元）$$

（三）确定专业调整系数：根据本标准附表三，建筑工程专业调整系数为1.0

（四）确定工程复杂程度调整系数：虽然建筑物高度为23.7米，但由于本工程含高档装修，根据本标准表7.2－1规定，其工程复杂程度为Ⅱ级，工程复杂程度调整系数为1.0

（五）确定高程调整系数：该建设工程项目所处位置海拔高程2035米，大于2001米，小于3000米，根据本标准第1.0.9条的规定，高程调整系数为1.1

（六）计算施工监理服务收费基准价

施工监理服务收费基准价＝施工监理服务收费基价×专业调整系数×工程复杂程度调整系数×高程调整系数＝405.43×1.0×1.0×1.1＝445.97（万元）

该建设工程项目的施工监理服务收费基准价445.97万元。若该建设工程项目属于依法必须实行监理的，监理人和发包人应在此基础上，根据本标准规定，在上下20%浮动范围内，协商确定该建设工程项目的施工监理服务收费合同额。

二、计算设计阶段相关服务收费

根据发包人要求监理人在设计阶段提供相关服务的工作内容，监理人拟委派8人，服务期限3个月。所派人员中有高级专家2名，高级工程师3名，工程师2名（含资料员），助理工程师1名。遵照本标准附表四，经发包人与监理人共同确定所需工日及人工日费用如下表：

序号	人员职级	人数	所需工日	工日费用（元）
1	高级专家	2	2×8＝16	1200
2	高级工程师	3	3×36＝108	900
3	工程师	2	2×67.5＝135	700
4	助理工程师	1	1×67.5＝67.5	300

$$设计阶段相关服务收费 = 1200 \times 16 + 900 \times 108 + 700 \times 135 + 300 \times 67.5$$

$$= 231150.00（元）$$

参考案例三：

沿海某城市新建一工业厂房，工程规模66022平方米，结构形式为多跨单层厂房，建筑物高度为12.6米，最大跨度36米。工程概算为11602万元，建筑安装工程费5282万元，设备购置费及联合试运转费合计为3820万元。发包人委托监理人对该建设工程项目进行施工阶段的监理服务。施工监理服务收费按以下步骤计算：

施工监理服务收费基准价 = 施工监理服务收费基价 × 专业调整系数 × 工程复杂程度调整系数 × 高程调整系数

一、计算施工监理服务收费计费额

1. 确定工程概算投资额

工程概算投资额 = 建筑安装工程费 + 设备购置费 + 联合试运转费

= 5282 + 3820 = 9120.00（万元）

2. 确定设备购置费和联合试运转费占工程概算投资额的比例

（设备购置费 + 联合试运转费）÷ 工程概算投资额 = 3820 ÷ 9120 = 41.9%

3. 确定施工监理服务收费的计费额

设备购置费和联合试运转费占工程概算投资额的比例超过了收费标准 1.0.8 条规定的 40%，则施工监理服务收费计费额应按如下方式确定：

（1）若该建设工程项目的设备购置费和联合试运转费按 40% 的比例计入计费额，其施工监理服务收费计费额 = 建筑安装工程费 +（设备购置费 + 联合试运转费）× 40% = 5282 + 3820 × 40% = 6810.00（万元）

（2）若建设工程项目 B 的建筑安装工程费与该建设工程项目的建筑安装工程费相同，而设备购置费和联合试运转费等于工程概算投资额的 40%，则 B 项目的施工监理服务收费计费额 = 建筑安装工程费 ÷（1 − 40%）= 5282 ÷（1 − 40%）= 8803.33（万元）

（3）从以上看出，该建设工程项目的设备购置费和联合试运转费之和（3820 万元）比项目 B 的设备购置费和联合试运转费之和（8803.33 × 40% = 3521.33 万元）大，但该建设工程项目按（1）式计算出的计费额却小于项目 B 的计费额，若取（1）式的计算结果为该建设工程项目的施工监理服务计费额，则不符合本标准 1.0.8 条的规定

根据本标准 1.0.8 条的规定，该建设工程项目的施工监理服务收费计费额应不小于 8803.33 万元，故取 8803.33 万元为该建设工程项目施工监理服务收费计费额。

二、计算施工监理服务收费基价

根据本标准附表二，采用内插法计算

$$施工监理服务收费基价 = 181.0 + \frac{218.6 - 181.0}{10000 - 8000} \times (8803.33 - 8000)$$

$$= 196.10（万元）$$

三、确定专业调整系数：根据本标准附表三，建筑工程专业调整系数为 1.0

四、确定工程复杂程度调整系数：该厂房最大跨度 36 米，根据本标准表 7.2 − 1 规定，其工程复杂程度为Ⅲ级，工程复杂程度调整系数为 1.15

五、确定高程调整系数：该建设工程项目所处位置海拔高程小于 2001 米，根据本标准 1.0.9 条规定，高程调整系数为 1.0

六、计算施工监理服务收费基准价

施工监理服务收费基准价 = 施工监理服务收费基价 × 专业调整系数 × 工程复杂程度调整系数 × 高程调整系数 = 196.10 × 1.0 × 1.15 × 1.0 = 225.52（万元）

该建设工程项目的施工监理服务收费基准价 225.52 万元。若该建设工程项目属于依法必须实行监理的，监理人和发包人应在此基础上，根据本标准规定，在上下 20% 浮动范围内，协商确定该建设工程项目的施工监理服务收费合同额。

参考案例四：

某工厂新建 120 米高的烟囱一座，建筑安装工程费为 420 万元，发包人委托监理人对该工程项目施工阶段进行监理，但不包括费用控制。施工监理服务收费按以下步骤计算：

施工监理服务收费基准价 = 施工监理服务收费基价 × 专业调整系数 × 工程复杂程度调整系数 × 高程调整系数

一、计算施工监理服务收费计费额

1. 确定工程概算投资额

因本工程未列设备购置费、联合试运转费，因此，工程概算投资额等于建筑安装工程费 420 万元。

2. 确定施工监理服务收费的计费额

施工监理服务收费计费额 = 建筑安装工程费 = 420.00（万元）

二、计算施工监理服务收费基价

因为该费用小于 500 万，根据本标准附表二，经发包人和监理人协商，该工程施工监理服务收费基价为 15 万元。

三、确定专业调整系数：根据本标准附表三，建筑工程专业调整系数为 1.0

四、确定工程复杂程度调整系数：该烟囱高度为 120 米，根据本标准表 7.2 – 1 规定，其工程复杂程度为Ⅲ级，工程复杂程度调整系数为 1.15

五、确定高程调整系数：该建设工程项目所处位置海拔高程小于 2001 米，根据本标准 1.0.9 条规定，高程调整系数为 1.0

六、计算施工监理服务收费基准价

由于发包人委托监理人对该工程项目施工阶段进行监理，但不包括费用控制。根据本收费标准 1.0.10 条的规定，与发包人协商确定委托服务内容的收费按施工监理服务收费总额的 90% 计取。

施工监理服务收费基准价 = 施工监理服务收费基价 × 专业调整系数 × 工程复杂程度调整系数 × 高程调整系数 × 90% = 15 × 1.0 × 1.15 × 1.0 × 90% = 15.53（万元）

该建设工程项目的施工监理服务收费基准价 15.53 万元。若该建设工程项目属于依法必须实行监理的，监理人和发包人应在此基础上，根据本标准规定，在上下20%浮动范围内，协商确定该建设工程项目的施工监理服务收费合同额。

【原文】 **7.2.2** 市政公用、园林绿化工程

市政公用、园林绿化工程复杂程度表 表7.2-2

等级	工程特征
Ⅰ级	1. DN<1.0m的给排水地下管线工程； 2. 小区内燃气管道工程； 3. 小区供热管网工程，<2MW的小型换热站工程； 4. 小型垃圾中转站，简易堆肥工程。
Ⅱ级	1. DN≥1.0m的给排水地下管线工程；<$3m^3/s$的给水、污水泵站；<10万吨/日给水厂工程，<5万吨/日污水处理厂工程； 2. 城市中、低压燃气管网（站），<$1000m^3$液化气贮罐场（站）； 3. 锅炉房，城市供热管网工程，≥2MW换热站工程； 4. ≥100t/日的垃圾中转站，垃圾填埋工程； 5. 园林绿化工程。
Ⅲ级	1. ≥$3m^3/s$的给水、污水泵站，≥10万吨/日给水厂工程，≥5万吨/日污水处理厂工程； 2. 城市高压燃气管网（站），≥$1000m^3$液化气贮罐场（站）； 3. 垃圾焚烧工程； 4. 海底排污管线，海水取排水、淡化及处理工程。

【解释】 本条对市政公用、园林绿化工程施工监理服务工作的复杂程度分类作出规定。市政公用、园林绿化工程复杂程度，主要根据工程性质、规模、技术难度、监理工作条件等因素划分为三级。

工程复杂程度等级Ⅰ级的工程项目主要有以下特征：

1. 管内径DN<1.0m的给排水地下管线工程。

2. 小区内燃气管道工程。

3. 小区供热管网工程，换热量<2MW的小型换热站工程。

4. 小型垃圾中转站，简易堆肥工程。

工程复杂程度等级Ⅱ级的工程项目主要有以下特征：

1. 管内径DN≥1.0m的给排水地下管线工程；流量<$3m^3/s$的给水、污（雨）水泵站；给水规模<10万吨/日的给水厂工程，处理规模<5万吨/日的污水处理厂工程。

2. 城市中、低压燃气管网（站），总贮存容积 $<1000m^3$ 液化气贮罐场（站）。

3. 锅炉房，城市供热管网工程，换热量≥2MW 的换热站工程。

4. 处理规模≥100t/日的垃圾中转站，垃圾填埋工程。

5. 园林绿化工程。

工程复杂程度等级Ⅲ级的工程项目主要有以下特征：

1. 流量 $\geq 3m^3/s$ 的给水、污（雨）水泵站，给水规模≥10 万吨/日的给水厂工程，处理规模≥5 万吨/日的污水处理厂工程。

2. 城市高压燃气管网（站），总贮存容积 $\geq 1000m^3$ 液化气贮罐场（站）。

3. 垃圾焚烧工程。

4. 海（江）底排污管线，海（江）水取排水、淡化及处理工程。

参考案例五：

某沿海城市污水长江底排放口土建工程，深水排放顶管 2 根，直径 2.4 米，总长度为 2100 米；紧急排放管 1 根，采用 2 根 DN2000 玻璃钢夹砂管，总长度 176 米；高位井 1 座。工程概算 5600 万元，其中建筑安装工程费 3491.31 万元。发包人委托监理人对该建设工程项目进行施工阶段和保修阶段的监理与相关服务。发包人要求保修期服务期限为 1 年，并要求监理人在工程保修期限内，委派专业监理工程师（工程师）1 名每月定期巡查工程 4 天。若遇工程维修、临时事件处理等情况，监理费按标准规定按实际天数另外计取。

一、计算施工监理服务收费按以下步骤

施工监理服务收费基准价 = 施工监理服务收费基价 × 专业调整系数 × 工程复杂程度调整系数 × 高程调整系数

（一）计算施工监理服务收费计费额

1. 确定工程概算投资额

因本工程未列设备购置费、联合试运转费，因此，工程概算投资额等于建筑安装工程费 3491.31 万元。

2. 确定施工监理服务收费的计费额

施工监理服务收费计费额 = 建筑安装工程费 = 3491.31（万元）

（二）计算施工监理服务收费基价

根据本标准附表二，采用内插法计算

$$施工监理服务收费基价 = 78.1 + \frac{120.8 - 78.1}{5000 - 3000} \times (3491.31 - 3000)$$

$$= 88.59（万元）$$

（三）确定专业调整系数：根据本标准附表三，市政工程专业调整系数为 1.0

（四）确定工程复杂程度调整系数：根据本标准表 7.2－2 规定，海（江）底排污管线工程复杂程度属于Ⅲ级，工程复杂程度调整系数为 1.15

（五）确定高程调整系数：该建设工程项目所处位置海拔高程小于 2001 米，根据本标准 1.0.9 条规定，高程调整系数为 1.0

（六）计算施工监理服务收费基准价

施工监理服务收费基准价＝施工监理服务收费基价×专业调整系数×工程复杂程度调整系数×高程调整系数＝88.59×1.0×1.15×1.0＝101.88（万元）

该建设工程项目的施工监理服务收费基准价 101.88 万元。若该建设工程项目属于依法必须实行监理的，监理人和发包人应在此基础上，根据本标准规定，在上下 20% 浮动范围内，协商确定该建设工程项目的施工阶段的监理服务费。

二、计算保修阶段相关服务收费

（一）定期巡查的相关服务收费按照本标准 1.0.4 条，其他阶段的相关服务收费一般按相关服务工作所需工日和《建设工程监理与相关服务人员人工日费用标准》（附表四）收费

工程保修期阶段相关服务费＝工程师工日费用标准×工日数

按照本标准附表四，经协商确定，工程师工日费用标准取 700 元/日。

保修阶段相关服务收费＝700 元/日×1 人×4 天/月×12 月＝3.36（万元）

（二）若遇工程维修、临时事件处理等情况，相关服务收费按照本标准 1.0.4 条，其他阶段的相关服务收费一般按相关服务工作所需工日和《建设工程监理与相关服务人员人工日费用标准》（附表四）收费

工程保修期阶段相关服务费＝实际到场的监理人员工日费用标准×工日数

参考案例六：

某沿海城市新建一污水处理厂一期土建工程，占地 33.79 公顷，日处理能力 170 万吨。该工程有生产区功能性构筑物 11 个，厂前区构筑物 3 栋，以及各种管线、管渠、厂内雨水和污水排水泵房以及厂区附属构筑物。工程概算 35000 万元，其中建筑安装工程费 20330 万元。发包人委托监理人对该建设工程项目进行施工阶段的监理服务。施工监理服务收费按以下步骤计算：

施工监理服务收费基准价＝施工监理服务收费基价×专业调整系数×工程复杂程度调整系数×高程调整系数

一、计算施工监理服务收费计费额

1. 确定工程概算投资额

因本工程未列设备购置费、联合试运转费，因此，工程概算投资额等于建筑安装工程费 20330 万元。

2. 确定施工监理服务收费的计费额

施工监理服务收费计费额 = 建筑安装工程费 = 20330.00（万元）

二、计算施工监理服务收费基价

根据本标准附表二，采用内插法计算

$$施工监理服务收费基价 = 393.4 + \frac{708.2 - 393.4}{40000 - 20000} \times (20330 - 20000)$$
$$= 398.59（万元）$$

三、确定专业调整系数：根据本标准附表三，市政公用工程专业调整系数为 1.0

四、确定工程复杂程度调整系数：根据本标准表 7.2 - 2，≥5 万吨/日污水处理厂工程复杂程度属于Ⅲ级，工程复杂程度调整系数为 1.15

五、确定高程调整系数：该建设工程项目所处位置海拔高程小于 2001 米，根据本标准 1.0.9 条规定，高程调整系数为 1.0

六、计算施工监理服务收费基准价

施工监理服务收费基准价 = 施工监理服务收费基价 × 专业调整系数 × 工程复杂程度调整系数 × 高程调整系数 = 398.59 × 1.0 × 1.15 × 1.0 = 458.38（万元）

该建设工程项目的施工监理服务收费基准价 458.38 万元。若该建设工程项目属于依法必须实行监理的，监理人和发包人应在此基础上，根据本标准规定，在上下 20% 浮动范围内，协商确定该建设工程项目的施工监理服务收费合同额。

参考案例七：

某沿海城市为了配合体育网球中心，在附近道路新建排水，工程建设 DN600 - DN1200 雨水管道 4667 米，DN300 - DN600 污水管道 2545 米。工程概算 3000 万元，其中建筑安装工程费 2158.11 万元。发包人委托监理人对该建设工程项目施工阶段的质量控制、费用控制和安全生产监督进行监理服务。施工监理服务收费按以下步骤计算：

施工监理服务收费基准价 = 施工监理服务收费基价 × 专业调整系数 × 工程复杂程度调整系数 × 高程调整系数

一、计算施工监理服务收费计费额

1. 确定工程概算投资额

因本工程未列设备购置费、联合试运转费，因此，工程概算投资额等于建筑安装工程费 2158.11 万元。

2. 确定施工监理服务收费的计费额

施工监理服务收费计费额 = 建筑安装工程费 = 2158.11（万元）

二、计算施工监理服务收费基价

根据本标准附表二，采用内插法计算

$$施工监理服务收费基价 = 30.1 + \frac{78.1 - 30.1}{3000 - 1000} \times (2158.11 - 1000) = 57.89（万元）$$

三、确定专业调整系数：根据本标准附表三，市政工程专业调整系数为1.0

四、确定工程复杂程度调整系数：根据本标准表7.2-2，DN≥1.0m的给排水地下管线工程复杂程度属于Ⅱ级，工程复杂程度调整系数为1.0

五、确定高程调整系数：该建设工程项目所处位置海拔高程小于2001米，根据本标准1.0.9条规定，高程调整系数为1.0

六、计算施工监理服务收费基准价

由于发包人只委托监理人对该建设工程项目施工阶段的质量控制、费用控制和安全生产监督进行监理服务，根据本收费标准1.0.10条的规定，与发包人协商确定委托服务内容的收费按施工监理服务收费总额的90%计取。

施工监理服务收费基准价＝施工监理服务收费基价×专业调整系数×工程复杂程度调整系数×高程调整系数×90%＝57.89×1.0×1.0×1.0×90%＝52.10（万元）

该建设工程项目的施工监理服务收费基准价52.10万元。若该建设工程项目属于依法必须实行监理的，监理人和发包人应在此基础上，根据本标准规定，在上下20%浮动范围内，协商确定该建设工程项目的施工监理服务收费合同额。

参考案例八：

某沿海城市某路建设污水总管，Φ2400"F"型钢承口式钢筋砼管3399.5米，采用顶管法施工，共有工作井8座、接收井7座；接入合流一期，采用双孔箱涵开槽施工，长16米。地区接入管线，管径Φ600～Φ800，管道总长90米，采用开槽埋管。工程概算3300万元，其中建筑安装工程费2383万元。发包人委托监理人对该建设工程项目进行施工阶段的监理服务。施工监理服务收费按以下步骤计算：

施工监理服务收费基准价＝施工监理服务收费基价×专业调整系数×工程复杂程度调整系数×高程调整系数

一、计算施工监理服务收费计费额

1．确定工程概算投资额

因本工程未列设备购置费、联合试运转费，因此，工程概算投资额等于建筑安装工程费2383万元。

2．确定施工监理服务收费的计费额

施工监理服务收费计费额＝建筑安装工程费＝2383.00（万元）

二、计算施工监理服务收费基价

根据本标准附表二，采用内插法计算

$$施工监理服务收费基价 = 30.1 + \frac{78.1-30.1}{3000-1000} \times (2383-1000)$$

$$= 63.29（万元）$$

三、确定专业调整系数：根据本标准附表三，市政公用工程专业调整系数为 1.0

四、确定工程复杂程度调整系数：根据本标准表 7.2-2，DN≥1.0m 的给排水地下管线工程复杂程度属于Ⅱ级，工程复杂程度调整系数为 1.0

五、确定高程调整系数：该建设工程项目所处位置海拔高程小于 2001 米，根据本标准 1.0.9 条规定，高程调整系数为 1.0

六、计算施工监理服务收费基准价

施工监理服务收费基准价 = 施工监理服务收费基价 × 专业调整系数 × 工程复杂程度调整系数 × 高程调整系数 = 63.29 × 1.0 × 1.0 × 1.0 = 63.29（万元）

该建设工程项目的施工监理服务收费基准价 63.29 万元。若该建设工程项目属于依法必须实行监理的，监理人和发包人应在此基础上，根据本标准规定，在上下 20% 浮动范围内，协商确定该建设工程项目的施工监理服务收费合同额。

参考案例九：

某沿海城市建造日处理 1000 吨级的大型现代化垃圾焚烧厂，工程概算 2.3 亿元，其中：建筑安装工程费 1.02 亿元，通用设备购置费 2000 万元，联合试运转费未列。该工程占地面积 8.58 万平方米，建筑面积 2.34 万平方米，结构类型为钢筋混凝土结构和钢结构，12 个单体工程，主厂房高 34.675 米。发包人委托监理人对该建设工程项目进行施工阶段的监理服务。施工监理服务收费按以下步骤计算：

施工监理服务收费基准价 = 施工监理服务收费基价 × 专业调整系数 × 工程复杂程度调整系数 × 高程调整系数

一、计算施工监理服务收费计费额

1. 确定工程概算投资额

工程概算投资额 = 建筑安装工程费 + 设备购置费 + 联合试运转费

= 10200 + 2000 + 0 = 12200.00（万元）

2. 确定设备购置费和联合试运转费占工程概算投资额的比例

（设备购置费 + 联合试运转费）÷ 工程概算投资额 = （2000 + 0） ÷ 12200 = 16.4%

3. 确定施工监理服务收费的计费额

因设备购置费和联合试运转费占工程概算投资额的比例未达到 40%，故：

施工监理服务收费计费额 = 建筑安装工程费 + 设备购置费 + 联合试运转费

= 10200 + 2000 + 0 = 12200.00（万元）

二、计算施工监理服务收费基价

根据本标准附表二，采用内插法计算

$$施工监理服务收费基价 = 218.6 + \frac{393.4 - 218.6}{20000 - 10000} \times (12200 - 10000) = 257.06（万元）$$

三、确定专业调整系数：根据本标准附表三，市政公用工程的专业调整系数为 1.0

四、确定工程复杂程度调整系数：根据本标准表 7.2 - 2 规定，垃圾焚烧工程复杂程度属于Ⅲ级，工程复杂程度调整系数为 1.15

五、确定高程调整系数：该建设工程项目所处位置海拔高程小于 2001 米，根据本标准 1.0.9 条规定，高程调整系数为 1.0

六、计算施工监理服务收费基准价

施工监理服务收费基准价 = 施工监理服务收费基价 × 专业调整系数 × 工程复杂程度调整系数 × 高程调整系数 = 257.06 × 1.0 × 1.15 × 1.0 = 295.62（万元）

该建设工程项目的施工监理服务收费基准价 295.62 万元。若该建设工程项目属于依法必须实行监理的，监理人和发包人应在此基础上，根据本标准规定，在上下 20% 浮动范围内，协商确定该建设工程项目的施工监理服务收费合同额。

参考案例十：

某沿海城市轨道交通 1 号线解放路停车场新建绿化工程，绿化面积 10200 平方米，工程概算 1100 万元，其中建筑安装工程费 700 万元。发包人委托监理人对该建设工程项目进行施工阶段的监理服务。施工监理服务收费按以下步骤计算：

施工监理服务收费基准价 = 施工监理服务收费基价 × 专业调整系数 × 工程复杂程度调整系数 × 高程调整系数

一、计算施工监理服务收费计费额

1. 确定工程概算投资额

因本工程未列设备购置费、联合试运转费，因此，工程概算投资额等于建筑安装工程费 700 万元。

2. 确定施工监理服务收费的计费额

施工监理服务收费计费额 = 建筑安装工程费 = 700.00（万元）

二、计算施工监理服务收费基价

根据本标准附表二，采用内插法计算

$$施工监理服务收费基价 = 16.5 + \frac{30.1 - 16.5}{1000 - 500} \times (700 - 500) = 21.94（万元）$$

三、确定专业调整系数：根据本标准附表三，园林绿化工程专业调整系数为 0.8

四、确定工程复杂程度调整系数：根据本标准表 7.2－2 规定，园林绿化工程复杂程度属于Ⅱ级，工程复杂程度调整系数为 1.0

五、确定高程调整系数：该建设工程项目所处位置海拔高程小于 2001 米，根据本标准 1.0.9 条规定，高程调整系数为 1.0

六、计算施工监理服务收费基准价

施工监理服务收费基准价＝施工监理服务收费基价×专业调整系数×工程复杂程度调整系数×高程调整系数＝21.94×0.8×1.0×1.0＝17.55（万元）

该建设工程项目的施工监理服务收费基准价 17.55 万元。若该建设工程项目属于依法必须实行监理的，监理人和发包人应在此基础上，根据本标准规定，在上下 20% 浮动范围内，协商确定该建设工程项目的施工监理服务收费合同额。

参考案例十一：

某沿海城市开发区新建天然气门站及相应的配套管网工程，工程概算 9800 万元。其中：天然气门站单项工程建筑安装工程费 4400 万元，中压管网单项工程建筑安装工程费 2860 万元；非标准设备购置费 1300 万元，联合试运转费未列。发包人委托监理人对该建设工程项目进行施工阶段的监理服务。施工监理服务收费按以下步骤计算：

施工监理服务收费基准价＝施工监理服务收费基价×专业调整系数×工程复杂程度调整系数×高程调整系数

一、计算施工监理服务收费计费额

1. 确定工程概算投资额

工程概算投资额＝建筑安装工程费＋设备购置费＋联合试运转费

＝（4400＋2860）＋1300＋0＝8560.00（万元）

2. 确定设备购置费和联合试运转费占工程概算投资额的比例

（设备购置费＋联合试运转费）÷工程概算投资额＝（1300＋0）÷8560＝15.2%

3. 确定施工监理服务收费的计费额

因设备购置费和联合试运转费占工程概算投资额的比例未达到 40%，故：

施工监理服务收费计费额＝建筑安装工程费＋设备购置费＋联合试运转费

＝（4400＋2860）＋1300＋0＝8560.00（万元）

二、计算施工监理服务收费基价

根据本标准附表二，采用内插法计算

$$\text{施工监理服务收费基价} = 181.0 + \frac{218.6 - 181.0}{10000 - 8000} \times (8560 - 8000)$$

$$= 191.53\text{（万元）}$$

三、确定专业调整系数：根据本标准附表三，市政公用工程的专业调整系数为 1.0

四、确定工程复杂程度调整系数：根据本标准表7.2－2规定，城市中、低压燃气管网（站）工程复杂程度属于Ⅱ级，工程复杂程度调整系数为1.0

五、确定高程调整系数：该建设工程项目所处位置海拔高程小于2001米，根据本标准1.0.9条规定，高程调整系数为1.0

六、计算施工监理服务收费基准价

施工监理服务收费基准价＝施工监理服务收费基价×专业调整系数×工程复杂程度调整系数×高程调整系数＝191.53×1.0×1.0×1.0＝191.53（万元）

该建设工程项目的施工监理服务收费基准价191.53万元。若该建设工程项目属于依法必须实行监理的，监理人和发包人应在此基础上，根据本标准规定，在上下20%浮动范围内，协商确定该建设工程项目的施工监理服务收费合同额。

【原文】　7.2.3 广播电视、邮政、电信工程

广播电视、邮政、电信工程复杂程度表　　表7.2－3

等级	工程特征
Ⅰ级	1. 广播电视中心设备（广播2套及以下，电视3套及以下）工程； 2. 中短波发射台（中波单机功率P＜1KW，短波单机功率P＜50KW）工程； 3. 电视、调频发射塔（台）设备（单机功率P＜1KW）工程； 4. 广播电视收测台设备工程；三级邮件处理中心工艺工程。
Ⅱ级	1. 广播电视中心设备（广播3～5套，电视4～6套）工程； 2. 中短波发射台（中波单机功率1KW≤P＜20KW，短波单机功率50KW≤P＜150KW）工程； 3. 电视、调频发射塔（台）设备（中波单机功率1KW≤P＜10KW，塔高＜200m）工程； 4. 广播电视传输网络工程；二级邮件处理中心工艺工程； 5. 电声设备、演播厅、录（播）音馆、摄影棚设备工程； 6. 广播电视卫星地球站、微波站设备工程； 7. 电信工程。
Ⅲ级	1. 广播电视中心设备（广播6套以上，电视7套以上）工程； 2. 中短波发射台设备（中波单机功率P≥20KW，短波单机功率P≥150KW）工程； 3. 电视、调频发射塔（台）设备（中波单机功率P≥10KW，塔高≥200m）工程； 4. 一级邮件处理中心工艺工程。

【解释】 本条对广播电视、邮政、电信工程施工监理服务工作的复杂程度分类作出规定。

广播电视工程根据广播电视制作能力、播出功率以及工艺复杂程度等相关因素划分为三级，分别为Ⅰ级、Ⅱ级和Ⅲ级。

工程复杂程度等级Ⅰ级的工程项目主要特征如下：

1. 按节目制作能力指标：能同时独立制作不超过2套广播节目的广播中心、能同时独立制作不超过3套电视节目的电视中心以及同时制作不超过2套广播节目和不超过3套电视节目的广播电视中心为Ⅰ级；

2. 按播出能力指标：中波单机功率P<1KW、短波单机功率P<50KW的发射台，单机功率P<1KW的电视与调频发射塔（台）工程为Ⅰ级；

3. 按工艺复杂程度指标：广播电视收测台工艺系统相对简单，为Ⅰ级。

工程复杂程度等级Ⅱ级的工程项目主要特征如下：

1. 按节目制作能力指标：能同时独立制作3~5套广播节目的广播中心、能同时独立制作4~6套电视节目的电视中心以及同时制作3~5套广播节目和4~6套电视节目的广播电视中心为Ⅱ级；

2. 按播出能力指标：中波单机功率1KW≤P<20KW、短波单机功率50KW≤P<150KW的发射台，塔高<200m、中波单机功率1KW≤P<10KW的电视与调频发射塔（台）工程为Ⅱ级；

3. 按工艺复杂程度指标：广播电视传输网络、广播电视卫星地球站、微波站工程工艺专业类别较多、相对复杂，为Ⅱ级。

4. 独立建设或其他类型建筑内的演播厅（室）、录（播）音馆（室）、摄影棚、剧场影院、多功能厅、会议厅、体育场馆等的音视频系统、特殊声学装修工程、特殊灯光系统为Ⅱ级。

工程复杂程度等级Ⅲ级的工程项目主要特征如下：

1. 按节目制作能力指标：能同时独立制作6套以上广播节目的广播中心、能同时独立制作7套以上电视节目的电视中心以及同时制作6套以上广播节目和7套以上电视节目的广播电视中心为Ⅲ级；

2. 按播出能力指标：中波单机功率P≥20KW、短波单机功率P≥150KW的发射台，塔高≥200m、单机功率P≥10KW的电视与调频发射塔（台）工程为Ⅲ级。

对邮政工程的复杂程度分类作出规定。三级邮件处理中心工艺工程难度系数取Ⅰ级；二级邮件处理中心工艺工程难度系数取Ⅱ级；一级邮件处理中心工艺工程难度系数取Ⅲ级。

所有电信工程难度系数取Ⅱ级。

参考案例十二：

某电视大楼位于北京市区，建筑面积 21000 平方米，工程总概算投资约 28000 万元，工艺系统建筑安装工程费 3500 万元，工艺系统设备购置费 6500 万元。工艺监理的范围包括：电视工艺、电视专用制播网工艺、节目传送、建声与电声、演播室灯光、建筑智能化系统。发包人委托监理人对该建设工程项目进行施工阶段的监理服务。施工监理服务收费按以下步骤计算：

施工监理服务收费基准价 = 施工监理服务收费基价 × 专业调整系数 × 工程复杂程度调整系数 × 高程调整系数

一、计算施工监理服务收费计费额

1．确定工程概算投资额

工程概算投资额 = 建筑安装工程费 + 设备购置费 + 联合试运转费

= 3500 + 6500 + 0 = 10000.00（万元）

2．确定设备购置费和联合试运转费占工程概算投资额的比例

（设备购置费 + 联合试运转费）÷ 工程概算投资额 =（6500 + 0）÷ 10000 = 65.0%

3．确定施工监理服务收费的计费额

设备购置费和联合试运转费占工程概算投资额的比例超过了收费标准 1.0.8 条规定的 40%，则施工监理服务收费计费额应按如下方式确定：

（1）若该建设工程项目的设备购置费和联合试运转费按 40% 的比例计入计费额

其施工监理服务收费计费额 = 建筑安装工程费 +（设备购置费 + 联合试运转费）× 40% = 3500 +（6500 + 0）× 40% = 6100.00（万元）

（2）若建设工程项目 B 的建安工程费与该建设工程项目相同，而设备购置和联合试运转费等于工程概算投资额的 40%，则 B 项目的施工监理服务收费计费额 = 建筑安装工程费 ÷（1 − 40%）= 3500 ÷（1 − 40%）= 5833.33（万元）

（3）从以上看出，该建设工程项目按（1）式计算出的计费额大于项目 B 的计费额，符合收费标准 1.0.8 条的规定，故取 6100.00 万元为该建设工程项目的施工监理服务收费计费额

二、计算施工监理服务收费基价

根据本标准附表二，采用内插法计算

$$施工监理服务收费基价 = 120.8 + \frac{(181.0 - 120.8)}{(8000 - 5000)} \times (6100 - 5000)$$

$$= 142.87（万元）$$

三、确定专业调整系数：根据本标准附表三，广播电视工程专业调整系数为 1.0

四、确定工程复杂程度调整系数：根据本标准表 7.2－3 规定，本工程能独立制作 4 套电视节目，工程复杂程度属于Ⅱ级，工程复杂程度调整系数为 1.0

五、确定高程调整系数：该建设工程项目所处位置海拔高程小于2001米，根据本标准1.0.9条规定，高程调整系数为1.0

六、计算施工监理服务收费基准价

施工监理服务收费基准价＝施工监理服务收费基价×专业调整系数×工程复杂程度调整系数×高程调整系数＝142.87×1.0×1.0×1.0＝142.87（万元）

该建设工程项目的施工监理服务收费基准价142.87万元。若该建设工程项目属于依法必须实行监理的，监理人和发包人应在此基础上，根据本标准规定，在上下20%浮动范围内，协商确定该建设工程项目的施工监理服务收费合同额。

参考案例十三：

某沿海城市新建天文馆工程，工程总概算投资25000万元，工艺系统建筑安装工程费1500万元，设备购置费5500万元。监理范围包括新馆3个不同类型影院场馆的音视频系统、电影系统、建声、灯光等。工程完工后，能同时播放3套现代电影节目。发包人委托监理人对该建设工程项目进行施工阶段的监理服务。施工监理服务收费按以下步骤计算：

施工监理服务收费基准价＝施工监理服务收费基价×专业调整系数×工程复杂程度调整系数×高程调整系数

一、计算施工监理服务收费计费额

1. 确定工程概算投资额

工程概算投资额＝建筑安装工程费＋设备购置费＋联合试运转费

＝1500＋5500＋0＝7000.00（万元）

2. 确定设备购置费和联合试运转费占工程概算投资额的比例

（设备购置费＋联合试运转费）÷工程概算投资额＝（5500＋0）÷7000＝78.6%

3. 确定施工监理服务收费的计费额

设备购置费和联合试运转费占工程概算投资额的比例超过了收费标准1.0.8条规定的40%，则施工监理服务收费计费额应按如下方式确定：

（1）若该建设工程项目的设备购置费和联合试运转费按40%的比例计入计费额

其施工监理服务收费计费额＝建筑安装工程费＋（设备购置费＋联合试运转费）×40%＝1500＋（5500＋0）×40%＝3700.00（万元）

（2）若建设工程项目B的建安工程费与该建设工程项目相同，而设备购置费和联合试运转费等于工程概算投资额的40%，则B项目的施工监理服务收费计费额＝建筑安装工程费÷（1－40%）＝1500÷（1－40%）＝2500.00（万元）

（3）从以上看出，该建设工程项目按（1）式计算出的计费额大于项目B的计费额，符合收费标准1.0.8条的规定，故取3700.00万元为该建设工程项目的施工监理服

务收费计费额

二、计算施工监理服务收费基价

根据本标准附表二，采用内插法计算

$$施工监理服务收费基价 = 78.1 + \frac{120.8 - 78.1}{5000 - 3000} \times (3700 - 3000)$$

$$= 93.05\ （万元）$$

三、确定专业调整系数：根据本标准附表三，广播电视工程专业调整系数为 1.0

四、确定工程复杂程度调整系数：根据本标准表 7.2－3 规定，本工程能独立播放 3 套电影节目，工程复杂程度属于Ⅱ级，工程复杂程度调整系数为 1.0

五、确定高程调整系数：该建设工程项目所处位置海拔高程小于 2001 米，根据本标准 1.0.9 条规定，高程调整系数为 1.0

六、计算施工监理服务收费基准价

施工监理服务收费基准价＝施工监理服务收费基价×专业调整系数×工程复杂程度调整系数×高程调整系数＝93.05×1.0×1.0×1.0＝93.05（万元）

该建设工程项目的施工监理服务收费基准价 93.05 万元。若该建设工程项目属于依法必须实行监理的，监理人和发包人应在此基础上，根据本标准规定，在上下 20% 浮动范围内，协商确定该建设工程项目的施工监理服务收费合同额。

参考案例十四：

某卫星地球站位于华北地区，C 波段上行系统改造工程总概算投资为 900 万元，建安费用 350 万元，设备购置费 210 万元。监理范围包括监控机房、功放室及天馈线工程。发包人委托监理人对该建设工程项目进行施工阶段的监理服务。施工监理服务收费按以下步骤计算：

施工监理服务收费基准价＝施工监理服务收费基价×专业调整系数×工程复杂程度调整系数×高程调整系数

一、计算施工监理服务收费计费额

1. 确定工程概算投资额

工程概算投资额＝建筑安装工程费＋设备购置费＋联合试运转费

＝350＋210＋0＝560.00（万元）

2. 确定设备购置费和联合试运转费占工程概算投资额的比例

（设备购置费＋联合试运转费）÷工程概算投资额＝（210＋0）÷560＝37.5%

3. 确定施工监理服务收费的计费额

因设备购置费和联合试运转费占工程概算投资额的比例未达到 40%，故：

施工监理服务收费计费额＝建筑安装工程费＋设备购置费＋联合试运转费

$$=350+210+0=560.00\text{（万元）}$$

二、计算施工监理服务收费基价

根据本标准附表二，采用内插法计算

$$\text{施工监理服务收费基价}=16.5+\frac{30.1-16.5}{1000-500}\times(560-500)$$

$$=18.13\text{（万元）}$$

三、确定专业调整系数：根据本标准附表三，广播电视工程专业调整系数为 1.0

四、确定工程复杂程度调整系数：根据本标准表 7.2－3 规定，地球站工程复杂程度属于Ⅱ级，工程复杂程度调整系数为 1.0

五、确定高程调整系数：该建设工程项目所处位置海拔高程小于 2001 米，根据本标准 1.0.9 条规定，高程调整系数为 1.0

六、计算施工监理服务收费基准价

施工监理服务收费基准价＝施工监理服务收费基价×专业调整系数×工程复杂程度调整系数×高程调整系数＝18.13×1.0×1.0×1.0＝18.13（万元）

该建设工程项目的施工监理服务收费基准价 18.13 万元。若该建设工程项目属于依法必须实行监理的，监理人和发包人应在此基础上，根据本标准规定，在上下 20% 浮动范围内，协商确定该建设工程项目的施工监理服务收费合同额。

参考案例十五：

某高原地区（海拔 3650 米）布放光缆 46 条公里，折合 3370 芯公里。工程概算 350 万元，其中，建筑安装工程费为 230 万元，设备购置费和联合试运转费未列。发包人委托监理人对该建设工程项目进行施工阶段的监理服务。施工监理服务收费按以下步骤计算：

施工监理服务收费基准价＝施工监理服务收费基价×专业调整系数×工程复杂程度调整系数×高程调整系数

一、计算施工监理服务收费计费额

1. 确定工程概算投资额

因本工程未列设备购置费、联合试运转费，因此，工程概算投资额等于建筑安装工程费 230 万元。

2. 确定施工监理服务收费的计费额

施工监理服务收费计费额＝建筑安装工程费＝230.00（万元）

二、计算施工监理服务收费基价

根据本标准附表二注，计费额在 500 万元以下，未包括在附表二中，其收费基价由双方协商确定。经双方协商，该工程按 5% 计取施工监理服务收费基价：

施工监理服务收费基价 =230 ×5% =11.5.0（万元）

三、确定专业调整系数：根据本标准附表三，电信工程专业调整系数为1.0

四、确定工程复杂程度调整系数：根据本标准表7.2－3规定，电信工程复杂程度属于Ⅱ级，工程复杂程度调整系数取1.0

五、确定高程调整系数：该建设工程项目所处位置海拔高程为3650米，根据本标准1.0.9条规定，高程调整系数为1.3

六、计算施工监理服务收费基准价

施工监理服务收费基准价 = 施工监理服务收费基价 × 专业调整系数 × 工程复杂程度调整系数 × 高程调整系数 =11.5 ×1.0 ×1.0 ×1.3 =14.95（万元）

该建设工程项目的施工监理服务收费基准价14.95万元。若该建设工程项目属于依法必须实行监理的，监理人和发包人应在此基础上，根据本标准规定，在上下20%浮动范围内，协商确定该建设工程项目的施工监理服务收费合同额。

参考案例十六：

某市运营商安装程控交换工程（海拔高程65米），工程概算2800万元，其中：建安工程费840万元，设备购置费1960万元，联合试运转费未列。发包人委托监理人对该建设工程项目进行施工阶段的监理服务。施工监理服务收费按以下步骤计算：

施工监理服务收费基准价 = 施工监理服务收费基价 × 专业调整系数 × 工程复杂程度调整系数 × 高程调整系数

一、计算施工监理服务收费计费额

1．确定工程概算投资额

工程概算投资额 = 建筑安装工程费 + 设备购置费 + 联合试运转费

=840 +1960 +0 =28001.00（万元）

2．确定设备购置费和联合试运转费占工程概算投资额的比例

（设备购置费 + 联合试运转费）÷工程概算投资额 =（1960 +0）÷2800 =70.0%

3．确定施工监理服务收费的计费额

设备购置费和联合试运转费占工程概算投资额的比例超过了收费标准1.0.8条规定的40%，则施工监理服务收费计费额应按如下方式确定：

（1）若该建设工程项目的设备购置费和联合试运转费按40%的比例计入计费额

其施工监理服务收费计费额 = 建筑安装工程费 +（设备购置费 + 联合试运转费）×40% =840 +（1960 +0）×40% =1624.00（万元）

（2）若建设工程项目B的建安工程费与该建设工程项目相同，而设备购置费和联合试运转费等于工程概算投资额的40%，则B项目的施工监理服务收费计费额 = 建筑安装工程费 ÷（1 －40%）=840 ÷（1 －40%）=1400.00（万元）

(3) 从以上看出，该建设工程项目按（1）式计算出的计费额大于项目B的计费额，符合收费标准1.0.8条的规定，故取1624.00万元为该建设工程项目的施工监理服务收费计费额。

二、计算施工监理服务收费基价

根据本标准附表二，采用内插法计算

$$\text{施工监理服务收费基价} = 30.1 + \frac{78.1 - 30.1}{3000 - 1000} \times (1624 - 1000)$$

$$= 45.08\ (\text{万元})$$

三、确定专业调整系数：根据本标准附表三，电信工程专业调整系数为1.0

四、确定工程复杂程度调整系数：根据本标准表7.2-3规定，电信工程工程复杂程度属于Ⅱ级，工程复杂程度调整系数为1.0

五、确定高程调整系数：该建设工程项目所处位置海拔高程小于2001米，根据本标准1.0.9条规定，高程调整系数为1.0

六、计算施工监理服务收费基准价

施工监理服务收费基准价=施工监理服务收费基价×专业调整系数×工程复杂程度调整系数×高程调整系数=45.08×1.0×1.0×1.0=45.08（万元）

该建设工程项目的施工监理服务收费基准价45.08万元。若该建设工程项目属于依法必须实行监理的，监理人和发包人应在此基础上，根据本标准规定，在上下20%浮动范围内，协商确定该建设工程项目的施工监理服务收费合同额。

8 农业林业工程

8.1 农业林业工程范围

【原文】 适用于农业、林业工程。

【解释】 本章适用于农业、林业工程的监理与相关服务收费。本章所称农业工程和林业工程包括以下主要工程类型：

1. 农业工程：

（1）农业综合开发及农业生态工程（含土地开发利用工程、田间工程、农村能源与农业环保工程、农业监测、农业废弃物处理与资源利用、农业科技园区工程、农产品加工与储藏工程等）；

（2）设施农业工程（含科研和试验温室、隔离检疫温室、观赏型温室工程等）；

（3）畜牧工程（含畜禽舍建设、畜禽检疫与疾病防治工程、草场建设工程等）；

（4）渔港渔业工程（含水产养殖及原、良种建设工程、渔港建设工程等）。

其中农产品（含种植、畜产品、水产品等）及饲料加工工程施工监理服务收费参见本标准第3章加工冶炼工程中的各类加工工程部分，专业调整系数取1.0；

农药、兽药工程、动物检疫工程施工监理服务收费参见本标准第4章石油化工工程中的医药工程部分，专业调整系数取1.0；

渔港建设工程施工监理服务收费参见本标准第6章交通运输工程中的水运部分，专业调整系数取1.1。

2. 林业工程：

林业工程主要包括树木种子园、森林防火、病虫害防治、造林、营林、标准化苗圃、花卉基地、植物园、自然保护区、森林公园、生态观光园、林业局（场、站）、木材运输、贮木场、野生动物园、野生动植物保护、风沙源治理、农田土地整理、公路绿化养护、三江源治理、三北防护林、沿海防护林工程等。

林（业）产加工工程，如人造板（年产量：规模在10万立方米以上（含10万立方米）的中密度板厂、刨花板厂等）、木材加工（如：木地板厂、家具厂等）、干燥、制材、木制门窗、二次加工、制胶、糠醛、活性炭、果胶等。林产业加工工程以及规模较大、技术复杂、工作环境差、有特殊工艺要求的林业工程的施工监理服务收费参见本标准第3章加工冶炼工程中的各类加工工程，专业调整系数取1.0。

本收费标准中不包括森林资源调查、林业专业调查、取样、试验、测试、监测等工作的费用。

8.2 农业林业工程复杂程度

【原文】 农业、林业工程复杂程度为Ⅱ级。

【解释】 适用于本章范围内的农业、林业工程复杂程度均为Ⅱ级。

参考案例一：

北京某检疫隔离实验温室新建工程，总建筑面积5000m^2，轻钢结构，砼独立基础。有采暖通风设备，有温度、湿度、风力、风向等室内人工环境控制和自动监控系统。工程概算1500万元，其中建筑工程安装费660万元，设备购置费700万元，联合试运转费未列。发包人委托监理人对该建设工程项目进行施工阶段的监理服务。施工监理服务收费按以下步骤计算：

施工监理服务收费基准价 = 施工监理服务收费基价 × 专业调整系数 × 工程复杂程度调整系数 × 高程调整系数

一、计算施工监理服务收费计费额

1. 确定工程概算投资额

工程概算投资额 = 建筑安装工程费 + 设备购置费 + 联合试运转费

= 660 + 700 + 0 = 1360.00（万元）

2. 确定设备购置费和联合试运转费占工程概算投资额的比例

（设备购置费 + 联合试运转费）÷工程概算投资额 =（700 + 0）÷1360 = 51.5%

3. 确定施工监理服务收费的计费额

设备购置费和联合试运转费占工程概算投资额的比例超过了收费标准1.0.8条规定的40%，则施工监理服务收费计费额应按如下方式确定：

（1）若该建设工程项目的设备购置费和联合试运转费按40%的比例计入计费额，其施工监理服务收费计费额 = 建筑安装工程费 +（设备购置费 + 联合试运转费）× 40% = 660 +（700 + 0）×40% = 940.00（万元）

（2）若建设工程项目B的建筑安装工程费与该建设工程项目相同、而设备购置费和联合试运转费等于工程概算投资额的40%，则B项目的施工监理服务收费计费额 = 建筑安装工程费 ÷（1 − 40%）= 660 ÷（1 − 40%）= 1100.00（万元）

（3）从以上看出，该建设工程项目的设备购置费和联合试运转费之和（700万元）比项目B的设备购置费和联合试运转费之和（1100×40% = 440万元）大，但该建设工程项目按（1）式计算出的计费额却小于项目B的计费额，若取（1）式的计算结果为

该建设工程项目的施工监理服务计费额，则不符合本标准 1.0.8 条的规定

根据本标准 1.0.8 条的规定，该建设工程项目的施工监理服务收费计费额应不小于 1100 万元，故取 1100 万元为该建设工程项目施工监理服务收费计费额。

二、计算施工监理服务收费基价

根据本标准附表二，采用内插法计算

$$施工监理服务收费基价 = 30.1 + \frac{78.1 - 30.1}{3000 - 1000} \times (1100 - 1000)$$

$$= 32.50（万元）$$

三、确定专业调整系数：根据本标准附表三，农业工程专业调整系数为 0.9

四、确定工程复杂程度调整系数：根据规定农业工程复杂程度为Ⅱ级，工程复杂程度调整系数为 1.0

五、确定高程调整系数：该建设工程项目所处位置海拔高程小于 2001 米，根据本标准 1.0.9 条规定，高程调整系数为 1.0

六、计算施工监理服务收费基准价

施工监理服务收费基准价 = 施工监理服务收费基价 × 专业调整系数 × 工程复杂程度调整系数 × 高程调整系数 = 32.50 × 0.9 × 1.0 × 1.0 = 29.25（万元）

该建设工程项目的施工监理服务收费基准价 29.25 万元。若该建设工程项目属于依法必须实行监理的，监理人和发包人应在此基础上，根据本标准规定，在上下 20% 浮动范围内，协商确定该建设工程项目的施工监理服务收费合同额。

参考案例二：

沿海某基因改良实验温室新建工程，总建筑面积 6000m²，轻钢结构，砼独立基础。有简单采暖通风设备。工程概算 561 万元，其中建筑工程安装费 320 万元，设备购置费 200 万元，联合试运转费未列。发包人委托监理人对该建设工程项目进行施工阶段的监理服务。施工监理服务收费按以下步骤计算：

施工监理服务收费基准价 = 施工监理服务收费基价 × 专业调整系数 × 工程复杂程度调整系数 × 高程调整系数

一、计算施工监理服务收费计费额

1. 确定工程概算投资额

工程概算投资额 = 建筑安装工程费 + 设备购置费 + 联合试运转费

= 320 + 200 + 0 = 520.00（万元）

2. 确定设备购置费和联合试运转费占工程概算投资额的比例

（设备购置费 + 联合试运转费）÷ 工程概算投资额 =（200 + 0）÷ 520 = 38.5%

3. 确定施工监理服务收费的计费额

因设备购置费和联合试运转费占工程概算投资额的比例未达到40%，故：

施工监理服务收费计费额 = 建筑安装工程费 + 设备购置费 + 联合试运转费

= 320 + 200 + 0 = 520.00（万元）

二、计算施工监理服务收费基价

根据本标准附表二，采用内插法计算

$$施工监理服务收费基价 = 16.5 + \frac{30.1 - 16.5}{1000 - 500} \times (520 - 500)$$

= 17.04（万元）

三、确定专业调整系数：根据本标准附表三，农业工程专业调整系数为0.9

四、确定工程复杂程度调整系数：根据规定农业工程复杂程度为Ⅱ级，工程复杂程度调整系数为1.0

五、确定高程调整系数：该建设工程项目所处位置海拔高程小于2001米，根据本标准1.0.9条规定，高程调整系数为1.0

六、计算施工监理服务收费基准价

施工监理服务收费基准价 = 施工监理服务收费基价 × 专业调整系数 × 工程复杂程度调整系数 × 高程调整系数 = 17.04 × 0.9 × 1.0 × 1.0 = 15.34（万元）

该建设工程项目的施工监理服务收费基准价15.34万元。若该建设工程项目属于依法必须实行监理的，监理人和发包人应在此基础上，根据本标准规定，在上下20%浮动范围内，协商确定该建设工程项目的施工监理服务收费合同额。

参考案例三：

我国北方地区多次发生大规模沙尘暴，影响了首都的国际形象和京津地区人们正常的生产生活。通过对山、水、田、林、路、草综合治理和全面禁牧，工程区林草植被覆盖率明显提高。生态环境的改善，减缓了风沙对京津地区的侵袭。某自治区风沙源治理工程项目，分5个标段，总面积达到240万亩。工建筑安装工程费10000万元。发包人委托监理人对该建设工程项目进行施工阶段的监理服务。施工监理服务收费按以下步骤计算：

施工监理服务收费基准价 = 施工监理服务收费基价 × 专业调整系数 × 工程复杂程度调整系数 × 高程调整系数

一、计算施工监理服务收费计费额

1. 确定工程概算投资额

因本工程未列设备购置费、联合试运转费，因此，工程概算投资额等于建筑安装工程费10000万元。

2. 确定施工监理服务收费的计费额

施工监理服务收费计费额 = 建筑安装工程费 = 10000.00（万元）

二、计算施工监理服务收费基价

根据本标准附表二，计费额为10000.00万元时，施工监理服务收费基价为218.60万元。

三、确定专业调整系数：根据本标准附表三，林业工程的专业调整系数为0.9

四、确定工程复杂程度调整系数：根据规定林业工程复杂程度为Ⅱ级，工程复杂程度调整系数为1.0

五、确定高程调整系数：该建设工程项目所处位置海拔高程小于2001米，根据本标准1.0.9条规定，高程调整系数为1.0

六、计算施工监理服务收费基准价

施工监理服务收费基准价 = 施工监理服务收费基价 × 专业调整系数 × 工程复杂程度调整系数 × 高程调整系数 = 218.6 × 0.9 × 1.0 × 1.0 = 196.74（万元）

该建设工程项目的施工监理服务收费基准价196.74万元。若该建设工程项目属于依法必须实行监理的，监理人和发包人应在此基础上，根据本标准规定，在上下20%浮动范围内，协商确定该建设工程项目的施工监理服务收费合同额。

【原文】

附表一　　建设工程监理与相关服务的主要工作内容

<table>
<tr><th>服务阶段</th><th>主要工作内容</th><th>备　注</th></tr>
<tr><td>勘察阶段</td><td>协助发包人编制勘察要求、选择勘察单位，核查勘察方案并监督实施和进行相应的控制，参与验收勘察成果。</td><td rowspan="4">建设工程勘察、设计、施工、保修等阶段监理与相关服务的具体工作内容执行国家、行业有关规范、规定。</td></tr>
<tr><td>设计阶段</td><td>协助发包人编制设计要求、选择设计单位，组织评选设计方案，对各设计单位进行协调管理，监督合同履行，审查设计进度计划并监督实施，核查设计大纲和设计深度、使用技术规范合理性，提出设计评估报告（包括各阶段设计的核查意见和优化建议），协助审核设计概算。</td></tr>
<tr><td>施工阶段</td><td>施工过程中的质量、进度、费用控制，安全生产监督管理、合同、信息等方面的协调管理。</td></tr>
<tr><td>保修阶段</td><td>检查和记录工程质量缺陷，对缺陷原因进行调查分析并确定责任归属，审核修复方案，监督修复过程并验收，审核修复费用。</td></tr>
</table>

【解释】　本表是对《建设工程监理与相关服务收费标准》中第1.0.1条的建设工程监理与相关服务各阶段主要工作内容的说明。本表是按照国家或行业有关工程监理规范、规定中对工程监理工作内容的规定，以及借鉴国外有关标准而编写的。本表明确了监理人向发包人提供建设工程监理与相关服务各阶段的主要工作内容，也为发包人在选择监理人时提供了重要的参考依据。发包人可以根据工程实际情况和行业特点，在监理服务合同中进一步明确监理人应提供的服务内容。

本表只列出了各阶段工程监理与相关服务的主要工作内容，但不限于这些内容。因此，在发包人签订的委托监理合同中，须明确约定监理人应提供的工程监理及相关服务内容。现将建设工程监理与相关服务的主要工作内容按不同的阶段详细解释如下：

一、勘察阶段相关服务的主要工作内容：

【原文】　协助发包人编制勘察要求、选择勘察单位，核查勘察方案并监督实施和进行相应的控制，参与验收勘察成果。

【解释】　在项目筹备初期，协助发包人编制勘察任务书，根据勘察任务提出投标人的资质要求，选择确定勘察单位；核查、批准勘察单位提交的实施方案，主要核查其勘察深度、规范的使用、方法及勘察工作量的合理性；监督勘察方案的实施，必要时进行现场监理审查；审查勘察成果，并参与验收，确定设计参考资料；核查勘察工作量，根据勘察合同对合格的实物工作量签证支付勘察费用。

二、设计阶段相关服务的主要工作内容：

【原文】 协助发包人编制设计要求、选择设计单位，组织评选设计方案，对各设计单位进行协调管理，监督合同履行，审查设计进度计划并监督实施，核查设计大纲和设计深度、使用技术规范合理性，提出设计评估报告（包括各阶段设计的核查意见和优化建议），协助审核设计概算。

【解释】 设计阶段相关服务系指监理人受发包人的委托，以设计承包合同为主要依据，从工程项目预可行性研究开始，直到可行性研究、设计招标、施工图设计阶段等，通过监理人提供的服务而达到对工程项目的设计质量、进度、投资的全面控制。

目前，投资渠道及专业不同的项目，其设计阶段的划分也不同。发包人可以根据建设工程项目的需要将不同的设计阶段分别委托监理人，也可以将某一设计阶段的相关服务委托给监理人。施工图设计阶段的相关服务与施工监理可由一个监理人承担，也可以由不同的监理人承担。

首先，监理人应根据项目建议书，协助发包人编制设计任务书，确定设计要求和设计人的资质，编制招标文件，参与评标、评选设计方案；有些建设工程项目由若干设计人共同完成，监理人应根据发包人的授权，对各设计单位进行协调管理，监督合同履行，分阶段对工作进行跟踪和管理。

根据设计委托合同，设计人必须提交设计大纲，经监理人核查批准的设计大纲是设计工作中的指导性文件。监理人核查设计大纲的主要工作内容是核查其设计深度、规范使用及设计工作量的合理性。

另外，监理人在设计阶段的服务工作内容还有：审核基本资料、设计方案、设计图纸和技术报告，提出优化设计方案的建议和各阶段设计的核查意见；协助发包人审查设计概算。采取预控手段，促使设计人进行最大限度的设计挖潜，使设计在满足质量及功能要求的前提下，达到工程最佳投资效益的目的；分类保管各类信息成品，执行必要的签署制度。监理合同结束时，须将上述资料进行移交并办理移交手续。

三、施工阶段建设工程监理的主要工作内容：

【原文】 施工过程中的质量、进度、费用控制，安全生产监督管理、合同、信息等方面的协调管理。

【解释】 施工阶段的监理工作是建设工程监理与相关服务工作的重点，国家有关的法律法规、规范、规定等都作了较明确的规定。其主要服务内容如下：

1. 在工程质量控制方面：监理人应根据建设工程的有关规范、标准和施工承包合同，对工程施工质量进行程序化的、量化的全过程全面的实时控制。根据有关监理规范，按施工程序编制质量控制工作流程，分析和确定质量控制重点及其应采取的监理措施，制定质量控制的各项实施细则、规定及其他管理制度，并报送发包人批准。监理人须将经发包人批准的各种质量控制文件印发承包人，严格依照这些文件控制施工质量，定期提出工程质量报告和按规定格式编制工程质量统计报表（年、季、月）报发包人。

2. 在工程进度控制方面：监理人根据建设工程的施工承包合同，审查批准承包人报送的施工总进度计划。依据经批准的进度计划和节点工期控制目标，实时检查承包人的资源投入和施工措施，及时发现并要求承包人消除延误施工进度的隐患，检查监督与协调进度计划的实施，并记录实际进度及其相关情况，定期对施工进度进行统计分析；监理人应定期向发包人报告工程进度和所采取进度控制措施的执行情况，并提出合理预防由发包人原因导致的工程延期及其相关费用索赔的建议。

3. 在安全生产监督管理方面：监理人应督促承包人认真执行国家及有关部门颁发的安全生产法规和规定，建立健全安全管理工作体系和安全管理制度；审查施工组织设计中的安全技术措施和安全防护措施，并检查其落实的情况；参加安全事故的调查分析，审查承包人的安全事故报告及安全报表，检查承包人对安全事故的处理措施；定期（每月）向发包人报告安全生产情况。

4. 在工程费用控制方面：监理人应根据监理委托合同，编制监理工程项目以及各合同项目的费用控制目标，各年度、季度和月份的合理投资计划，审查承包人提交的资金流计划；对合格工程量进行审核计量，并签发支付凭证；跟踪潜在费用索赔事件，客观公正地评估索赔事件并报告发包人，及时处理索赔事件，实现费用控制目标。

5. 在合同管理方面：监理人应全面、正确地理解合同，并在工程现场负责解释和管理合同，以达到质量、工期和费用控制的目标；审查承包人提出的变更，并向发包人报告审查意见，协助发包人与承包人签订补充合同；调解合同纠纷，协助仲裁机构进行仲裁；由于不可抗力的原因被迫中止合同时，应协助发包人与承包人协商处理善后事宜。

6. 信息管理方面：监理人应根据与发包人签订的监理委托合同，确定信息种类、信息源和信息发布流程，编制信息管理制度。监理人应作好各种信息的搜集、整理、分析与反馈、管理与归档，使之能在施工期间的任何合理时间内查阅，为重大工程问题的决策和解决合同问题提供准确的证据。竣工后应将经过整理的工程技术档案资料全部移交发包人。

施工阶段工程监理的工作内容很多，也很繁杂。在签订监理委托合同时，发包人和监理人都应仔细分析建设工程项目的实际需要，在合同中明确约定监理工作内容和监理人的责任，使合同双方都能主动地履行各自的责任和义务，实现工程目标。

四、保修阶段相关服务的主要工作内容：

【原文】 检查和记录工程质量缺陷，对缺陷原因进行调查分析并确定责任归属，审核修复方案，监督修复过程并验收，审核修复费用。

【解释】 一般来说，任何专业建设工程项目竣工以后都有一年以上的保修期。很多发包人都把委托给监理人的工作内容和服务期与承包人的施工项目和工期紧密结合，监理人就顺理成章地承担了保修阶段的工程监理服务。在办理工程交工验收手续时，监理人应检查和记录发包人提出的工程质量缺陷情况；进入保修期以后，仍按施工阶段工程监理的程序和原则，监督承包人修复工程质量缺陷，并进行验收；根据质量缺陷责任的归属，评估、核实修复工程的费用，并报发包人；保修阶段结束后，应协助发包人按照工程质量保修书的规定结算工程质量保修金。

五、其他服务的工作内容：

【备注原文】 建设工程勘察、设计、施工、保修等阶段监理与相关服务的具体工作内容执行国家、行业有关规范、规定。

【解释】 我国推行建设工程监理制度以来，建设工程的监理业务和服务水平有了长足的发展，国家及行业管理部门相继颁布了有关监理服务的规范和规定，针对各专业建设工程的具体特点规定了监理服务阶段的划分及相应的服务内容。这些内容不仅包括了本表中施工阶段的主要工作内容，也规定了其他阶段的工作内容。如：国家标准《建设工程监理规范》（GB50319 - 2000）重点是对施工阶段的监理工作和“设备采购监理与设备监造”工作进行了规范；国家发展和改革委员会颁布的《石油化工建设工程项目监理规范》（SH/T 3903—2004）规定了石油化工建设中工程勘察、设计、招投标、设备采购监造、施工、投产试运行等各阶段的监理服务工作的要求、工作依据、原则与方法；《水电水利工程施工监理规范》（DL/T 5111—2000）规定了监理人在水电水利工程施工准备（含招标）阶段、施工阶段、工程验收、工程移交与缺陷责任期等各阶段的质量、进度、费用控制，以及对安全、环保的要求和合同的管理与责任等。为了规范铁道工程勘察阶段的监理工作，铁道部在2002年颁布了《关于开展铁路工程地质勘察监理工作的通知》，进一步明确了铁路工程地质勘察监理工作的实施范围、组织实施、工作依据和主要工作内容。

从以上可以看出，国家或行业有关规范、规定对建设工程监理与相关服务的工作规定，不仅限于表中所列的勘察、设计、施工、保修四个阶段，还包括招投标、设备采购监造、投产试运行等其他阶段的相关服务。另外，监理人也可以根据发包人的需求和自己的能力，开展除上述以外的其他相关服务。如在前期阶段，帮助发包人进行建设项目的策划，编制项目实施规划；在施工阶段，帮助发包人编制施工规划、施工总进度计划等。

【原文】

附表二　　施工监理服务收费基价表

单位：万元

序号	计费额	收费基价	序号	计费额	收费基价
1	500	16.5	9	60000	991.4
2	1000	30.1	10	80000	1255.8
3	3000	78.1	11	100000	1507.0
4	5000	120.8	12	200000	2712.5
5	8000	181.0	13	400000	4882.6
6	10000	218.6	14	600000	6835.6
7	20000	393.4	15	800000	8658.4
8	40000	708.2	16	1000000	10390.1

注：计费额大于1000000万元的，以计费额乘以1.039%的收费率计算收费基价。其他未包含的其收费由双方协商议定。

【解释】　本表用于计算施工监理服务收费基价。

本表所称的工程施工监理服务收费基价，是完成国家法律法规、行业规范规定的施工阶段监理服务内容的价格，未考虑专业、工程复杂程度等差异对施工监理服务工作量、复杂程度等方面的影响，是计算施工监理服务收费的基础。

本基价表基于对专业建设工程监理项目实际费用的测算结果，根据收费基价与计费额间的数理关系，综合考虑各专业工程监理的特点，经过平衡研究确定。

一、施工监理收费基价与计费额的关系：

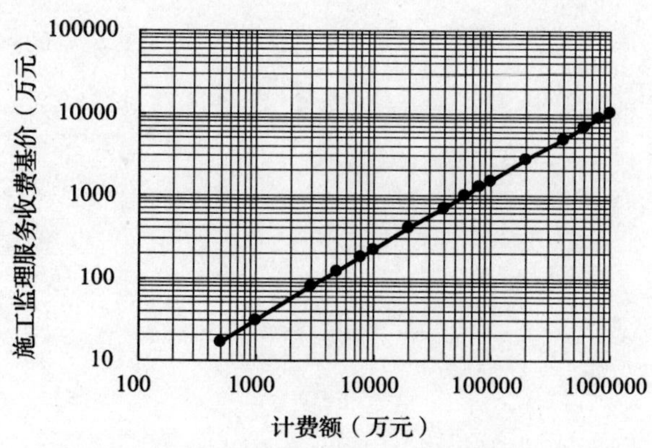

施工监理服务收费基价与计费额关系图

由上图可知，施工监理服务收费基价由计费额确定。施工监理服务收费基价随计费额的增大而呈平滑增长趋势。施工监理服务收费基价的增长幅度在小于计费额增长幅度的前提下，随计费额的增大而呈衰减趋势。

二、确定施工监理服务收费计费额：

铁路、水运、公路、水电、水库工程的施工监理服务收费计费额为建筑安装工程费。其他专业工程的计费额为工程概算中的建筑安装工程费、设备购置费和联合试运转费之和。对设备购置费和联合试运转费占工程概算投资额40%以上的工程项目，其建筑安装工程费全部计入计费额，设备购置费和联合试运转费按40%的比例计入计费额。但其计费额不应于小于建筑安装工程费与其相同且设备购置费和联合试运转费等于工程概算投资额40%的工程项目的计费额。

三、确定施工监理服务收费基价：

从本表“施工监理服务收费基价表”中查找或计算该建设工程项目的施工监理服务收费基价。

四、施工监理服务收费计费额处于两个数值区间的，采用内插法计算其施工监理服务收费计费额以及所对应的施工监理服务收费基价。

五、计费额小于500万元的建设工程项目的施工监理服务收费基价由委托人和监理人协商确定。

六、当建设工程项目的计费额大于1000000万元时，施工监理服务收费基价 = 计费额 ×1.039%。

【原文】

附表三　　施工监理服务收费专业调整系数表

工 程 类 型	专业调整系数
1. 矿山采选工程	
黑色、有色、黄金、化学、非金属及其他矿采选工程	0.9
选煤及其他煤炭工程	1.0
矿井工程、铀矿采选工程	1.1
2. 加工冶炼工程	
冶炼工程	0.9
船舶水工工程	1.0
各类加工工程	1.0
核加工工程	1.2
3. 石油化工工程	
石油工程	0.9
化工、石化、化纤、医药工程	1.0
核化工工程	1.2
4. 水利电力工程	
风力发电、其他水利工程	0.9
火电工程、送变电工程	1.0
核能、水电、水库工程	1.2
5. 交通运输工程	
机场场道、助航灯光工程	0.9
铁路、公路、城市道路、轻轨及机场空管工程	1.0
水运、地铁、桥梁、隧道、索道工程	1.1
6. 建筑市政工程	
园林绿化工程	0.8
建筑、人防、市政公用工程	1.0
邮政、电信、广播电视工程	1.0
7. 农业林业工程	
农业工程	0.9
林业工程	0.9

【解释】　本表是关于施工监理服务收费专业调整系数的规定。

本表的专业调整系数是基于各专业工程施工监理的复杂程度和工作量差异等因素，

根据各专业不同类别监理工程项目测算结果与施工监理服务收费基价表的对比情况，综合平衡研究确定的。

计算施工监理服务收费，从本表中查找相应的专业调整系数。具体确定方法如下：

1. 一个建设工程项目的主要单项工程分属不同专业的，原则上应选择不同的专业调整系数。但单项工程之间联系密切，施工监理工作复杂程度和工作量差异不大的，也可按主要专业确定专业调整系数。

2. 本表中没有列明专业调整系数的，该项系数为1.0；也可比照相近工程确定其专业调整系数。

3. 计算施工监理服务收费，应按照本表查找、确定专业调整系数；发包人与监理人也可根据具体情况，协商确定专业调整系数。

【原文】

附表四　　建设工程监理与相关服务人员人工日费用标准

建设工程监理与相关服务人员职级	工日费用标准（元）
一、高级专家	1000 ~ 1200
二、高级专业技术职称的监理与相关服务人员	800 ~ 1000
三、中级专业技术职称的监理与相关服务人员	600 ~ 800
四、初级及以下专业技术职称监理与相关服务人员	300 ~ 600

注：本表适用于提供短期服务的人工费用标准。

【解释】　本表提供了计算其他阶段相关服务收费的参照标准。

本表除适用于其他阶段相关服务收费外，也适用于施工阶段监理服务之外的其他相关服务工作的收费。

建设工程监理与相关服务人员职级分为四类。

一、高级专家为具有正高级高工及其以上职称的监理与相关服务人员，如教授级高工等。

二、高级专业技术职称的监理与相关服务人员为具有副高级工程师（高工）职称的人员，如高级工程师、高级建筑师、高级经济师、高级统计师等。

三、中级专业技术职称的监理与相关服务人员为具有中级职称的人员，如工程师、建筑师、经济师、统计师等。

四、初级及以下专业技术职称监理与相关服务人员为具有初级职称的人员，如助理工程师、技术员、监理员等。

附　　录

中华人民共和国价格法

（1997年12月29日第八届全国人民代表大会常务委员会
第二十九次会议通过　中华人民共和国主席令第92号公布）

第一章　总　　则

第一条　为了规范价格行为，发挥价格合理配置资源的作用，稳定市场价格总水平，保护消费者和经营者的合法权益，促进社会主义市场经济健康发展，制定本法。

第二条　在中华人民共和国境内发生的价格行为，适用本法。

本法所称价格包括商品价格和服务价格。

商品价格是指各类有形产品和无形资产的价格。

服务价格是指各类有偿服务的收费。

第三条　国家实行并逐步完善宏观经济调控下主要由市场形成价格的机制。价格的制定应当符合价值规律，大多数商品和服务价格实行市场调节价，极少数商品和服务价格实行政府指导价或者政府定价。

市场调节价，是指由经营者自主制定，通过市场竞争形成的价格。

本法所称经营者是指从事生产、经营商品或者提供有偿服务的法人、其他组织和个人。

政府指导价，是指依照本法规定，由政府价格主管部门或者其他有关部门，按照定价权限和范围规定基准价及其浮动幅度，指导经营者制定的价格。

政府定价，是指依照本法规定，由政府价格主管部门或者其他有关部门，按照定价权限和范围制定的价格。

第四条　国家支持和促进公平、公开、合法的市场竞争，维护正常的价格秩序，对价格活动实行管理、监督和必要的调控。

第五条　国务院价格主管部门统一负责全国的价格工作。国务院其他有关部门在各自的职责范围内，负责有关的价格工作。

县级以上地方各级人民政府价格主管部门负责本行政区域内的价格工作。县级以上地方各级人民政府其他有关部门在各自的职责范围内，负责有关的价格工作。

第二章　经营者的价格行为

第六条　商品价格和服务价格，除依照本法第十八条规定适用政府指导价或者政府定价外，实行市场调节价，由经营者依照本法自主制定。

第七条 经营者定价，应当遵循公平、合法和诚实信用的原则。

第八条 经营者定价的基本依据是生产经营成本和市场供求状况。

第九条 经营者应当努力改进生产经营管理，降低生产经营成本，为消费者提供价格合理的商品和服务，并在市场竞争中获取合法利润。

第十条 经营者应当根据其经营条件建立、健全内部价格管理制度，准确记录与核定商品和服务的生产经营成本，不得弄虚作假。

第十一条 经营者进行价格活动，享有下列权利：

（一）自主制定属于市场调节的价格；

（二）在政府指导价规定的幅度内制定价格；

（三）制定属于政府指导价、政府定价产品范围内的新产品的试销价格，特定产品除外；

（四）检举、控告侵犯其依法自主定价权利的行为。

第十二条 经营者进行价格活动，应当遵守法律、法规，执行依法制定的政府指导价、政府定价和法定的价格干预措施、紧急措施。

第十三条 经营者销售、收购商品和提供服务，应当按照政府价格主管部门的规定明码标价，注明商品的品名、产地、规格、等级、计价单位、价格或者服务的项目、收费标准等有关情况。

经营者不得在标价之外加价出售商品，不得收取任何未予标明的费用。

第十四条 经营者不得有下列不正当价格行为：

（一）相互串通，操纵市场价格，损害其他经营者或者消费者的合法权益；

（二）在依法降价处理鲜活商品、季节性商品、积压商品等商品外，为了排挤竞争对手或者独占市场，以低于成本的价格倾销，扰乱正常的生产经营秩序，损害国家利益或者其他经营者的合法权益；

（三）捏造、散布涨价信息，哄抬价格，推动商品价格过高上涨的；

（四）利用虚假的或者使人误解的价格手段，诱骗消费者或者其他经营者与其进行交易；

（五）提供相同商品或者服务，对具有同等交易条件的其他经营者实行价格歧视；

（六）采取抬高等级或者压低等级等手段收购、销售商品或者提供服务，变相提高或者压低价格；

（七）违反法律、法规的规定牟取暴利；

（八）法律、行政法规禁止的其他不正当价格行为。

第十五条 各类中介机构提供有偿服务收取费用，应当遵守本法的规定。法律另有规定的，按照有关规定执行。

第十六条 经营者销售进口商品、收购出口商品，应当遵守本章的有关规定，维护国内市场秩序。

第十七条 行业组织应当遵守价格法律、法规，加强价格自律，接受政府价格主管部门的工作指导。

第三章 政府的定价行为

第十八条 下列商品和服务价格，政府在必要时可以实行政府指导价或者政府定价：

（一）与国民经济发展和人民生活关系重大的极少数商品价格；

（二）资源稀缺的少数商品价格；

（三）自然垄断经营的商品价格；

（四）重要的公用事业价格；

（五）重要的公益性服务价格。

第十九条 政府指导价、政府定价的定价权限和具体适用范围，以中央的和地方的定价目录为依据。

中央定价目录由国务院价格主管部门制定、修订，报国务院批准后公布。

地方定价目录由省、自治区、直辖市人民政府价格主管部门按照中央定价目录规定的定价权限和具体适用范围制定，经本级人民政府审核同意，报国务院价格主管部门审定后公布。

省、自治区、直辖市人民政府以下各级地方人民政府不得制定定价目录。

第二十条 国务院价格主管部门和其他有关部门，按照中央定价目录规定的定价权限和具体适用范围制定政府指导价、政府定价；其中重要的商品和服务价格的政府指导价、政府定价，应当按照规定经国务院批准。

省、自治区、直辖市人民政府价格主管部门和其他有关部门，应当按照地方定价目录规定的定价权限和具体适用范围制定在本地区执行的政府指导价、政府定价。

市、县人民政府可以根据省、自治区、直辖市人民政府的授权，按照地方定价目录规定的定价权限和具体适用范围制定在本地区执行的政府指导价、政府定价。

第二十一条 制定政府指导价、政府定价，应当依据有关商品或者服务的社会平均成本和市场供求状况、国民经济与社会发展要求以及社会承受能力，实行合理的购销差价、批零差价、地区差价和季节差价。

第二十二条 政府价格主管部门和其他有关部门制定政府指导价、政府定价，应当开展价格、成本调查，听取消费者、经营者和有关方面的意见。

政府价格主管部门开展对政府指导价、政府定价的价格、成本调查时，有关单位应当如实反映情况，提供必需的账簿、文件以及其他资料。

第二十三条 制定关系群众切身利益的公用事业价格、公益性服务价格、自然垄断经营的商品价格等政府指导价、政府定价，应当建立听证会制度，由政府价格主管部门主持，征求消费者、经营者和有关方面的意见，论证其必要性、可行性。

第二十四条 政府指导价、政府定价制定后，由制定价格的部门向消费者、经营者公布。

第二十五条 政府指导价、政府定价的具体适用范围、价格水平，应当根据经济运行情况，按照规定的定价权限和程序适时调整。

消费者、经营者可以对政府指导价、政府定价提出调整建议。

第四章 价格总水平调控

第二十六条 稳定市场价格总水平是国家重要的宏观经济政策目标。国家根据国民经济发展的需要和社会承受能力，确定市场价格总水平调控目标，列入国民经济和社会发展计划，并综合运用货币、财政、投资、进出口等方面的政策和措施，予以实现。

第二十七条 政府可以建立重要商品储备制度，设立价格调节基金，调控价格，稳定市场。

第二十八条 为适应价格调控和管理的需要，政府价格主管部门应当建立价格监测制度，对重要商品、服务价格的变动进行监测。

第二十九条 政府在粮食等重要农产品的市场购买价格过低时，可以在收购中实行保护价格，并采取相应的经济措施保证其实现。

第三十条 当重要商品和服务价格显著上涨或者有可能显著上涨，国务院和省、自治区、直辖市人民政府可以对部分价格采取限定差价率或者利润率、规定限价、实行提价申报制度和调价备案制度等干预措施。

省、自治区、直辖市人民政府采取前款规定的干预措施，应当报国务院备案。

第三十一条 当市场价格总水平出现剧烈波动等异常状态时，国务院可以在全国范围内或者部分区域内采取临时集中定价权限、部分或者全面冻结价格的紧急措施。

第三十二条 依照本法第三十条、第三十一条的规定实行干预措施、紧急措施的情形消除后，应当及时解除干预措施、紧急措施。

第五章 价格监督检查

第三十三条 县级以上各级人民政府价格主管部门，依法对价格活动进行监督检查，并依照本法的规定对价格违法行为实施行政处罚。

第三十四条 政府价格主管部门进行价格监督检查时，可以行使下列职权：

（一）询问当事人或者有关人员，并要求其提供证明材料和与价格违法行为有关的其他资料；

（二）查询、复制与价格违法行为有关的账簿、单据、凭证、文件及其他资料，核对与价格违法行为有关的银行资料；

（三）检查与价格违法行为有关的财物，必要时可以责令当事人暂停相关营业；

（四）在证据可能灭失或者以后难以取得的情况下，可以依法先行登记保存，当事人或者有关人员不得转移、隐匿或者销毁。

第三十五条 经营者接受政府价格主管部门的监督检查时，应当如实提供价格监督检查所必需的账簿、单据、凭证、文件以及其他资料。

第三十六条 政府部门价格工作人员不得将依法取得的资料或者了解的情况用于依法进行价格管理以外的任何其他目的，不得泄露当事人的商业秘密。

第三十七条 消费者组织、职工价格监督组织、居民委员会、村民委员会等组织以及消费者，有权对价格行为进行社会监督。政府价格主管部门应当充分发挥群众的价格监督作用。

新闻单位有权进行价格舆论监督。

第三十八条 政府价格主管部门应当建立对价格违法行为的举报制度。

任何单位和个人均有权对价格违法行为进行举报。政府价格主管部门应当对举报者给予鼓励，并负责为举报者保密。

第六章 法律责任

第三十九条 经营者不执行政府指导价、政府定价以及法定的价格干预措施、紧急措施的，责令改正，没收违法所得，可以并处违法所得5倍以下的罚款；没有违法所得的，可以处以罚款；情节严重的，责令停业整顿。

第四十条 经营者有本法第十四条所列行为之一的，责令改正，没收违法所得，可以并处违法所得5倍以下的罚款；没有违法所得的，予以警告，可以并处罚款；情节严重的，责令停业整顿，或者由工商行政管理机关吊销营业执照。有关法律对本法第十四条所列行为的处罚及处罚机关另有规定的，可以依照有关法律的规定执行。

有本法第十四条第（一）项、第（二）项所列行为，属于是全国性的，由国务院价格主管部门认定；属于是省及省以下区域性的，由省、自治区、直辖市人民政府价格主管部门认定。

第四十一条 经营者因价格违法行为致使消费者或者其他经营者多付价款的，应当退还多付部分；造成损害的，应当依法承担赔偿责任。

第四十二条 经营者违反明码标价规定的，责令改正，没收违法所得，可以并处5000元以下的罚款。

第四十三条 经营者被责令暂停相关营业而不停止的，或者转移、隐匿、销毁依法登记保存的财物的，处相关营业所得或者转移、隐匿、销毁的财物价值1倍以上3倍以下的罚款。

第四十四条 拒绝按照规定提供监督检查所需资料或者提供虚假资料的，责令改正，予以警告；逾期不改正的，可以处以罚款。

第四十五条 地方各级人民政府或者各级人民政府有关部门违反本法规定，超越定价权限和范围擅自制定、调整价格或者不执行法定的价格干预措施、紧急措施的，责令改正，并可以通报批评；对直接负责的主管人员和其他直接责任人员，依法给予行政处分。

第四十六条 价格工作人员泄露国家秘密、商业秘密以及滥用职权、徇私舞弊、玩忽职守、索贿受贿，构成犯罪的，依法追究刑事责任；尚不构成犯罪的，依法给予处分。

第七章 附 则

第四十七条 国家行政机关的收费，应当依法进行，严格控制收费项目，限定收费范围、标准。收费的具体管理办法由国务院另行制定。

利率、汇率、保险费率、证券及期货价格，适用有关法律、行政法规的规定，不适用本法。

第四十八条 本法自1998年5月1日起施行。

国务院关于修改《价格违法行为行政处罚规定》的决定

（中华人民共和国国务院令第461号）

现公布《国务院关于修改〈价格违法行为行政处罚规定〉的决定》，自2006年5月1日起施行。

总理　温家宝

二〇〇六年二月二十一日

国务院关于修改《价格违法行为行政处罚规定》的决定

国务院决定对《价格违法行为行政处罚规定》作如下修改：

一、将第十四条修改为："本规定第四条至第十一条规定中的违法所得，属于价格法第四十一条规定的消费者或者其他经营者多付价款的，责令经营者限期退还。难以查找多付价款的消费者或者其他经营者的，责令公告查找。

经营者拒不按照前款规定退还消费者或者其他经营者多付的价款，以及期限届满没有退还消费者或者其他经营者多付的价款，由政府价格主管部门予以没收，消费者或者其他经营者要求退还时，由经营者依法承担民事责任。"

二、在第十五条第二款中增加一项作为第五项，规定："经营者拒不按照本规定第十四条第一款规定退还消费者或者其他经营者多付价款的；"

本决定自2006年5月1日起施行。

《价格违法行为行政处罚规定》根据本决定作相应的修改，重新公布。

价格违法行为行政处罚规定

（1999 年 7 月 10 日国务院批准　1999 年 8 月 1 日国家发展计划委员会发布　根据 2006 年 2 月 21 日《国务院关于修改〈价格违法行为行政处罚规定〉的决定》修订）

第一条　为了依法惩处价格违法行为，保护消费者和经营者的合法权益，根据《中华人民共和国价格法》（以下简称价格法）的有关规定，制定本规定。

第二条　县级以上各级人民政府价格主管部门依法对价格活动进行监督检查，并决定对价格违法行为的行政处罚。

第三条　价格违法行为的行政处罚由价格违法行为发生地的地方人民政府价格主管部门决定；国务院价格主管部门规定由其上级价格主管部门决定的，从其规定。

第四条　经营者违反价格法第十四条的规定，有下列行为之一的，责令改正，没收违法所得，可以并处违法所得 5 倍以下的罚款；没有违法所得的，给予警告，可以并处 3 万元以上 30 万元以下的罚款；情节严重的，责令停业整顿，或者由工商行政管理机关吊销营业执照：

（一）相互串通，操纵市场价格，损害其他经营者或者消费者的合法权益的；

（二）除依法降价处理鲜活商品、季节性商品、积压商品等商品外，为了排挤竞争对手或者独占市场，以低于成本的价格倾销，扰乱正常的生产经营秩序，损害国家利益或者其他经营者的合法权益的；

（三）提供相同商品或者服务，对具有同等交易条件的其他经营者实行价格歧视的。

第五条　经营者违反价格法第十四条的规定，捏造、散布涨价信息，哄抬价格，推动商品价格过高上涨的，或者利用虚假的或者使人误解的价格手段，诱骗消费者或者其他经营者与其进行交易的，责令改正，没收违法所得，可以并处违法所得 5 倍以下的罚款；没有违法所得的，给予警告，可以并处 2 万元以上 20 万元以下的罚款；情节严重的，责令停业整顿，或者由工商行政管理机关吊销营业执照。

第六条　经营者违反价格法第十四条的规定，采取抬高等级或者压低等级等手段销售、收购商品或者提供服务，变相提高或者压低价格的，责令改正，没收违法所得，可以并处违法所得 5 倍以下的罚款；没有违法所得的，给予警告，可以并处 1 万元以上

10 万元以下的罚款；情节严重的，责令停业整顿，或者由工商行政管理机关吊销营业执照。

第七条 经营者不执行政府指导价、政府定价，有下列行为之一的，责令改正，没收违法所得，可以并处违法所得 5 倍以下的罚款；没有违法所得的，可以处 2 万元以上 20 万元以下的罚款；情节严重的，责令停业整顿：

（一）超出政府指导价浮动幅度制定价格的；

（二）高于或者低于政府定价制定价格的；

（三）擅自制定属于政府指导价、政府定价范围内的商品或者服务价格的；

（四）提前或者推迟执行政府指导价、政府定价的；

（五）自立收费项目或者自定标准收费的；

（六）采取分解收费项目、重复收费、扩大收费范围等方式变相提高收费标准的；

（七）对政府明令取消的收费项目继续收费的；

（八）违反规定以保证金、抵押金等形式变相收费的；

（九）强制或者变相强制服务并收费的；

（十）不按照规定提供服务而收取费用的；

（十一）不执行政府指导价、政府定价的其他行为。

第八条 经营者不执行法定的价格干预措施、紧急措施，有下列行为之一的，责令改正，没收违法所得，可以并处违法所得 5 倍以下的罚款；没有违法所得的，可以处 4 万元以上 40 万元以下的罚款；情节严重的，责令停业整顿：

（一）不执行提价申报或者调价备案制度的；

（二）超过规定的差价率、利润率幅度的；

（三）不执行规定的限价、最低保护价的；

（四）不执行集中定价权限措施的；

（五）不执行冻结价格措施的；

（六）不执行法定的价格干预措施、紧急措施的其他行为。

第九条 本规定第四条至第八条规定中经营者为个人的，对其没有违法所得的价格违法行为，可以处 5 万元以下的罚款。

第十条 经营者违反法律、法规的规定牟取暴利的，责令改正，没收违法所得，可以并处违法所得 5 倍以下的罚款；情节严重的，责令停业整顿，或者由工商行政管理机关吊销营业执照。

第十一条 经营者违反明码标价规定，有下列行为之一的，责令改正，没收违法所得，可以并处 5000 元以下的罚款：

（一）不标明价格的；

（二）不按照规定的内容和方式明码标价的；

（三）在标价之外加价出售商品或者收取未标明的费用的；

（四）违反明码标价规定的其他行为。

第十二条 拒绝提供价格监督检查所需资料或者提供虚假资料的，责令改正，给予警告；逾期不改正的，可以处5万元以下的罚款，对直接负责的主管人员和其他直接责任人员给予纪律处分。

第十三条 政府价格主管部门进行价格监督检查时，发现经营者的违法行为同时具有下列三种情形的，可以依照价格法第三十四条第（三）项的规定责令其暂停相关营业：

（一）违法行为情节复杂或者情节严重，经查明后可能给予较重处罚的；

（二）不暂停相关营业，违法行为将继续的；

（三）不暂停相关营业，可能影响违法事实的认定，采取其他措施又不足以保证查明的。

政府价格主管部门进行价格监督检查时，执法人员不得少于两人，并应当向经营者或者有关人员出示证件。

第十四条 本规定第四条至第十一条规定中的违法所得，属于价格法第四十一条规定的消费者或者其他经营者多付价款的，责令经营者限期退还。难以查找多付价款的消费者或者其他经营者的，责令公告查找。

经营者拒不按照前款规定退还消费者或者其他经营者多付的价款，以及期限届满没有退还消费者或者其他经营者多付的价款，由政府价格主管部门予以没收，消费者或者其他经营者要求退还时，由经营者依法承担民事责任。

第十五条 经营者有行政处罚法第二十七条所列情形的，应当依法从轻或者减轻处罚。

经营者有下列情形之一的，应当从重处罚：

（一）价格违法行为严重或者社会影响较大的；

（二）屡查屡犯的；

（三）伪造、涂改或者转移、销毁证据的；

（四）转移与价格违法行为有关的资金或者商品的；

（五）经营者拒不按照本规定第十四条第一款规定退还消费者或者其他经营者多付价款的；

（六）应予从重处罚的其他价格违法行为。

第十六条 经营者对政府价格主管部门作出的处罚决定不服的，应当先依法申请行政复议；对行政复议决定不服的，可以依法向人民法院提起诉讼。

第十七条 逾期不缴纳罚款的，每日按罚款数额的3%加处罚款；逾期不缴纳违法所得的，每日按违法所得数额的2‰加处罚款。

第十八条 任何单位和个人有本规定所列价格违法行为，情节严重，拒不改正的，政府价格主管部门除依照本规定给予处罚外，可以在其营业场地公告其价格违法行为，直至改正。

第十九条 价格执法人员泄露国家秘密、经营者的商业秘密或者滥用职权、玩忽职守、徇私舞弊，构成犯罪的，依法追究刑事责任；尚不构成犯罪的，依法给予行政处分。

第二十条 本规定自发布之日起施行。

建设工程质量管理条例

（2000年1月30日国务院令第279号发布）

第一章 总 则

第一条 为了加强对建设工程质量的管理，保证建设工程质量，保护人民生命和财产安全，根据《中华人民共和国建筑法》，制定本条例。

第二条 凡在中华人民共和国境内从事建设工程的新建、扩建、改建等有关活动及实施对建设工程质量监督管理的，必须遵守本条例。

本条例所称建设工程，是指土木工程、建筑工程、线路管道和设备安装工程及装修工程。

第三条 建设单位、勘察单位、设计单位、施工单位、工程监理单位依法对建设工程质量负责。

第四条 县级以上人民政府建设行政主管部门和其他有关部门应当加强对建设工程质量的监督管理。

第五条 从事建设工程活动，必须严格执行基本建设程序，坚持先勘察、后设计、再施工的原则。

县级以上人民政府及其有关部门不得超越权限审批建设项目或者擅自简化基本建设程序。

第六条 国家鼓励采用先进的科学技术和管理方法，提高建设工程质量。

第二章 建设单位的质量责任和义务

第七条 建设单位应当将工程发包给具有相应资质等级的单位。

建设单位不得将建设工程肢解发包。

第八条 建设单位应当依法对工程建设项目的勘察、设计、施工、监理以及与工程建设有关的重要设备、材料等的采购进行招标。

第九条 建设单位必须向有关的勘察、设计、施工、工程监理等单位提供与建设工程有关的原始资料。

原始资料必须真实、准确、齐全。

第十条 建设工程发包单位不得迫使承包方以低于成本的价格竞标，不得任意压缩合理工期。

建设单位不得明示或者暗示设计单位或者施工单位违反工程建设强制性标准，降低建设工程质量。

第十一条 建设单位应当将施工图设计文件报县级以上人民政府建设行政主管部门或者其他有关部门审查。施工图设计文件审查的具体办法，由国务院建设行政主管部门会同国务院其他有关部门制定。

施工图设计文件未经审查批准的，不得使用。

第十二条 实行监理的建设工程，建设单位应当委托具有相应资质等级的工程监理单位进行监理，也可以委托具有工程监理相应资质等级并与被监理工程的施工承包单位没有隶属关系或者其他利害关系的该工程的设计单位进行监理。

下列建设工程必须实行监理：

（一）国家重点建设工程；

（二）大中型公用事业工程；

（三）成片开发建设的住宅小区工程；

（四）利用外国政府或者国际组织贷款、援助资金的工程；

（五）国家规定必须实行监理的其他工程。

第十三条 建设单位在领取施工许可证或者开工报告前，应当按照国家有关规定办理工程质量监督手续。

第十四条 按照合同约定，由建设单位采购建筑材料、建筑构配件和设备的，建设单位应当保证建筑材料、建筑构配件和设备符合设计文件和合同要求。

建设单位不得明示或者暗示施工单位使用不合格的建筑材料、建筑构配件和设备。

第十五条 涉及建筑主体和承重结构变动的装修工程，建设单位应当在施工前委托原设计单位或者具有相应资质等级的设计单位提出设计方案；没有设计方案的，不得施工。

房屋建筑使用者在装修过程中，不得擅自变动房屋建筑主体和承重结构。

第十六条 建设单位收到建设工程竣工报告后，应当组织设计、施工、工程监理等有关单位进行竣工验收。

建设工程竣工验收应当具备下列条件：

（一）完成建设工程设计和合同约定的各项内容；

（二）有完整的技术档案和施工管理资料；

（三）有工程使用的主要建筑材料、建筑构配件和设备的进场试验报告；

（四）有勘察、设计、施工、工程监理等单位分别签署的质量合格文件；

（五）有施工单位签署的工程保修书。

建设工程经验收合格的，方可交付使用。

第十七条 建设单位应当严格按照国家有关档案管理的规定，及时收集、整理建设项目各环节的文件资料，建立、健全建设项目档案，并在建设工程竣工验收后，及时向建设行政主管部门或者其他有关部门移交建设项目档案。

第三章 勘察、设计单位的质量责任和义务

第十八条 从事建设工程勘察、设计的单位应当依法取得相应等级的资质证书，并在其资质等级许可的范围内承揽工程。

禁止勘察、设计单位超越其资质等级许可的范围或者以其他勘察、设计单位的名义承揽工程。禁止勘察、设计单位允许其他单位或者个人以本单位的名义承揽工程。

勘察、设计单位不得转包或者违法分包所承揽的工程。

第十九条 勘察、设计单位必须按照工程建设强制性标准进行勘察、设计，并对其勘察、设计的质量负责。

注册建筑师、注册结构工程师等注册执业人员应当在设计文件上签字，对设计文件负责。

第二十条 勘察单位提供的地质、测量、水文等勘察成果必须真实、准确。

第二十一条 设计单位应当根据勘察成果文件进行建设工程设计。

设计文件应当符合国家规定的设计深度要求，注明工程合理使用年限。

第二十二条 设计单位在设计文件中选用的建筑材料、建筑构配件和设备，应当注明规格、型号、性能等技术指标，其质量要求必须符合国家规定的标准。

除有特殊要求的建筑材料、专用设备、工艺生产线等外，设计单位不得指定生产厂、供应商。

第二十三条 设计单位应当就审查合格的施工图设计文件向施工单位作出详细说明。

第二十四条 设计单位应当参与建设工程质量事故分析，并对因设计造成的质量事故，提出相应的技术处理方案。

第四章 施工单位的质量责任和义务

第二十五条 施工单位应当依法取得相应等级的资质证书，并在其资质等级许可的范围内承揽工程。

禁止施工单位超越本单位资质等级许可的业务范围或者以其他施工单位的名义承揽工程。禁止施工单位允许其他单位或者个人以本单位的名义承揽工程。

施工单位不得转包或者违法分包工程。

第二十六条 施工单位对建设工程的施工质量负责。

施工单位应当建立质量责任制，确定工程项目的项目经理、技术负责人和施工管理负责人。

建设工程实行总承包的，总承包单位应当对全部建设工程质量负责；建设工程勘察、设计、施工、设备采购的一项或者多项实行总承包的，总承包单位应当对其承包的建设工程或者采购的设备的质量负责。

第二十七条 总承包单位依法将建设工程分包给其他单位的，分包单位应当按照分包合同的约定对其分包工程的质量向总承包单位负责，总承包单位与分包单位对分包工程的质量承担连带责任。

第二十八条 施工单位必须按照工程设计图纸和施工技术标准施工，不得擅自修改工程设计，不得偷工减料。

施工单位在施工过程中发现设计文件和图纸有差错的，应当及时提出意见和建议。

第二十九条 施工单位必须按照工程设计要求、施工技术标准和合同约定，对建筑材料、建筑构配件、设备和商品混凝土进行检验，检验应当有书面记录和专人签字；未经检验或者检验不合格的，不得使用。

第三十条 施工单位必须建立、健全施工质量的检验制度，严格工序管理，作好隐蔽工程的质量检查和记录。隐蔽工程在隐蔽前，施工单位应当通知建设单位和建设工程质量监督机构。

第三十一条 施工人员对涉及结构安全的试块、试件以及有关材料，应当在建设单位或者工程监理单位监督下现场取样，并送具有相应资质等级的质量检测单位进行检测。

第三十二条 施工单位对施工中出现质量问题的建设工程或者竣工验收不合格的建设工程，应当负责返修。

第三十三条 施工单位应当建立、健全教育培训制度，加强对职工的教育培训；未经教育培训或者考核不合格的人员，不得上岗作业。

第五章　工程监理单位的质量责任和义务

第三十四条 工程监理单位应当依法取得相应等级的资质证书，并在其资质等级许可的范围内承担工程监理业务。

禁止工程监理单位超越本单位资质等级许可的范围或者以其他工程监理单位的名义承担工程监理业务。禁止工程监理单位允许其他单位或者个人以本单位的名义承担工程监理业务。

工程监理单位不得转让工程监理业务。

第三十五条 工程监理单位与被监理工程的施工承包单位以及建筑材料、建筑构配件和设备供应单位有隶属关系或者其他利害关系的，不得承担该项建设工程的监理业务。

第三十六条 工程监理单位应当依照法律、法规以及有关技术标准、设计文件和建设工程承包合同，代表建设单位对施工质量实施监理，并对施工质量承担监理责任。

第三十七条 工程监理单位应当选派具备相应资格的总监理工程师和监理工程师进驻施工现场。

未经监理工程师签字，建筑材料、建筑构配件和设备不得在工程上使用或者安装，施工单位不得进行下一道工序的施工。未经总监理工程师签字，建设单位不拨付工程款，不进行竣工验收。

第三十八条 监理工程师应当按照工程监理规范的要求，采取旁站、巡视和平行检验等形式，对建设工程实施监理。

第六章 建设工程质量保修

第三十九条 建设工程实行质量保修制度。

建设工程承包单位在向建设单位提交工程竣工验收报告时，应当向建设单位出具质量保修书。质量保修书中应当明确建设工程的保修范围、保修期限和保修责任等。

第四十条 在正常使用条件下，建设工程的最低保修期限为：

（一）基础设施工程、房屋建筑的地基基础工程和主体结构工程，为设计文件规定的该工程的合理使用年限；

（二）屋面防水工程、有防水要求的卫生间、房间和外墙面的防渗漏，为5年；

（三）供热与供冷系统，为2个采暖期、供冷期；

（四）电气管线、给排水管道、设备安装和装修工程，为2年。

其他项目的保修期限由发包方与承包方约定。

建设工程的保修期，自竣工验收合格之日起计算。

第四十一条 建设工程在保修范围和保修期限内发生质量问题的，施工单位应当履行保修义务，并对造成的损失承担赔偿责任。

第四十二条 建设工程在超过合理使用年限后需要继续使用的，产权所有人应当委托具有相应资质等级的勘察、设计单位鉴定，并根据鉴定结果采取加固、维修等措施，重新界定使用期。

第七章 监督管理

第四十三条 国家实行建设工程质量监督管理制度。

国务院建设行政主管部门对全国的建设工程质量实施统一监督管理。国务院铁路、交通、水利等有关部门按照国务院规定的职责分工，负责对全国的有关专业建设工程质量的监督管理。

县级以上地方人民政府建设行政主管部门对本行政区域内的建设工程质量实施监督管理。县级以上地方人民政府交通、水利等有关部门在各自的职责范围内，负责对本行政区域内的专业建设工程质量的监督管理。

第四十四条 国务院建设行政主管部门和国务院铁路、交通、水利等有关部门应当加强对有关建设工程质量的法律、法规和强制性标准执行情况的监督检查。

第四十五条 国务院发展计划部门按照国务院规定的职责，组织稽察特派员，对国家出资的重大建设项目实施监督检查。

国务院经济贸易主管部门按照国务院规定的职责，对国家重大技术改造项目实施监督检查。

第四十六条 建设工程质量监督管理，可以由建设行政主管部门或者其他有关部门委托的建设工程质量监督机构具体实施。

从事房屋建筑工程和市政基础设施工程质量监督的机构，必须按照国家有关规定经国务院建设行政主管部门或者省、自治区、直辖市人民政府建设行政主管部门考核；从事专业建设工程质量监督的机构，必须按照国家有关规定经国务院有关部门或者省、自治区、直辖市人民政府有关部门考核。经考核合格后，方可实施质量监督。

第四十七条 县级以上地方人民政府建设行政主管部门和其他有关部门应当加强对有关建设工程质量的法律、法规和强制性标准执行情况的监督检查。

第四十八条 县级以上人民政府建设行政主管部门和其他有关部门履行监督检查职责时，有权采取下列措施：

（一）要求被检查的单位提供有关工程质量的文件和资料；

（二）进入被检查单位的施工现场进行检查；

（三）发现有影响工程质量的问题时，责令改正。

第四十九条 建设单位应当自建设工程竣工验收合格之日起15日内，将建设工程竣工验收报告和规划、公安消防、环保等部门出具的认可文件或者准许使用文件报建设行政主管部门或者其他有关部门备案。

建设行政主管部门或者其他有关部门发现建设单位在竣工验收过程中有违反国家有关建设工程质量管理规定行为的，责令停止使用，重新组织竣工验收。

第五十条 有关单位和个人对县级以上人民政府建设行政主管部门和其他有关部门进行的监督检查应当支持与配合，不得拒绝或者阻碍建设工程质量监督检查人员依法执行职务。

第五十一条 供水、供电、供气、公安消防等部门或者单位不得明示或者暗示建设单位、施工单位购买其指定的生产供应单位的建筑材料、建筑构配件和设备。

第五十二条 建设工程发生质量事故，有关单位应当在24小时内向当地建设行政主管部门和其他有关部门报告。对重大质量事故，事故发生地的建设行政主管部门和其他有关部门应当按照事故类别和等级向当地人民政府和上级建设行政主管部门和其他有关部门报告。

特别重大质量事故的调查程序按照国务院有关规定办理。

第五十三条 任何单位和个人对建设工程的质量事故、质量缺陷都有权检举、控告、投诉。

第八章 罚 则

第五十四条 违反本条例规定，建设单位将建设工程发包给不具有相应资质等级的勘察、设计、施工单位或者委托给不具有相应资质等级的工程监理单位的，责令改正，处50万元以上100万元以下的罚款。

第五十五条 违反本条例规定，建设单位将建设工程肢解发包的，责令改正，处工程合同价款0.5%以上1%以下的罚款；对全部或者部分使用国有资金的项目，并可以暂停项目执行或者暂停资金拨付。

第五十六条 违反本条例规定，建设单位有下列行为之一的，责令改正，处20万元以上50万元以下的罚款：

（一）迫使承包方以低于成本的价格竞标的；

（二）任意压缩合理工期的；

（三）明示或者暗示设计单位或者施工单位违反工程建设强制性标准，降低工程质量的；

（四）施工图设计文件未经审查或者审查不合格，擅自施工的；

（五）建设项目必须实行工程监理而未实行工程监理的；

（六）未按照国家规定办理工程质量监督手续的；

（七）明示或者暗示施工单位使用不合格的建筑材料、建筑构配件和设备的；

（八）未按照国家规定将竣工验收报告、有关认可文件或者准许使用文件报送备案的。

第五十七条 违反本条例规定，建设单位未取得施工许可证或者开工报告未经批准，擅自施工的，责令停止施工，限期改正，处工程合同价款1%以上2%以下的罚款。

第五十八条 违反本条例规定，建设单位有下列行为之一的，责令改正，处工程合同价款2%以上4%以下的罚款；造成损失的，依法承担赔偿责任：

（一）未组织竣工验收，擅自交付使用的；

（二）验收不合格，擅自交付使用的；

（三）对不合格的建设工程按照合格工程验收的。

第五十九条 违反本条例规定，建设工程竣工验收后，建设单位未向建设行政主管部门或者其他有关部门移交建设项目档案的，责令改正，处1万元以上10万元以下的罚款。

第六十条 违反本条例规定，勘察、设计、施工、工程监理单位超越本单位资质等级承揽工程的，责令停止违法行为，对勘察、设计单位或者工程监理单位处合同约定的勘察费、设计费或者监理酬金1倍以上2倍以下的罚款；对施工单位处工程合同价款2%以上4%以下的罚款，可以责令停业整顿，降低资质等级；情节严重的，吊销资质证书；有违法所得的，予以没收。

未取得资质证书承揽工程的，予以取缔，依照前款规定处以罚款；有违法所得的，予以没收。

以欺骗手段取得资质证书承揽工程的，吊销资质证书，依照本条第一款规定处以罚款；有违法所得的，予以没收。

第六十一条 违反本条例规定，勘察、设计、施工、工程监理单位允许其他单位或者个人以本单位名义承揽工程的，责令改正，没收违法所得，对勘察、设计单位和工程监理单位处合同约定的勘察费、设计费和监理酬金1倍以上2倍以下的罚款；对施工单位处工程合同价款2%以上4%以下的罚款；可以责令停业整顿，降低资质等级；情节严重的，吊销资质证书。

第六十二条 违反本条例规定，承包单位将承包的工程转包或者违法分包的，责令改正，没收违法所得，对勘察、设计单位处合同约定的勘察费、设计费25%以上50%以下的罚款；对施工单位处工程合同价款0.5%以上1%以下的罚款；可以责令停业整顿，降低资质等级；情节严重的，吊销资质证书。

工程监理单位转让工程监理业务的，责令改正，没收违法所得，处合同约定的监理酬金25%以上50%以下的罚款；可以责令停业整顿，降低资质等级；情节严重的，吊销资质证书。

第六十三条 违反本条例规定，有下列行为之一的，责令改正，处10万元以上30万元以下的罚款：

（一）勘察单位未按照工程建设强制性标准进行勘察的；

（二）设计单位未根据勘察成果文件进行工程设计的；

（三）设计单位指定建筑材料、建筑构配件的生产厂、供应商的；

（四）设计单位未按照工程建设强制性标准进行设计的。

有前款所列行为，造成重大工程质量事故的，责令停业整顿，降低资质等级；情节严重的，吊销资质证书；造成损失的，依法承担赔偿责任。

第六十四条 违反本条例规定，施工单位在施工中偷工减料的，使用不合格的建筑材料、建筑构配件和设备的，或者有不按照工程设计图纸或者施工技术标准施工的其他行为的，责令改正，处工程合同价款2%以上4%以下的罚款；造成建设工程质量不符合规定的质量标准的，负责返工、修理，并赔偿因此造成的损失；情节严重的，责令停业整顿，降低资质等级或者吊销资质证书。

第六十五条 违反本条例规定，施工单位未对建筑材料、建筑构配件、设备和商品混凝土进行检验，或者未对涉及结构安全的试块、试件以及有关材料取样检测的，责令改正，处10万元以上20万元以下的罚款；情节严重的，责令停业整顿，降低资质等级或者吊销资质证书；造成损失的，依法承担赔偿责任。

第六十六条 违反本条例规定，施工单位不履行保修义务或者拖延履行保修义务的，责令改正，处10万元以上20万元以下的罚款，并对在保修期内因质量缺陷造成的损失承担赔偿责任。

第六十七条 工程监理单位有下列行为之一的，责令改正，处50万元以上100万元以下的罚款，降低资质等级或者吊销资质证书；有违法所得的，予以没收；造成损失的，承担连带赔偿责任：

（一）与建设单位或者施工单位串通，弄虚作假、降低工程质量的；

（二）将不合格的建设工程、建筑材料、建筑构配件和设备按照合格签字的。

第六十八条 违反本条例规定，工程监理单位与被监理工程的施工承包单位以及建筑材料、建筑构配件和设备供应单位有隶属关系或者其他利害关系承担该项建设工程的监理业务的，责令改正，处5万元以上10万元以下的罚款，降低资质等级或者吊销资质证书；有违法所得的，予以没收。

第六十九条 违反本条例规定，涉及建筑主体或者承重结构变动的装修工程，没有设计方案擅自施工的，责令改正，处50万元以上100万元以下的罚款；房屋建筑使用者在装修过程中擅自变动房屋建筑主体和承重结构的，责令改正，处5万元以上10万元以下的罚款。

有前款所列行为，造成损失的，依法承担赔偿责任。

第七十条 发生重大工程质量事故隐瞒不报、谎报或者拖延报告期限的，对直接负责的主管人员和其他责任人员依法给予行政处分。

第七十一条 违反本条例规定，供水、供电、供气、公安消防等部门或者单位明示或者暗示建设单位或者施工单位购买其指定的生产供应单位的建筑材料、建筑构配件和设备的，责令改正。

第七十二条 违反本条例规定，注册建筑师、注册结构工程师、监理工程师等注册执业人员因过错造成质量事故的，责令停止执业1年；造成重大质量事故的，吊销执业资格证书，5年以内不予注册；情节特别恶劣的，终身不予注册。

第七十三条 依照本条例规定，给予单位罚款处罚的，对单位直接负责的主管人员和其他直接责任人员处单位罚款数额5%以上10%以下的罚款。

第七十四条 建设单位、设计单位、施工单位、工程监理单位违反国家规定，降低工程质量标准，造成重大安全事故，构成犯罪的，对直接责任人员依法追究刑事责任。

第七十五条 本条例规定的责令停业整顿，降低资质等级和吊销资质证书的行政处罚，由颁发资质证书的机关决定；其他行政处罚，由建设行政主管部门或者其他有关部门依照法定职权决定。

依照本条例规定被吊销资质证书的，由工商行政管理部门吊销其营业执照。

第七十六条 国家机关工作人员在建设工程质量监督管理工作中玩忽职守、滥用职权、徇私舞弊，构成犯罪的，依法追究刑事责任；尚不构成犯罪的，依法给予行政处分。

第七十七条 建设、勘察、设计、施工、工程监理单位的工作人员因调动工作、退休等原因离开该单位后，被发现在该单位工作期间违反国家有关建设工程质量管理规定，造成重大工程质量事故的，仍应当依法追究法律责任。

第九章　附　　则

第七十八条 本条例所称肢解发包，是指建设单位将应当由一个承包单位完成的建设工程分解成若干部分发包给不同的承包单位的行为。

本条例所称违法分包，是指下列行为：

（一）总承包单位将建设工程分包给不具备相应资质条件的单位的；

（二）建设工程总承包合同中未有约定，又未经建设单位认可，承包单位将其承包的部分建设工程交由其他单位完成的；

（三）施工总承包单位将建设工程主体结构的施工分包给其他单位的；

（四）分包单位将其承包的建设工程再分包的。

本条例所称转包，是指承包单位承包建设工程，不履行合同约定的责任和义务，将其承包的全部建设工程转给他人或者将其承包的全部建设工程肢解以后以分包的名义分别转给其他单位承包的行为。

第七十九条 本条例规定的罚款和没收的违法所得，必须全部上缴国库。

第八十条 抢险救灾及其他临时性房屋建筑和农民自建低层住宅的建设活动，不适用本条例。

第八十一条 军事建设工程的管理，按照中央军事委员会的有关规定执行。

第八十二条 本条例自2000年1月30日起施行。

附：

刑法有关条款

第一百三十七条 建设单位、设计单位、施工单位、工程监理单位违反国家规定，降低工程质量标准，造成重大安全事故的，对直接责任人员处五年以下有期徒刑或者拘役，并处罚金；后果特别严重的，处五年以上十年以下有期徒刑，并处罚金。

建设工程安全生产管理条例

（2003 年 11 月 24 日国务院令第 393 号发布）

第一章　总　　则

第一条　为了加强建设工程安全生产监督管理，保障人民群众生命和财产安全，根据《中华人民共和国建筑法》、《中华人民共和国安全生产法》，制定本条例。

第二条　在中华人民共和国境内从事建设工程的新建、扩建、改建和拆除等有关活动及实施对建设工程安全生产的监督管理，必须遵守本条例。

本条例所称建设工程，是指土木工程、建筑工程、线路管道和设备安装工程及装修工程。

第三条　建设工程安全生产管理，坚持安全第一、预防为主的方针。

第四条　建设单位、勘察单位、设计单位、施工单位、工程监理单位及其他与建设工程安全生产有关的单位，必须遵守安全生产法律、法规的规定，保证建设工程安全生产，依法承担建设工程安全生产责任。

第五条　国家鼓励建设工程安全生产的科学技术研究和先进技术的推广应用，推进建设工程安全生产的科学管理。

第二章　建设单位的安全责任

第六条　建设单位应当向施工单位提供施工现场及毗邻区域内供水、排水、供电、供气、供热、通信、广播电视等地下管线资料，气象和水文观测资料，相邻建筑物和构筑物、地下工程的有关资料，并保证资料的真实、准确、完整。

建设单位因建设工程需要，向有关部门或者单位查询前款规定的资料时，有关部门或者单位应当及时提供。

第七条　建设单位不得对勘察、设计、施工、工程监理等单位提出不符合建设工程安全生产法律、法规和强制性标准规定的要求，不得压缩合同约定的工期。

第八条　建设单位在编制工程概算时，应当确定建设工程安全作业环境及安全施工措施所需费用。

第九条　建设单位不得明示或者暗示施工单位购买、租赁、使用不符合安全施工要求的安全防护用具、机械设备、施工机具及配件、消防设施和器材。

第十条 建设单位在申请领取施工许可证时，应当提供建设工程有关安全施工措施的资料。

依法批准开工报告的建设工程，建设单位应当自开工报告批准之日起 15 日内，将保证安全施工的措施报送建设工程所在地的县级以上地方人民政府建设行政主管部门或者其他有关部门备案。

第十一条 建设单位应当将拆除工程发包给具有相应资质等级的施工单位。

建设单位应当在拆除工程施工 15 日前，将下列资料报送建设工程所在地的县级以上地方人民政府建设行政主管部门或者其他有关部门备案：

（一）施工单位资质等级证明；

（二）拟拆除建筑物、构筑物及可能危及毗邻建筑的说明；

（三）拆除施工组织方案；

（四）堆放、清除废弃物的措施。

实施爆破作业的，应当遵守国家有关民用爆炸物品管理的规定。

第三章 勘察、设计、工程监理及其他有关单位的安全责任

第十二条 勘察单位应当按照法律、法规和工程建设强制性标准进行勘察，提供的勘察文件应当真实、准确，满足建设工程安全生产的需要。

勘察单位在勘察作业时，应当严格执行操作规程，采取措施保证各类管线、设施和周边建筑物、构筑物的安全。

第十三条 设计单位应当按照法律、法规和工程建设强制性标准进行设计，防止因设计不合理导致生产安全事故的发生。

设计单位应当考虑施工安全操作和防护的需要，对涉及施工安全的重点部位和环节在设计文件中注明，并对防范生产安全事故提出指导意见。

采用新结构、新材料、新工艺的建设工程和特殊结构的建设工程，设计单位应当在设计中提出保障施工作业人员安全和预防生产安全事故的措施建议。

设计单位和注册建筑师等注册执业人员应当对其设计负责。

第十四条 工程监理单位应当审查施工组织设计中的安全技术措施或者专项施工方案是否符合工程建设强制性标准。

工程监理单位在实施监理过程中，发现存在安全事故隐患的，应当要求施工单位整改；情况严重的，应当要求施工单位暂时停止施工，并及时报告建设单位。施工单位拒不整改或者不停止施工的，工程监理单位应当及时向有关主管部门报告。

工程监理单位和监理工程师应当按照法律、法规和工程建设强制性标准实施监理，并对建设工程安全生产承担监理责任。

第十五条 为建设工程提供机械设备和配件的单位，应当按照安全施工的要求配备

齐全有效的保险、限位等安全设施和装置。

第十六条 出租的机械设备和施工机具及配件，应当具有生产（制造）许可证、产品合格证。

出租单位应当对出租的机械设备和施工机具及配件的安全性能进行检测，在签订租赁协议时，应当出具检测合格证明。

禁止出租检测不合格的机械设备和施工机具及配件。

第十七条 在施工现场安装、拆卸施工起重机械和整体提升脚手架、模板等自升式架设设施，必须由具有相应资质的单位承担。

安装、拆卸施工起重机械和整体提升脚手架、模板等自升式架设设施，应当编制拆装方案、制定安全施工措施，并由专业技术人员现场监督。

施工起重机械和整体提升脚手架、模板等自升式架设设施安装完毕后，安装单位应当自检，出具自检合格证明，并向施工单位进行安全使用说明，办理验收手续并签字。

第十八条 施工起重机械和整体提升脚手架、模板等自升式架设设施的使用达到国家规定的检验检测期限的，必须经具有专业资质的检验检测机构检测。经检测不合格的，不得继续使用。

第十九条 检验检测机构对检测合格的施工起重机械和整体提升脚手架、模板等自升式架设设施，应当出具安全合格证明文件，并对检测结果负责。

第四章　施工单位的安全责任

第二十条 施工单位从事建设工程的新建、扩建、改建和拆除等活动，应当具备国家规定的注册资本、专业技术人员、技术装备和安全生产等条件，依法取得相应等级的资质证书，并在其资质等级许可的范围内承揽工程。

第二十一条 施工单位主要负责人依法对本单位的安全生产工作全面负责。施工单位应当建立健全安全生产责任制度和安全生产教育培训制度，制定安全生产规章制度和操作规程，保证本单位安全生产条件所需资金的投入，对所承担的建设工程进行定期和专项安全检查，并做好安全检查记录。

施工单位的项目负责人应当由取得相应执业资格的人员担任，对建设工程项目的安全施工负责，落实安全生产责任制度、安全生产规章制度和操作规程，确保安全生产费用的有效使用，并根据工程的特点组织制定安全施工措施，消除安全事故隐患，及时、如实报告生产安全事故。

第二十二条 施工单位对列入建设工程概算的安全作业环境及安全施工措施所需费用，应当用于施工安全防护用具及设施的采购和更新、安全施工措施的落实、安全生产条件的改善，不得挪作他用。

第二十三条 施工单位应当设立安全生产管理机构，配备专职安全生产管理人员。

专职安全生产管理人员负责对安全生产进行现场监督检查。发现安全事故隐患，应当及时向项目负责人和安全生产管理机构报告；对违章指挥、违章操作的，应当立即制止。

专职安全生产管理人员的配备办法由国务院建设行政主管部门会同国务院其他有关部门制定。

第二十四条 建设工程实行施工总承包的，由总承包单位对施工现场的安全生产负总责。

总承包单位应当自行完成建设工程主体结构的施工。

总承包单位依法将建设工程分包给其他单位的，分包合同中应当明确各自的安全生产方面的权利、义务。总承包单位和分包单位对分包工程的安全生产承担连带责任。

分包单位应当服从总承包单位的安全生产管理，分包单位不服从管理导致生产安全事故的，由分包单位承担主要责任。

第二十五条 垂直运输机械作业人员、安装拆卸工、爆破作业人员、起重信号工、登高架设作业人员等特种作业人员，必须按照国家有关规定经过专门的安全作业培训，并取得特种作业操作资格证书后，方可上岗作业。

第二十六条 施工单位应当在施工组织设计中编制安全技术措施和施工现场临时用电方案，对下列达到一定规模的危险性较大的分部分项工程编制专项施工方案，并附具安全验算结果，经施工单位技术负责人、总监理工程师签字后实施，由专职安全生产管理人员进行现场监督：

（一）基坑支护与降水工程；

（二）土方开挖工程；

（三）模板工程；

（四）起重吊装工程；

（五）脚手架工程；

（六）拆除、爆破工程；

（七）国务院建设行政主管部门或者其他有关部门规定的其他危险性较大的工程。

对前款所列工程中涉及深基坑、地下暗挖工程、高大模板工程的专项施工方案，施工单位还应当组织专家进行论证、审查。

本条第一款规定的达到一定规模的危险性较大工程的标准，由国务院建设行政主管部门会同国务院其他有关部门制定。

第二十七条 建设工程施工前，施工单位负责项目管理的技术人员应当对有关安全施工的技术要求向施工作业班组、作业人员作出详细说明，并由双方签字确认。

第二十八条 施工单位应当在施工现场入口处、施工起重机械、临时用电设施、脚手架、出入通道口、楼梯口、电梯井口、孔洞口、桥梁口、隧道口、基坑边沿、爆破物及有害危险气体和液体存放处等危险部位，设置明显的安全警示标志。安全警示标志必须符合国家标准。

施工单位应当根据不同施工阶段和周围环境及季节、气候的变化，在施工现场采取相应的安全施工措施。施工现场暂时停止施工的，施工单位应当做好现场防护，所需费用由责任方承担，或者按照合同约定执行。

第二十九条 施工单位应当将施工现场的办公、生活区与作业区分开设置，并保持安全距离；办公、生活区的选址应当符合安全性要求。职工的膳食、饮水、休息场所等应当符合卫生标准。施工单位不得在尚未竣工的建筑物内设置员工集体宿舍。

施工现场临时搭建的建筑物应当符合安全使用要求。施工现场使用的装配式活动房屋应当具有产品合格证。

第三十条 施工单位对因建设工程施工可能造成损害的毗邻建筑物、构筑物和地下管线等，应当采取专项防护措施。

施工单位应当遵守有关环境保护法律、法规的规定，在施工现场采取措施，防止或者减少粉尘、废气、废水、固体废物、噪声、振动和施工照明对人和环境的危害和污染。

在城市市区内的建设工程，施工单位应当对施工现场实行封闭围挡。

第三十一条 施工单位应当在施工现场建立消防安全责任制度，确定消防安全责任人，制定用火、用电、使用易燃易爆材料等各项消防安全管理制度和操作规程，设置消防通道、消防水源，配备消防设施和灭火器材，并在施工现场入口处设置明显标志。

第三十二条 施工单位应当向作业人员提供安全防护用具和安全防护服装，并书面告知危险岗位的操作规程和违章操作的危害。

作业人员有权对施工现场的作业条件、作业程序和作业方式中存在的安全问题提出批评、检举和控告，有权拒绝违章指挥和强令冒险作业。

在施工中发生危及人身安全的紧急情况时，作业人员有权立即停止作业或者在采取必要的应急措施后撤离危险区域。

第三十三条 作业人员应当遵守安全施工的强制性标准、规章制度和操作规程，正确使用安全防护用具、机械设备等。

第三十四条 施工单位采购、租赁的安全防护用具、机械设备、施工机具及配件，应当具有生产（制造）许可证、产品合格证，并在进入施工现场前进行查验。

施工现场的安全防护用具、机械设备、施工机具及配件必须由专人管理，定期进行检查、维修和保养，建立相应的资料档案，并按照国家有关规定及时报废。

第三十五条 施工单位在使用施工起重机械和整体提升脚手架、模板等自升式架设设施前，应当组织有关单位进行验收，也可以委托具有相应资质的检验检测机构进行验收；使用承租的机械设备和施工机具及配件的，由施工总承包单位、分包单位、出租单位和安装单位共同进行验收。验收合格的方可使用。

《特种设备安全监察条例》规定的施工起重机械，在验收前应当经有相应资质的检验检测机构监督检验合格。

施工单位应当自施工起重机械和整体提升脚手架、模板等自升式架设设施验收合格之日起30日内，向建设行政主管部门或者其他有关部门登记。登记标志应当置于或者附着于该设备的显著位置。

第三十六条 施工单位的主要负责人、项目负责人、专职安全生产管理人员应当经建设行政主管部门或者其他有关部门考核合格后方可任职。

施工单位应当对管理人员和作业人员每年至少进行一次安全生产教育培训，其教育培训情况记入个人工作档案。安全生产教育培训考核不合格的人员，不得上岗。

第三十七条 作业人员进入新的岗位或者新的施工现场前，应当接受安全生产教育培训。未经教育培训或者教育培训考核不合格的人员，不得上岗作业。

施工单位在采用新技术、新工艺、新设备、新材料时，应当对作业人员进行相应的安全生产教育培训。

第三十八条 施工单位应当为施工现场从事危险作业的人员办理意外伤害保险。

意外伤害保险费由施工单位支付。实行施工总承包的，由总承包单位支付意外伤害保险费。意外伤害保险期限自建设工程开工之日起至竣工验收合格止。

第五章 监督管理

第三十九条 国务院负责安全生产监督管理的部门依照《中华人民共和国安全生产法》的规定，对全国建设工程安全生产工作实施综合监督管理。

县级以上地方人民政府负责安全生产监督管理的部门依照《中华人民共和国安全生产法》的规定，对本行政区域内建设工程安全生产工作实施综合监督管理。

第四十条 国务院建设行政主管部门对全国的建设工程安全生产实施监督管理。国务院铁路、交通、水利等有关部门按照国务院规定的职责分工，负责有关专业建设工程安全生产的监督管理。

县级以上地方人民政府建设行政主管部门对本行政区域内的建设工程安全生产实施监督管理。县级以上地方人民政府交通、水利等有关部门在各自的职责范围内，负责本行政区域内的专业建设工程安全生产的监督管理。

第四十一条 建设行政主管部门和其他有关部门应当将本条例第十条、第十一条规定的有关资料的主要内容抄送同级负责安全生产监督管理的部门。

第四十二条 建设行政主管部门在审核发放施工许可证时，应当对建设工程是否有安全施工措施进行审查，对没有安全施工措施的，不得颁发施工许可证。

建设行政主管部门或者其他有关部门对建设工程是否有安全施工措施进行审查时，

不得收取费用。

第四十三条 县级以上人民政府负有建设工程安全生产监督管理职责的部门在各自的职责范围内履行安全监督检查职责时，有权采取下列措施：

（一）要求被检查单位提供有关建设工程安全生产的文件和资料；

（二）进入被检查单位施工现场进行检查；

（三）纠正施工中违反安全生产要求的行为；

（四）对检查中发现的安全事故隐患，责令立即排除；重大安全事故隐患排除前或者排除过程中无法保证安全的，责令从危险区域内撤出作业人员或者暂时停止施工。

第四十四条 建设行政主管部门或者其他有关部门可以将施工现场的监督检查委托给建设工程安全监督机构具体实施。

第四十五条 国家对严重危及施工安全的工艺、设备、材料实行淘汰制度。具体目录由国务院建设行政主管部门会同国务院其他有关部门制定并公布。

第四十六条 县级以上人民政府建设行政主管部门和其他有关部门应当及时受理对建设工程生产安全事故及安全事故隐患的检举、控告和投诉。

第六章　生产安全事故的应急救援和调查处理

第四十七条 县级以上地方人民政府建设行政主管部门应当根据本级人民政府的要求，制定本行政区域内建设工程特大生产安全事故应急救援预案。

第四十八条 施工单位应当制定本单位生产安全事故应急救援预案，建立应急救援组织或者配备应急救援人员，配备必要的应急救援器材、设备，并定期组织演练。

第四十九条 施工单位应当根据建设工程施工的特点、范围，对施工现场易发生重大事故的部位、环节进行监控，制定施工现场生产安全事故应急救援预案。实行施工总承包的，由总承包单位统一组织编制建设工程生产安全事故应急救援预案，工程总承包单位和分包单位按照应急救援预案，各自建立应急救援组织或者配备应急救援人员，配备救援器材、设备，并定期组织演练。

第五十条 施工单位发生生产安全事故，应当按照国家有关伤亡事故报告和调查处理的规定，及时、如实地向负责安全生产监督管理的部门、建设行政主管部门或者其他有关部门报告；特种设备发生事故的，还应当同时向特种设备安全监督管理部门报告。接到报告的部门应当按照国家有关规定，如实上报。

实行施工总承包的建设工程，由总承包单位负责上报事故。

第五十一条 发生生产安全事故后，施工单位应当采取措施防止事故扩大，保护事故现场。需要移动现场物品时，应当做出标记和书面记录，妥善保管有关证物。

第五十二条 建设工程生产安全事故的调查、对事故责任单位和责任人的处罚与处理，按照有关法律、法规的规定执行。

第七章　法 律 责 任

第五十三条　违反本条例的规定，县级以上人民政府建设行政主管部门或者其他有关行政管理部门的工作人员，有下列行为之一的，给予降级或者撤职的行政处分；构成犯罪的，依照刑法有关规定追究刑事责任：

（一）对不具备安全生产条件的施工单位颁发资质证书的；

（二）对没有安全施工措施的建设工程颁发施工许可证的；

（三）发现违法行为不予查处的；

（四）不依法履行监督管理职责的其他行为。

第五十四条　违反本条例的规定，建设单位未提供建设工程安全生产作业环境及安全施工措施所需费用的，责令限期改正；逾期未改正的，责令该建设工程停止施工。

建设单位未将保证安全施工的措施或者拆除工程的有关资料报送有关部门备案的，责令限期改正，给予警告。

第五十五条　违反本条例的规定，建设单位有下列行为之一的，责令限期改正，处20万元以上50万元以下的罚款；造成重大安全事故，构成犯罪的，对直接责任人员，依照刑法有关规定追究刑事责任；造成损失的，依法承担赔偿责任：

（一）对勘察、设计、施工、工程监理等单位提出不符合安全生产法律、法规和强制性标准规定的要求的；

（二）要求施工单位压缩合同约定的工期的；

（三）将拆除工程发包给不具有相应资质等级的施工单位的。

第五十六条　违反本条例的规定，勘察单位、设计单位有下列行为之一的，责令限期改正，处10万元以上30万元以下的罚款；情节严重的，责令停业整顿，降低资质等级，直至吊销资质证书；造成重大安全事故，构成犯罪的，对直接责任人员，依照刑法有关规定追究刑事责任；造成损失的，依法承担赔偿责任：

（一）未按照法律、法规和工程建设强制性标准进行勘察、设计的；

（二）采用新结构、新材料、新工艺的建设工程和特殊结构的建设工程，设计单位未在设计中提出保障施工作业人员安全和预防生产安全事故的措施建议的。

第五十七条　违反本条例的规定，工程监理单位有下列行为之一的，责令限期改正；逾期未改正的，责令停业整顿，并处10万元以上30万元以下的罚款；情节严重的，降低资质等级，直至吊销资质证书；造成重大安全事故，构成犯罪的，对直接责任人员，依照刑法有关规定追究刑事责任；造成损失的，依法承担赔偿责任：

（一）未对施工组织设计中的安全技术措施或者专项施工方案进行审查的；

（二）发现安全事故隐患未及时要求施工单位整改或者暂时停止施工的；

（三）施工单位拒不整改或者不停止施工，未及时向有关主管部门报告的；

（四）未依照法律、法规和工程建设强制性标准实施监理的。

第五十八条 注册执业人员未执行法律、法规和工程建设强制性标准的，责令停止执业3个月以上1年以下；情节严重的，吊销执业资格证书，5年内不予注册；造成重大安全事故的，终身不予注册；构成犯罪的，依照刑法有关规定追究刑事责任。

第五十九条 违反本条例的规定，为建设工程提供机械设备和配件的单位，未按照安全施工的要求配备齐全有效的保险、限位等安全设施和装置的，责令限期改正，处合同价款1倍以上3倍以下的罚款；造成损失的，依法承担赔偿责任。

第六十条 违反本条例的规定，出租单位出租未经安全性能检测或者经检测不合格的机械设备和施工机具及配件的，责令停业整顿，并处5万元以上10万元以下的罚款；造成损失的，依法承担赔偿责任。

第六十一条 违反本条例的规定，施工起重机械和整体提升脚手架、模板等自升式架设设施安装、拆卸单位有下列行为之一的，责令限期改正，处5万元以上10万元以下的罚款；情节严重的，责令停业整顿，降低资质等级，直至吊销资质证书；造成损失的，依法承担赔偿责任：

（一）未编制拆装方案、制定安全施工措施的；

（二）未由专业技术人员现场监督的；

（三）未出具自检合格证明或者出具虚假证明的；

（四）未向施工单位进行安全使用说明，办理移交手续的。

施工起重机械和整体提升脚手架、模板等自升式架设设施安装、拆卸单位有前款规定的第（一）项、第（三）项行为，经有关部门或者单位职工提出后，对事故隐患仍不采取措施，因而发生重大伤亡事故或者造成其他严重后果，构成犯罪的，对直接责任人员，依照刑法有关规定追究刑事责任。

第六十二条 违反本条例的规定，施工单位有下列行为之一的，责令限期改正；逾期未改正的，责令停业整顿，依照《中华人民共和国安全生产法》的有关规定处以罚款；造成重大安全事故，构成犯罪的，对直接责任人员，依照刑法有关规定追究刑事责任：

（一）未设立安全生产管理机构、配备专职安全生产管理人员或者分部分项工程施工时无专职安全生产管理人员现场监督的；

（二）施工单位的主要负责人、项目负责人、专职安全生产管理人员、作业人员或者特种作业人员，未经安全教育培训或者经考核不合格即从事相关工作的；

（三）未在施工现场的危险部位设置明显的安全警示标志，或者未按照国家有关规定在施工现场设置消防通道、消防水源、配备消防设施和灭火器材的；

（四）未向作业人员提供安全防护用具和安全防护服装的；

（五）未按照规定在施工起重机械和整体提升脚手架、模板等自升式架设设施验收合格后登记的；

（六）使用国家明令淘汰、禁止使用的危及施工安全的工艺、设备、材料的。

第六十三条 违反本条例的规定，施工单位挪用列入建设工程概算的安全生产作业环境及安全施工措施所需费用的，责令限期改正，处挪用费用20%以上50%以下的罚款；造成损失的，依法承担赔偿责任。

第六十四条 违反本条例的规定，施工单位有下列行为之一的，责令限期改正；逾期未改正的，责令停业整顿，并处5万元以上10万元以下的罚款；造成重大安全事故，构成犯罪的，对直接责任人员，依照刑法有关规定追究刑事责任：

（一）施工前未对有关安全施工的技术要求作出详细说明的；

（二）未根据不同施工阶段和周围环境及季节、气候的变化，在施工现场采取相应的安全施工措施，或者在城市市区内的建设工程的施工现场未实行封闭围挡的；

（三）在尚未竣工的建筑物内设置员工集体宿舍的；

（四）施工现场临时搭建的建筑物不符合安全使用要求的；

（五）未对因建设工程施工可能造成损害的毗邻建筑物、构筑物和地下管线等采取专项防护措施的。

施工单位有前款规定第（四）项、第（五）项行为，造成损失的，依法承担赔偿责任。

第六十五条 违反本条例的规定，施工单位有下列行为之一的，责令限期改正；逾期未改正的，责令停业整顿，并处10万元以上30万元以下的罚款；情节严重的，降低资质等级，直至吊销资质证书；造成重大安全事故，构成犯罪的，对直接责任人员，依照刑法有关规定追究刑事责任；造成损失的，依法承担赔偿责任：

（一）安全防护用具、机械设备、施工机具及配件在进入施工现场前未经查验或者查验不合格即投入使用的；

（二）使用未经验收或者验收不合格的施工起重机械和整体提升脚手架、模板等自升式架设设施的；

（三）委托不具有相应资质的单位承担施工现场安装、拆卸施工起重机械和整体提升脚手架、模板等自升式架设设施的；

（四）在施工组织设计中未编制安全技术措施、施工现场临时用电方案或者专项施工方案的。

第六十六条 违反本条例的规定，施工单位的主要负责人、项目负责人未履行安全生产管理职责的，责令限期改正；逾期未改正的，责令施工单位停业整顿；造成重大安全事故、重大伤亡事故或者其他严重后果，构成犯罪的，依照刑法有关规定追究刑事责任。

作业人员不服管理、违反规章制度和操作规程冒险作业造成重大伤亡事故或者其他严重后果，构成犯罪的，依照刑法有关规定追究刑事责任。

施工单位的主要负责人、项目负责人有前款违法行为，尚不够刑事处罚的，处2万元以上20万元以下的罚款或者按照管理权限给予撤职处分；自刑罚执行完毕或者受处分之日起，5年内不得担任任何施工单位的主要负责人、项目负责人。

第六十七条 施工单位取得资质证书后，降低安全生产条件的，责令限期改正；经整改仍未达到与其资质等级相适应的安全生产条件的，责令停业整顿，降低其资质等级直至吊销资质证书。

第六十八条 本条例规定的行政处罚，由建设行政主管部门或者其他有关部门依照法定职权决定。

违反消防安全管理规定的行为，由公安消防机构依法处罚。

有关法律、行政法规对建设工程安全生产违法行为的行政处罚决定机关另有规定的，从其规定。

第八章 附 则

第六十九条 抢险救灾和农民自建低层住宅的安全生产管理，不适用本条例。

第七十条 军事建设工程的安全生产管理，按照中央军事委员会的有关规定执行。

第七十一条 本条例自2004年2月1日起施行。

建设工程监理范围和规模标准规定

（2001 年 1 月 17 日建设部令第 86 号发布）

第一条 为了确定必须实行监理的建设工程项目具体范围和规模标准，规范建设工程监理活动，根据《建设工程质量管理条例》，制定本规定。

第二条 下列建设工程必须实行监理：

（一）国家重点建设工程；

（二）大中型公用事业工程；

（三）成片开发建设的住宅小区工程；

（四）利用外国政府或者国际组织贷款、援助资金的工程；

（五）国家规定必须实行监理的其他工程。

第三条 国家重点建设工程，是指依据《国家重点建设项目管理办法》所确定的对国民经济和社会发展有重大影响的骨干项目。

第四条 大中型公用事业工程，是指项目总投资额在 3000 万元以上的下列工程项目：

（一）供水、供电、供气、供热等市政工程项目；

（二）科技、教育、文化等项目；

（三）体育、旅游、商业等项目；

（四）卫生、社会福利等项目；

（五）其他公用事业项目。

第五条 成片开发建设的住宅小区工程，建筑面积在 5 万平方米以上的住宅建设工程必须实行监理；5 万平方米以下的住宅建设工程，可以实行监理，具体范围和规模标准，由省、自治区、直辖市人民政府建设行政主管部门规定。

为了保证住宅质量，对高层住宅及地基、结构复杂的多层住宅应当实行监理。

第六条 利用外国政府或者国际组织贷款、援助资金的工程范围包括：

（一）使用世界银行、亚洲开发银行等国际组织贷款资金的项目；

（二）使用国外政府及其机构贷款资金的项目；

（三）使用国际组织或者国外政府援助资金的项目。

第七条 国家规定必须实行监理的其他工程是指：

（一）项目总投资额在3000万元以上关系社会公共利益、公众安全的下列基础设施项目：

（1）煤炭、石油、化工、天然气、电力、新能源等项目；

（2）铁路、公路、管道、水运、民航以及其他交通运输业等项目；

（3）邮政、电信枢纽、通信、信息网络等项目；

（4）防洪、灌溉、排涝、发电、引（供）水、滩涂治理、水资源保护、水土保持等水利建设项目；

（5）道路、桥梁、地铁和轻轨交通、污水排放及处理、垃圾处理、地下管道、公共停车场等城市基础设施项目；

（6）生态环境保护项目；

（7）其他基础设施项目。

（二）学校、影剧院、体育场馆项目。

第八条 国务院建设行政主管部门商同国务院有关部门后，可以对本规定确定的必须实行监理的建设工程具体范围和规模标准进行调整。

第九条 本规定由国务院建设行政主管部门负责解释。

第十条 本规定自发布之日起施行。

关于商品和服务实行明码标价的规定

（2000年10月31日国家发展计划委员会令第8号发布）

第一条 为规范价格行为，维护正常的市场价格秩序，促进公平、公开、合法的市场竞争，保护消费者和经营者的合法权益，根据《中华人民共和国价格法》，制定本规定。

第二条 凡在中华人民共和国境内收购、销售商品或者提供服务的价格行为，均适用本规定。

第三条 本规定所称明码标价是指经营者收购、销售商品和提供服务按照本规定的要求公开标示商品价格、服务价格等有关情况的行为。

前款所称应当明码标价的商品和服务是指实行市场调节价、政府指导价或者政府定价的商品和服务。

第四条 经营者实行明码标价，应当遵循公开、公平和诚实信用的原则，遵守价格法律、法规。

第五条 县级以上人民政府价格主管部门是明码标价的管理机关，其价格监督检查机构负责明码标价实施情况的监督检查。

第六条 明码标价的标价方式由省级人民政府价格主管部门统一规定，县级以上地方人民政府价格主管部门的价格监督检查机构对标价方式进行监制。未经监制的，任何单位和个人不得擅自印制和销售。

第七条 需要增减标价内容以及不宜标价的商品和服务，由县级以上地方人民政府价格主管部门认定。

第八条 根据商品和服务的特点，需要实行行业统一规范标价方式的，由国务院价格主管部门和省级人民政府价格主管部门确定。

第九条 明码标价应当做到价签价目齐全、标价内容真实明确、字迹清晰、货签对位、标示醒目。价格变动时应当及时调整。

第十条 商品价格、服务价格一律使用阿拉伯数码标明人民币金额。

第十一条 除国家另有规定外，从事涉外商品经营和服务的单位实行以人民币标价和计价结算，应当同时用中、外文标示商品和服务内容。

民族自治地方自主决定使用当地通用的一种或几种文字明码标价。

第十二条 降价销售商品和提供服务必须使用降价标价签、价目表，如实标明降价原因以及原价和现价，以区别于以正常价格销售商品和提供服务。经营者应当保留降价前记录或核定价格的有关资料，以便查证。

第十三条 从事零售业务的，商品标价签应当标明品名、产地、计价单位、零售价格等主要内容，对于有规格、等级、质地等要求的，还应标明规格、等级、质地等项目。标价签由指定专人签章。

第十四条 开架柜台、自动售货机、自选市场等采取自选方式售货的，经营者应当使用打码机在商品或其包装上胶贴价格标签，并应分品种在商品陈列柜（架）处按第十三条规定明码标价。

第十五条 经营者收购农副产品或废旧物资的，应当在收购场所醒目位置公布收购价目表，标明品名、规格、等级、计价单位和收购价格等内容。

国务院或省级人民政府对收购农副产品规定了保护价的，收购部门应当在收购点的醒目位置予以公布。

第十六条 提供服务的经营者应当在经营场所或缴费地点的醒目位置公布服务项目、服务内容、等级或规格、服务价格等。

第十七条 各类商品专业交易市场应当按照本规定有关条款实行明码标价。

第十八条 房地产经营者应当在交易场所标明房地产价格及相关收费情况。

第十九条 经营者不得在标价之外加价出售商品，不得收取任何未予标明的费用。先消费后结算的，须出具结算单据，并应当列出具体收款项目和价格。

一项服务可分解为多个项目和标准的，经营者应当明确标示每一个项目和标准，禁止混合标价或捆绑销售。

第二十条 经营者不得利用虚假的或者使人误解的标价内容及标价方式进行价格欺诈。

第二十一条 经营者有下列行为之一的，由价格主管部门责令改正，没收违法所得，可以并处5000元以下的罚款；没有违法所得的，可以处以5000元以下的罚款。

（一）不明码标价的；

（二）不按规定的内容和方式明码标价的；

（三）在标价之外加价出售商品或收取未标明的费用的；

（四）不能提供降价记录或者有关核定价格资料的；

（五）擅自印制标价签或价目表的；

（六）使用未经监制的标价内容和方式的；

（七）其他违反明码标价规定的行为。

第二十二条 经营者利用标价进行价格欺诈的，由价格主管部门依照《价格违法行为行政处罚规定》第五条实施处罚。

第二十三条 商品和服务实行明码标价的具体方式和内容，除按本规定有关条款执行外，各省、自治区、直辖市人民政府价格主管部门可以结合本地区实际情况作出具体规定。

第二十四条 本规定由国家发展计划委员会负责解释。

第二十五条 本规定自 2001 年 1 月 1 日起施行。国家计划委员会 1994 年 2 月 28 日发布的《关于商品和服务实行明码标价的规定》和 1994 年 3 月 3 日发布的《关于商品和服务实行明码标价的规定实施细则》同时废止。

工程建设项目招标范围和规模标准规定

(2000 年 5 月 1 日国家发展计划委员会令第 3 号令发布)

第一条 为了确定必须进行招标的工程建设项目的具体范围和规模标准，规范招标投标活动，根据《中华人民共和国招标投标法》第三条的规定，制定本规定。

第二条 关系社会公共利益、公众安全的基础设施项目的范围包括：

(一) 煤炭、石油、天然气、电力、新能源等能源项目；

(二) 铁路、公路、管道、水运、航空以及其他交通运输业等交通运输项目；

(三) 邮政、电信枢纽、通信、信息网络等邮电通讯项目；

(四) 防洪、灌溉、排涝、引（供）水、滩涂治理、水土保持、水利枢纽等水利项目；

(五) 道路、桥梁、地铁和轻轨交通、污水排放及处理、垃圾处理、地下管道、公共停车场等城市设施项目；

(六) 生态环境保护项目；

(七) 其他基础设施项目。

第三条 关系社会公共利益、公众安全的公用事业项目的范围包括：

(一) 供水、供电、供气、供热等市政工程项目；

(二) 科技、教育、文化等项目；

(三) 体育、旅游等项目；

(四) 卫生、社会福利等项目；

(五) 商品住宅，包括经济适用住房；

(六) 其他公用事业项目。

第四条 使用国有资金投资项目的范围包括：

(一) 使用各级财政预算资金的项目；

(二) 使用纳入财政管理的各种政府性专项建设基金的项目；

(三) 使用国有企业事业单位自有资金，并且国有资产投资者实际拥有控制权的项目。

第五条 国家融资项目的范围包括：

(一) 使用国家发行债券所筹资金的项目；

（二）使用国家对外借款或者担保所筹资金的项目；

（三）使用国家政策性贷款的项目；

（四）国家授权投资主体融资的项目；

（五）国家特许的融资项目。

第六条 使用国际组织或者外国政府资金的项目的范围包括：

（一）使用世界银行、亚洲开发银行等国际组织贷款资金的项目；

（二）使用外国政府及其机构贷款资金的项目；

（三）使用国际组织或者外国政府援助资金的项目。

第七条 本规定第二条至第六条规定范围内的各类工程建设项目，包括项目的勘察、设计、施工、监理以及与工程建设有关的重要设备、材料等的采购，达到下列标准之一的，必须进行招标：

（一）施工单项合同估算价在200万元人民币以上的；

（二）重要设备、材料等货物的采购，单项合同估算价在100万元人民币以上的；

（三）勘察、设计、监理等服务的采购，单项合同估算价在50万元人民币以上的；

（四）单项合同估算价低于第（一）、（二）、（三）项规定的标准，但项目总投资额在3000万元人民币以上的。

第八条 建设项目的勘察、设计，采用特定专利或者专有技术的，或者其建筑艺术造型有特殊要求的，经项目主管部门批准，可以不进行招标。

第九条 依法必须进行招标的项目，全部使用国有资金投资或者国有资金投资占控股或者主导地位的，应当公开招标。

招标投标活动不受地区、部门的限制，不得对潜在投标人实行歧视待遇。

第十条 省、自治区、直辖市人民政府根据实际情况，可以规定本地区必须进行招标的具体范围和规模标准，但不得缩小本规定确定的必须进行招标的范围。

第十一条 国家发展计划委员会可以根据实际需要，会同国务院有关部门对本规定确定的必须进行招标的具体范围和规模标准进行部分调整。

第十二条 本规定自发布之日起施行。

国家计委关于印发建设项目前期工作咨询收费暂行规定的通知

计价格〔1999〕1283 号

各省、自治区、直辖市物价局（委员会）、计委（计经委），中国工程咨询协会：

为规范建设项目前期工作咨询收费行为，维护委托人和工程咨询机构的合法权益，促进工程咨询业的健康发展，我委制定了《建设项目前期工作咨询收费暂行规定》，现印发给你们，请按照执行，并将执行中遇到的问题及时反馈我委。

附：建设项目前期工作咨询收费暂行规定

附：

建设项目前期工作咨询收费暂行规定

第一条 为提高建设项目前期工作质量，促进工程咨询社会化、市场化，规范工程咨询收费行为，根据《中华人民共和国价格法》及有关法律法规，制定本规定。

第二条 本规定适用于建设项目前期工作的咨询收费，包括建设项目专题研究、编制和评估项目建议书或者可行性研究报告，以及其他与建设项目前期工作有关的咨询服务收费。

第三条 建设项目前期工作咨询服务，应遵循自愿原则，委托方自主决定选择工程咨询机构，工程咨询机构自主决定是否接收委托。

第四条 从事工程咨询的机构，必须取得相应工程咨询资格证书，具有法人资格，并依法纳税。

第五条 工程咨询机构应遵守国家法律、法规和行业行为准则，开展公平竞争，不得采取不正当手段承揽业务。

第六条 工程咨询机构提供咨询服务，应遵循客观、科学、公平、公正原则，符合国家经济技术政策、规定，符合委托方的技术、质量要求。

第七条 工程咨询机构承担编制建设项目的项目建议书、可行性研究报告、初步设计文件的，不能再参与同一建设项目的项目建议书、可行性研究报告以及工程设计文件的咨询评估业务。

第八条 工程咨询收费实行政府指导价。具体收费标准由工程咨询机构与委托方根据本规定的指导性收费标准协商确定。

第九条 工程咨询收费根据不同工程咨询项目的性质、内容，采取以下方法计取费用：

（一）按建设项目估算投资额，分档计算工程咨询费用（见附件一、二）。

（二）按工程咨询工作所耗工日计算工程咨询费用（见附件三）。

按照前款两种方法不便于计费的，可以参照本规定的工日费用标准由工程咨询机构与委托方议定。但参照工日计算的收费额，不得超过按估算投资额分档计费方式计算的收费额。

第十条 采取按建设项目估算投资额分档计费的，以建设项目的项目建议书或者可行性研究报告的估算投资为计费依据。使用工程咨询机构推荐方案计算的投资与原估算投资发生增减变化时，咨询收费不再调整。

第十一条 工程咨询机构在编制项目建议书或者可行性研究报告时需要勘察、试验，评估项目建议书或者可行性研究报告时需要对勘察、试验数据进行复核，工作量明显增加需要加收费用的，可由双方另行协商加收的费用额和支付方式。

第十二条 工程咨询服务中，工程咨询机构提供自有专利、专有技术，需要另行支付费用的，国家有规定的，按规定执行；没有规定的，由双方协商费用额和支付方式。

第十三条 建设项目前期工作咨询应体现优质优价原则，优质优价的具体幅度由双方在规定的收费标准的基础上协商确定。

第十四条 工程咨询费用，由委托方与工程咨询机构依据本规定，在工程咨询合同中以专门条款确定费用数额及支付方式。

第十五条 工程咨询机构按合同收取咨询费用后，不得再要求委托方无偿提供食宿、交通等便利。

第十六条 工程咨询机构对外聘专家的付费按工日费用标准计算并支付，外聘专家，如有从业单位的，专家费用应支付给专家从业单位。

第十七条 委托方应按合同规定及时向工程咨询机构提供开展咨询业务所必须的工作条件和资料。由于委托方原因造成咨询工作量增加或延长工程咨询期限的，工程咨询机构可与委托方协商加收费用。

第十八条 工程咨询机构提交的咨询成果达不到合同规定标准的，应负责完善，委托方不另支付咨询费。

第十九条 工程咨询合同履行过程中，由于咨询机构失误造成委托方损失的，委托方可扣减或者追回以至全部咨询费用，对造成的直接经济损失，咨询机构应部分或全部赔偿。

第二十条 涉外工程咨询业务中有特殊要求的，工程咨询机构可与委托方参照国外有关收费办法协商确定咨询费用。

第二十一条 建设项目投资额在3000万元以下的和除编制、评估项目建议书或者可行性研究报告以外的其他建设项目前期工作咨询服务的收费标准，由各省、自治区、直辖市价格主管部门会同同级计划部门制定。

第二十二条 本规定由各级价格主管部门监督执行。

第二十三条 本规定由国家发展计划委员会负责解释。

第二十四条 本规定自发布之日起执行。

附件：一、按建设项目估算投资额分档收费标准

二、按建设项目估算投资额分档收费的调整系数

三、工程咨询人员工日费用标准

附件一

按建设项目估算投资额分档收费标准

单位：万元

	3000万元～1亿元	1亿元～5亿元	5亿元～10亿元	10亿元～50亿元	50亿元以上
一、编制项目建议书	6～14	14～37	37～55	55～100	100～125
二、编制可行性研究报告	12～28	28～75	75～110	110～200	200～250
三、评估项目建议书	4～8	8～12	12～15	15～17	17～20
四、评估可行性研究报告	5～10	10～15	15～20	20～25	25～35

注：1. 建设项目估算投资额是指项目建议书或者可行性研究报告的估算投资额。

2. 建设项目的具体收费标准，根据估算投资额在相对应的区间内用插入法计算。

3. 根据行业特点和各行业内部不同类别工程的复杂程度，计算咨询费用时可分别乘以行业调整系数和工程复杂程度调整系数（见附表二）。

附件二

按建设项目估算投资额分档收费的调整系数

行　业	调整系数 （以表一所列收费标准为1）
一、行业调整系数	
1. 石化、化工、钢铁	1.3
2. 石油、天然气、水利、水电、交通（水运）、化纤	1.2
3. 有色、黄金、纺织、轻工、邮电、广播电视、医药、煤炭、火电（含核电）、机械（含船舶、航空、航天、兵器）	1.0
4. 林业、商业、粮食、建筑	0.8
5. 建材、交通（公路）、铁道、市政公用工程	0.7
二、工程复杂程度调整系数	0.8～1.2

注：工程复杂程度具体调整系数由工程咨询机构与委托单位根据各类工程情况协商确定。

附件三

工程咨询人员工日费用标准

单位：元

咨询人员职级	工日费用标准
一、高级专家	1000～1200
二、高级专业技术职称的咨询人员	800～1000
三、中级专业技术职称的咨询人员	600～800

国家发展改革委、建设部关于印发《建设工程监理与相关服务收费管理规定》的通知

发改价格〔2007〕670 号

国务院有关部门，各省、自治区、直辖市发展改革委、物价局、建设厅（委）：

为规范建设工程监理及相关服务收费行为，维护委托双方合法权益，促进工程监理行业健康发展，我们制定了《建设工程监理与相关服务收费管理规定》，现印发给你们。自 2007 年 5 月 1 日起执行。原国家物价局、建设部下发的《关于发布工程建设监理费有关规定的通知》（〔1992〕价费字 479 号）自本规定生效之日起废止。

附：建设工程监理与相关服务收费管理规定

国家发展改革委　建设部

二〇〇七年三月三十日

主题词：工程　监理　收费　通知

附：

建设工程监理与相关服务收费管理规定

第一条　为规范建设工程监理与相关服务收费行为，维护发包人和监理人的合法权益，根据《中华人民共和国价格法》及有关法律、法规，制定本规定。

第二条　建设工程监理与相关服务，应当遵循公开、公平、公正、自愿和诚实信用的原则。依法须招标的建设工程，应通过招标方式确定监理人。监理服务招标应优先考虑监理单位的资信程度、监理方案的优劣等技术因素。

第三条　发包人和监理人应当遵守国家有关价格法律法规的规定，接受政府价格主管部门的监督、管理。

第四条　建设工程监理与相关服务收费根据建设项目性质不同情况，分别实行政府

指导价或市场调节价。依法必须实行监理的建设工程施工阶段的监理收费实行政府指导价；其他建设工程施工阶段的监理收费和其他阶段的监理与相关服务收费实行市场调节价。

第五条 实行政府指导价的建设工程施工阶段监理收费，其基准价根据《建设工程监理与相关服务收费标准》计算，浮动幅度为上下20%。发包人和监理人应当根据建设工程的实际情况在规定的浮动幅度内协商确定收费额。实行市场调节价的建设工程监理与相关服务收费，由发包人和监理人协商确定收费额。

第六条 建设工程监理与相关服务收费，应当体现优质优价的原则。在保证工程质量的前提下，由于监理人提供的监理与相关服务节省投资，缩短工期，取得显著经济效益的，发包人可根据合同约定奖励监理人。

第七条 监理人应当按照《关于商品和服务实行明码标价的规定》，告知发包人有关服务项目、服务内容、服务质量、收费依据，以及收费标准。

第八条 建设工程监理与相关服务的内容、质量要求和相应的收费金额以及支付方式，由发包人和监理人在监理与相关服务合同中约定。

第九条 监理人提供的监理与相关服务，应当符合国家有关法律、法规和标准规范，满足合同约定的服务内容和质量等要求。监理人不得违反标准规范规定或合同约定，通过降低服务质量、减少服务内容等手段进行恶性竞争，扰乱正常市场秩序。

第十条 由于非监理人原因造成建设工程监理与相关服务工作量增加或减少的，发包人应当按合同约定与监理人协商另行支付或扣减相应的监理与相关服务费用。

第十一条 由于监理人原因造成监理与相关服务工作量增加的，发包人不另行支付监理与相关服务费用。

监理人提供的监理与相关服务不符合国家有关法律、法规和标准规范的，提供的监理服务人员、执业水平和服务时间未达到监理工作要求的，不能满足合同约定的服务内容和质量等要求的，发包人可按合同约定扣减相应的监理与相关服务费用。

由于监理人工作失误给发包人造成经济损失的，监理人应当按照合同约定依法承担相应赔偿责任。

第十二条 违反本规定和国家有关价格法律、法规规定的，由政府价格主管部门依据《中华人民共和国价格法》、《价格违法行为行政处罚规定》予以处罚。

第十三条 本规定及所附《建设工程监理与相关服务收费标准》，由国家发展改革委会同建设部负责解释。

第十四条 本规定自2007年5月1日起施行，规定生效之日前已签订服务合同及在建项目的相关收费不再调整。原国家物价局与建设部联合发布的《关于发布工程建设监理费有关规定的通知》（〔1992〕价费字479号）同时废止。国务院有关部门及各地制定的相关规定，凡与本规定相抵触的，以本规定为准。

附件：建设工程监理与相关服务收费标准

附件：

建设工程监理与相关服务收费标准

1 总 则

1.0.1 建设工程监理与相关服务是指监理人接受发包人的委托，提供建设工程施工阶段的质量、进度、费用控制管理和安全生产监督管理、合同、信息等方面协调管理服务，以及勘察、设计、保修等阶段的相关服务。各阶段的工作内容见《建设工程监理与相关服务的主要工作内容》（附表一）。

1.0.2 建设工程监理与相关服务收费包括建设工程施工阶段的工程监理（以下简称“施工监理”）服务收费和勘察、设计、保修等阶段的相关服务（以下简称“其他阶段的相关服务”）收费。

1.0.3 铁路、水运、公路、水电、水库工程的施工监理服务收费按建筑安装工程费分档定额计费方式计算收费。其他工程的施工监理服务收费按照建设项目工程概算投资额分档定额计费方式计算收费。

1.0.4 其他阶段的相关服务收费一般按相关服务工作所需工日和《建设工程监理与相关服务人员人工日费用标准》（附表四）收费。

1.0.5 施工监理服务收费按照下列公式计算：

（1）施工监理服务收费＝施工监理服务收费基准价×（1±浮动幅度值）

（2）施工监理服务收费基准价＝施工监理服务收费基价×专业调整系数×工程复杂程度调整系数×高程调整系数

1.0.6 施工监理服务收费基价

施工监理服务收费基价是完成国家法律法规、规范规定的施工阶段监理基本服务内容的价格。施工监理服务收费基价按《施工监理服务收费基价表》（附表二）确定，计费额处于两个数值区间的，采用直线内插法确定施工监理服务收费基价。

1.0.7 施工监理服务收费基准价

施工监理服务收费基准价是按照本收费标准规定的基价和1.0.5（2）计算出的施工监理服务基准收费额。发包人与监理人根据项目的实际情况，在规定的浮动幅度范围内协商确定施工监理服务收费合同额。

1.0.8 施工监理服务收费的计费额

施工监理服务收费以建设项目工程概算投资额分档定额计费方式收费的，其计费额为工程概算中的建筑安装工程费、设备购置费和联合试运转费之和，即工程概算投资额。对设备购置费和联合试运转费占工程概算投资额40%以上的工程项目，其建筑安装工程费全部计入计费额，设备购置费和联合试运转费按40%的比例计入计费额。但其计费额不应小于建筑安装工程费与其相同且设备购置费和联合试运转费等于工程概算投资额40%的工程项目的计费额。

工程中有利用原有设备并进行安装调试服务的，以签订工程监理合同时同类设备的当期价格作为施工监理服务收费的计费额；工程中有缓配设备的，应扣除签订工程监理合同时同类设备的当期价格作为施工监理服务收费的计费额；工程中有引进设备的，按照购进设备的离岸价格折换成人民币作为施工监理服务收费的计费额。

施工监理服务收费以建筑安装工程费分档定额计费方式收费的，其计费额为工程概算中的建筑安装工程费。

作为施工监理服务收费计费额的建设项目工程概算投资额或建筑安装工程费均指每个监理合同中约定的工程项目范围的计费额。

1.0.9 施工监理服务收费调整系数

施工监理服务收费调整系数包括：专业调整系数、工程复杂程度调整系数和高程调整系数。

（1）专业调整系数是对不同专业建设工程的施工监理工作复杂程度和工作量差异进行调整的系数。计算施工监理服务收费时，专业调整系数在《施工监理服务收费专业调整系数表》（附表三）中查找确定。

（2）工程复杂程度调整系数是对同一专业建设工程的施工监理复杂程度和工作量差异进行调整的系数。工程复杂程度分为一般、较复杂和复杂三个等级，其调整系数分别为：一般（Ⅰ级）0.85；较复杂（Ⅱ级）1.0；复杂（Ⅲ级）1.15。计算施工监理服务收费时，工程复杂程度在相应章节的《工程复杂程度表》中查找确定。

（3）高程调整系数如下：

海拔高程2001m以下的为1；

海拔高程2001~3000m为1.1；

海拔高程3001~3500m为1.2；

海拔高程3501~4000m为1.3；

海拔高程4001m以上的，高程调整系数由发包人和监理人协商确定。

1.0.10 发包人将施工监理服务中的某一部分工作单独发包给监理人，按照其占施工监理服务工作量的比例计算施工监理服务收费，其中质量控制和安全生产监督管理服务收费不宜低于施工监理服务收费额的70%。

1.0.11 建设工程项目施工监理服务由两个或者两个以上监理人承担的，各监理人按照其占施工监理服务工作量的比例计算施工监理服务收费。发包人委托其中一个监理人对建设工程项目施工监理服务总负责的，该监理人按照各监理人合计监理服务收费额的4%~6%向发包人收取总体协调费。

1.0.12 本收费标准不包括本总则1.0.1以外的其他服务收费。其他服务收费，国家有规定的，从其规定；国家没有规定的，由发包人与监理人协商确定。

2 矿山采选工程

2.1 矿山采选工程范围

适用于有色金属、黑色冶金、化学、非金属、黄金、铀、煤炭以及其他矿种采选工程。

2.2 矿山采选工程复杂程度

2.2.1 采矿工程

采矿工程复杂程度表 表 2.2-1

等级	工程特征
Ⅰ级	1. 地形、地质、水文条件简单； 2. 煤层、煤质稳定，全区可采，无岩浆岩侵入，无自然发火的矿井工程； 3. 立井筒垂深＜300m，斜井筒斜长＜500m； 4. 矿田地形为Ⅰ、Ⅱ类，煤层赋存条件属Ⅰ、Ⅱ类，可采煤层2层及以下，煤层埋藏深度＜100m，采用单一开采工艺的煤炭露天采矿工程； 5. 两种矿石品种，有分采、分贮、分运设施的露天采矿工程； 6. 矿体埋藏垂深＜120m的山坡与深凹露天矿； 7. 矿石品种单一，斜井，平硐溜井，主、副、风井条数＜4条的矿井工程。
Ⅱ级	1. 地形、地质、水文条件较复杂； 2. 低瓦斯、偶见少量岩浆岩、自然发火倾向小的矿井工程； 3. 300m≤立井筒垂深＜800m，500m≤斜井筒斜长＜1000m，表土层厚度＜300m； 4. 矿田地形为Ⅲ类及以上，煤层赋存条件属Ⅲ类，煤层结构复杂，可采煤层多于2层，煤层埋藏深度≥100m，采用综合开采工艺的煤炭露天采矿工程； 5. 有两种矿石品种，主、副、风井条数≥4条，有分采、分贮、分运设施的矿井工程； 6. 两种以上开拓运输方式，多采场的露天矿； 7. 矿体埋藏垂深≥120m的深凹露天矿； 8. 采金工程。
Ⅲ级	1. 地形、地质、水文条件复杂； 2. 水患严重、有岩浆岩侵入、有自然发火危险的矿井工程； 3. 地压大，地温局部偏高，煤尘具爆炸性，高瓦斯矿井，煤层及瓦斯突出的矿井工程； 4. 立井筒垂深≥800m，斜井筒斜长≥1000m，表土层厚度≥300m； 5. 开采运输系统复杂，斜井胶带，联合开拓运输系统，有复杂的疏干、排水系统及设施； 6. 两种以上矿石品种，有分采、分贮、分运设施，采用充填采矿法或特殊采矿法的各类采矿工程； 7. 铀矿采矿工程。

2.2.2 选矿工程

选矿工程复杂程度表 **表2.2-2**

等级	工程特征
Ⅰ级	1. 新建筛选厂（车间）工程； 2. 处理易选矿石，单一产品及选矿方法的选矿工程。
Ⅱ级	1. 新建和改扩建入洗下限≥25mm选煤厂工程； 2. 两种矿产品及选矿方法的选矿工程。
Ⅲ级	1. 新建和改扩建入洗下限<25mm选煤厂、水煤浆制备及燃烧应用工程； 2. 两种以上矿产品及选矿方法的选矿工程。

3 加工冶炼工程

3.1 加工冶炼工程范围

适用于机械、船舶、兵器、航空、航天、电子、核加工、轻工、纺织、商物粮、建材、钢铁、有色等各类加工工程，钢铁、有色等冶炼工程。

3.2 加工冶炼工程复杂程度

加工冶炼工程复杂程度表 **表3.2-1**

等级	工程特征
Ⅰ级	1. 一般机械辅机及配套厂工程； 2. 船舶辅机及配套厂，船舶普航仪器厂，吊车道工程； 3. 防化民爆工程，光电工程； 4. 文体用品、玩具、工艺美术品、日用杂品、金属制品厂等工程； 5. 针织、服装厂工程； 6. 小型林产加工工程； 7. 小型冷库、屠宰厂、制冰厂，一般农业（粮食）与内贸加工工程； 8. 普通水泥、砖瓦水泥制品厂工程； 9. 一般简单加工及冶炼辅助单体工程和单体附属工程； 10. 小型、技术简单的建筑铝材、铜材加工及配套工程。

续表 3.2－1

等级	工 程 特 征
Ⅱ级	1. 试验站（室），试车台，计量检测站，自动化立体和多层仓库工程，动力、空分等站房工程； 2. 造船厂，修船厂，坞修车间，船台滑道，船模试验水池，海洋开发工程设备厂，水声设备及水中兵器厂工程； 3. 坦克装甲车车辆、枪炮工程； 4. 航空装配厂、维修厂、辅机厂，航空、航天试验测试及零部件厂，航天产品部装厂工程； 5. 电子整机及基础产品项目工程，显示器件项目工程； 6. 食品发酵烟草工程，制糖工程，制盐及盐化工工程，皮革毛皮及其制品工程，家电及日用机械工程，日用硅酸盐工程； 7. 纺织工程； 8. 林产加工工程； 9. 商物粮加工工程； 10. <2000t/d 的水泥生产线，普通玻璃、陶瓷、耐火材料工程，特种陶瓷生产线工程，新型建筑材料工程； 11. 焦化、耐火材料、烧结球团及辅助、加工和配套工程，有色、钢铁冶炼等辅助、加工和配套工程。
Ⅲ级	1. 机械主机制造厂工程； 2. 船舶工业特种涂装车间，干船坞工程； 3. 火炸药及火工品工程，弹箭引信工程； 4. 航空主机厂，航天产品总装厂工程； 5. 微电子产品项目工程，电子特种环境工程，电子系统工程； 6. 核燃料元/组件、铀浓缩、核技术及同位素应用工程； 7. 制浆造纸工程，日用化工工程； 8. 印染工程； 9. ≥2000t/d 的水泥生产线，浮法玻璃生产线； 10. 有色、钢铁冶炼（含连铸）工程，轧钢工程。

4 石油化工工程

4.1 石油化工工程范围

适用于石油、天然气、石油化工、化工、火化工、核化工、化纤、医药工程。

4.2 石油化工工程复杂程度

石油化工工程复杂程度表　表 4.2-1

等级	工 程 特 征
Ⅰ级	1. 油气田井口装置和内部集输管线，油气计量站、接转站等场站，总容积 < 50000m^3 或品种 < 5 种的独立油库工程； 2. 平原微丘陵地区长距离油、气、水煤浆等各种介质的输送管道和中间场站工程； 3. 无机盐、橡胶制品、混配肥工程； 4. 石油化工工程的辅助生产设施和公用工程。
Ⅱ级	1. 油气田原油脱水转油站、油气水联合处理站，总容积≥50000m^3 或品种≥5 种的独立油库，天然气处理和轻烃回收厂站，三次采油回注水处理工程，硫磺回收及下游装置，稠油及三次采油联合处理站，油气田天然气液化及提氦、地下储气库； 2. 山区沼泽地带长距离油、气、水煤浆等各种介质的输送管道和首站、末站、压气站、调度中心工程； 3. 500 万吨/年以下的常减压蒸馏及二次加工装置，丁烯氧化脱氢、MTBE、丁二烯抽提、乙腈生产装置工程； 4. 磷肥、农药、精细化工、生物化工、化纤工程； 5. 医药工程； 6. 冷冻、脱盐、联合控制室、中高压热力站、环境监测、工业监视、三级污水处理工程。
Ⅲ级	1. 海上油气田工程； 2. 长输管道的穿跨越工程； 3. 500 万吨/年及以上的常减压蒸馏及二次加工装置，芳烃抽提、芳烃（PX），乙烯、精对苯二甲酸等单体原料，合成材料，LPG、LNG 低温储存运输设施工程； 4. 合成氨、制酸、制碱、复合肥、火化工、煤化工工程； 5. 核化工、放射性药品工程。

5　水利电力工程

5.1　水利电力工程范围

适用于水利、发电、送电、变电、核能工程。

5.2　水利电力工程复杂程度

5.2.1　水利、发电、送电、变电、核能工程

水利、发电、送电、变电、核能工程复杂程度表　　表 5.2－1

等级	工程特征
Ⅰ级	1. 单机容量200MW及以下凝汽式机组发电工程，燃气轮机发电工程，50MW及以下供热机组发电工程； 2. 电压等级220kV及以下的送电、变电工程； 3. 最大坝高＜70m，边坡高度＜50m，基础处理深度＜20m的水库水电工程； 4. 施工明渠导流建筑物与土石围堰； 5. 总装机容量＜50MW的水电工程； 6. 单洞长度＜1km的隧洞； 7. 无特殊环保要求。
Ⅱ级	1. 单机容量300MW～600MW凝汽式机组发电工程，单机容量50MW以上供热机组发电工程，新能源发电工程（可再生能源、风电、潮汐等）； 2. 电压等级330kV的送电、变电工程； 3. 70m≤最大坝高＜100m或1000万m^3≤库容＜1亿m^3的水库水电工程； 4. 地下洞室的跨度＜15m，50m≤边坡高度＜100m，20m≤基础处理深度＜40m的水库水电工程； 5. 施工隧洞导流建筑物（洞径＜10m）或混凝土围堰（最大堰高＜20m）； 6. 50MW≤总装机容量＜1000MW的水电工程； 7. 1km≤单洞长度＜4km的隧洞； 8. 工程位于省级重点环境（生态）保护区内，或毗邻省级重点环境（生态）保护区，有较高的环保要求。
Ⅲ级	1. 单机容量600MW以上凝汽式机组发电工程； 2. 换流站工程，电压等级≥500kV送电、变电工程； 3. 核能工程； 4. 最大坝高≥100m或库容≥1亿m^3的水库水电工程； 5. 地下洞室的跨度≥15m，边坡高度≥100m，基础处理深度≥40m的水库水电工程； 6. 施工隧洞导流建筑物（洞径≥10m）或混凝土围堰（最大堰高≥20m）； 7. 总装机容量≥1000MW的水电工程； 8. 单洞长度≥4km的水工隧洞； 9. 工程位于国家级重点环境（生态）保护区内，或毗邻国家级重点环境（生态）保护区，有特殊的环保要求。

5.2.2 其他水利工程

其他水利工程复杂程度表　　表 5.2-2

等级	工程特征
Ⅰ级	1. 流量 < $15m^3/s$ 的引调水渠道管线工程； 2. 堤防等级Ⅴ级的河道治理建（构）筑物及河道堤防工程； 3. 灌区田间工程； 4. 水土保持工程。
Ⅱ级	1. $15m^3/s$ ≤流量 < $25m^3/s$ 的引调水渠道管线工程； 2. 引调水工程中的建筑物工程； 3. 丘陵、山区、沙漠地区的引调水渠道管线工程； 4. 堤防等级Ⅲ、Ⅳ级的河道治理建（构）筑物及河道堤防工程。
Ⅲ级	1. 流量≥$25m^3/s$ 的引调水渠道管线工程； 2. 丘陵、山区、沙漠地区的引调水建筑物工程； 3. 堤防等级Ⅰ、Ⅱ级的河道治理建（构）筑物及河道堤防工程； 4. 护岸、防波堤、围堰、人工岛、围垦工程，城镇防洪、河口整治工程。

6　交通运输工程

6.1 交通运输工程范围

适用于铁路、公路、水运、城市交通、民用机场、索道工程。

6.2 交通运输工程复杂程度

6.2.1 铁路工程

铁路工程复杂程度表　　表 6.2-1

等级	工程特征
Ⅰ级	Ⅱ、Ⅲ、Ⅳ级铁路。
Ⅱ级	1. 时速 200KM 客货共线； 2. Ⅰ级铁路； 3. 货运专线； 4. 独立特大桥； 5. 独立隧道。
Ⅲ级	1. 客运专线； 2. 技术特别复杂的工程。

注：1. 复杂程度调整系数Ⅰ级为 0.85，Ⅱ级为 1，Ⅲ级为 0.95；

2. 复杂程度等级Ⅱ级的新建双线复杂程度调整系数为 0.85。

6.2.2 公路、城市道路、轨道交通、索道工程

公路、城市道路、轨道交通、索道工程复杂程度表　　表6.2-2

等级	工程特征
Ⅰ级	1. 三级、四级公路及相应的机电工程； 2. 一级公路、二级公路的机电工程。
Ⅱ级	1. 一级公路、二级公路； 2. 高速公路的机电工程； 3. 城市道路、广场、停车场工程。
Ⅲ级	1. 高速公路工程； 2. 城市地铁、轻轨； 3. 客（货）运索道工程。

注：穿越山岭重丘区的复杂程度Ⅱ、Ⅲ级公路工程项目的部分复杂程度调整系数分别为1.1和1.26。

6.2.3 公路桥梁、城市桥梁和隧道工程

公路桥梁、城市桥梁和隧道工程复杂程度表　　表6.2-3

等级	工程特征
Ⅰ级	1. 总长<1000m或单孔跨径<150m的公路桥梁； 2. 长度<1000m的隧道工程； 3. 人行天桥、涵洞工程。
Ⅱ级	1. 总长≥1000m或150m≤单孔跨径<250m的公路桥梁； 2. 1000m≤长度<3000m的隧道工程； 3. 城市桥梁、分离式立交桥，地下通道工程。
Ⅲ级	1. 主跨≥250m拱桥，单跨≥250m预应力混凝土连续结构，≥400m斜拉桥，≥800m悬索桥； 2. 连拱隧道、水底隧道、长度≥3000m的隧道工程； 3. 城市互通式立交桥。

6.2.4 水运工程

水运工程复杂程度表　　表 6.2-4

等级	工 程 特 征
Ⅰ级	1. 沿海港口、航道工程：码头<1000t 级，航道<5000t 级； 2. 内河港口、航道整治、通航建筑工程：码头、航道整治、船闸<100t 级； 3. 修造船厂水工工程：船坞、舾装码头<3000t 级，船台、滑道船体重量<1000t； 4. 各类疏浚、吹填、造陆工程。
Ⅱ级	1. 沿海港口、航道工程：1000t 级≤码头<10000t 级，5000t 级≤航道<30000t 级，护岸、引堤、防波堤等建筑物； 2. 油、气等危险品码头工程<1000t 级； 3. 内河港口、航道整治、通航建筑工程：100t 级≤码头<1000t 级，100t 级≤航道整治<1000t 级，100t 级≤船闸<500t 级，升船机<300t 级； 4. 修造船厂水工工程：3000t 级≤船坞、舾装码头<10000t 级，1000t≤船台、滑道船体重量<5000t。
Ⅲ级	1. 沿海港口、航道工程：码头≥10000t 级，航道≥30000t 级； 2. 油、气等危险品码头工程≥1000t 级； 3. 内河港口、航道整治、通航建筑工程：码头、航道整治≥1000t 级，船闸≥500t 级，升船机≥300t 级； 4. 航运（电）枢纽工程； 5. 修造船厂水工工程：船坞、舾装码头≥10000t 级，船台、滑道船体重量≥5000t； 6. 水上交通管制工程。

6.2.5 民用机场工程

民用机场工程复杂程度表　　表 6.2-5

等级	工程特征
Ⅰ级	3C 及以下场道、空中交通管制及助航灯光工程（项目单一或规模较小工程）；
Ⅱ级	4C、4D 场道、空中交通管制及助航灯光工程（中等规模工程）；
Ⅲ级	4E 及以上场道、空中交通管制及助航灯光工程（大型综合工程含配套措施）。

注：工程项目规模划分标准见《民用机场飞行区技术标准》。

7 建筑市政工程

7.1 建筑市政工程范围

适用于建筑、人防、市政公用、园林绿化、广播电视、邮政、电信工程。

7.2 建筑市政工程复杂程度

7.2.1 建筑、人防工程

建筑、人防工程复杂程度表 **表 7.2-1**

等级	工 程 特 征
Ⅰ级	1. 高度<24m 的公共建筑和住宅工程； 2. 跨度<24m 的厂房和仓储建筑工程； 3. 室外工程及简单的配套用房； 4. 高度<70m 的高耸构筑物。
Ⅱ级	1. 24m≤高度<50m 的公共建筑工程； 2. 24m≤跨度<36m 的厂房和仓储建筑工程； 3. 高度≥24m 的住宅工程； 4. 仿古建筑，一般标准的古建筑、保护性建筑以及地下建筑工程； 5. 装饰、装修工程； 6. 防护级别为四级及以下的人防工程； 7. 70m≤高度<120m 的高耸构筑物。
Ⅲ级	1. 高度≥50m 的公共建筑工程，或跨度≥36m 的厂房和仓储建筑工程； 2. 高标准的古建筑、保护性建筑； 3. 防护级别为四级以上的人防工程； 4. 高度≥120m 的高耸构筑物。

7.2.2 市政公用、园林绿化工程

市政公用、园林绿化工程复杂程度表 **表 7.2-2**

等级	工 程 特 征
Ⅰ级	1. DN<1.0m 的给排水地下管线工程； 2. 小区内燃气管道工程； 3. 小区供热管网工程，<2MW 的小型换热站工程； 4. 小型垃圾中转站，简易堆肥工程。

续表 7.2-2

等级	工程特征
Ⅱ级	1. DN≥1.0m 的给排水地下管线工程；<3m³/s 的给水、污水泵站；<10 万吨/日给水厂工程，<5 万吨/日污水处理厂工程； 2. 城市中、低压燃气管网（站），<1000m³ 液化气贮罐场（站）； 3. 锅炉房，城市供热管网工程，≥2MW 换热站工程； 4. ≥100t/日的垃圾中转站，垃圾填埋工程； 5. 园林绿化工程。
Ⅲ级	1. ≥3m³/s 的给水、污水泵站，≥10 万吨/日给水厂工程，≥5 万吨/日污水处理厂工程； 2. 城市高压燃气管网（站），≥1000m³ 液化气贮罐场（站）； 3. 垃圾焚烧工程； 4. 海底排污管线，海水取排水、淡化及处理工程。

7.2.3 广播电视、邮政、电信工程

广播电视、邮政、电信工程复杂程度表　　表 7.2-3

等级	工程特征
Ⅰ级	1. 广播电视中心设备（广播 2 套及以下，电视 3 套及以下）工程； 2. 中短波发射台（中波单机功率 P<1KW，短波单机功率 P<50KW）工程； 3. 电视、调频发射塔（台）设备（单机功率 P<1KW）工程； 4. 广播电视收测台设备工程；三级邮件处理中心工艺工程。
Ⅱ级	1. 广播电视中心设备（广播 3~5 套，电视 4~6 套）工程； 2. 中短波发射台（中波单机功率 1KW≤P<20KW，短波单机功率 50KW≤P<150KW）工程； 3. 电视、调频发射塔（台）设备（中波单机功率 1KW≤P<10KW，塔高<200m）工程； 4. 广播电视传输网络工程；二级邮件处理中心工艺工程； 5. 电声设备、演播厅、录（播）音馆、摄影棚设备工程； 6. 广播电视卫星地球站、微波站设备工程； 7. 电信工程。
Ⅲ级	1. 广播电视中心设备（广播 6 套以上，电视 7 套以上）工程； 2. 中短波发射台设备（中波单机功率 P≥20KW，短波单机功率 P≥150KW）工程； 3. 电视、调频发射塔（台）设备（中波单机功率 P≥10KW，塔高≥200m）工程； 4. 一级邮件处理中心工艺工程。

8　农业林业工程

8.1　农业林业工程范围

适用于农业、林业工程。

8.2　农业林业工程复杂程度

农业、林业工程复杂程度为Ⅱ级。

附表一

建设工程监理与相关服务的主要工作内容

服务阶段	主要工作内容	备　注
勘察阶段	协助发包人编制勘察要求、选择勘察单位，核查勘察方案并监督实施和进行相应的控制，参与验收勘察成果。	建设工程勘察、设计、施工、保修等阶段监理与相关服务的具体工作内容执行国家、行业有关规范、规定。
设计阶段	协助发包人编制设计要求、选择设计单位，组织评选设计方案，对各设计单位进行协调管理，监督合同履行，审查设计进度计划并监督实施，核查设计大纲和设计深度、使用技术规范合理性，提出设计评估报告（包括各阶段设计的核查意见和优化建议），协助审核设计概算。	
施工阶段	施工过程中的质量、进度、费用控制，安全生产监督管理、合同、信息等方面的协调管理。	
保修阶段	检查和记录工程质量缺陷，对缺陷原因进行调查分析并确定责任归属，审核修复方案，监督修复过程并验收，审核修复费用。	

附表二

施工监理服务收费基价表

单位：万元

序号	计费额	收费基价
1	500	16.5
2	1000	30.1
3	3000	78.1
4	5000	120.8
5	8000	181.0
6	10000	218.6
7	20000	393.4
8	40000	708.2
9	60000	991.4
10	80000	1255.8
11	100000	1507.0
12	200000	2712.5
13	400000	4882.6
14	600000	6835.6
15	800000	8658.4
16	1000000	10390.1

注：计费额大于1000000万元的，以计费额乘以1.039%的收费率计算收费基价。其他未包含的其收费由双方协商议定。

附表三

施工监理服务收费专业调整系数表

工程类型	专业调整系数
1. 矿山采选工程	
黑色、有色、黄金、化学、非金属及其他矿采选工程	0.9
选煤及其他煤炭工程	1.0
矿井工程、铀矿采选工程	1.1
2. 加工冶炼工程	
冶炼工程	0.9
船舶水工工程	1.0
各类加工工程	1.0
核加工工程	1.2
3. 石油化工工程	
石油工程	0.9
化工、石化、化纤、医药工程	1.0
核化工工程	1.2
4. 水利电力工程	
风力发电、其他水利工程	0.9
火电工程、送变电工程	1.0
核能、水电、水库工程	1.2
5. 交通运输工程	
机场场道、助航灯光工程	0.9
铁路、公路、城市道路、轻轨及机场空管工程	1.0
水运、地铁、桥梁、隧道、索道工程	1.1
6. 建筑市政工程	
园林绿化工程	0.8
建筑、人防、市政公用工程	1.0
邮政、电信、广播电视工程	1.0
7. 农业林业工程	
农业工程	0.9
林业工程	0.9

附表四

建设工程监理与相关服务人员人工日费用标准

建设工程监理与相关服务人员职级	工日费用标准（元）
一、高级专家	1000 ~ 1200
二、高级专业技术职称的监理与相关服务人员	800 ~ 1000
三、中级专业技术职称的监理与相关服务人员	600 ~ 800
四、初级及以下专业技术职称监理与相关服务人员	300 ~ 600

注：本表适用于提供短期服务的人工费用标准。

后　　记

参加《建设工程监理与相关服务收费标准使用手册》编写的有国务院有关部门和行业协会推荐的50多位专家。本使用手册编写过程中，国家发展改革委、建设部、铁道部、交通部、水利部、信息产业部、农业部、民航总局、国家广电总局、国家林业局等部门有关人员和煤炭、水电、电力、化工、石化、机械、有色、建材、轻工等行业协会的有关人员对相关编写内容进行了审查。本使用手册由国家发展改革委价格司、投资司和建设部建筑市场管理司组织审定。

编写顾问： 曹长庆　王素卿　杨庆蔚　任树本
戴冠来　王早生　王晓涛

主　　编： 倪　弘　逄宗展　罗国三　江细柒
徐义忠　陈　杰

编写人员：（以姓氏笔画为序）

丁京红　丁　明　王　川　王　红　王万龙　王大超
王小明　王正海　王恒长　王晓丽　王雅蓉　幺贵民
马　洪　牛斌仙　尹　展　毕　臣　邓吉茹　邓　涛
冯立国　冯良华　卢翊倩　田成钢　刘六宴　刘家强
刘　巍　关建勋　吕翠玲　孙玉心　孙杰民　孙玉生
孙振威　许以丽　朱　燕　许　晔　许国才　闫益民
李　中　李　伟　李　聪　李明光　李洪斌　李晓钢

邵予工　陈　华　林之毅　初长春　吴　江　张双运

张百祥　杨　昆　杨卫平　杨保城　肖进城　芦　冰

陈　伟　陈　波　陈立红　郑　云　罗京京　徐　文

秦佳之　聂相田　贾桂萍　贾素欣　郭　莹　郭永齐

郭希贵　高晓华　高　天　梁长忠　傅　强　董晓辉

缪济华　潘　峰　戴　青